U0615740

中国古代科技遗产

◎ 戴吾三 张学渝 王吉辰 等 —————— 著

Chinese Heritage of
Pre-modern
Science and
Technology

广西科学技术出版社

图书在版编目（CIP）数据

中国古代科技遗产 / 戴吾三等著 -- 南宁：广西科学技术
出版社，2025.3. -- ISBN 978-7-5551-2361-3

Ⅰ．N092

中国国家版本馆 CIP 数据核字第 2024BZ6772 号

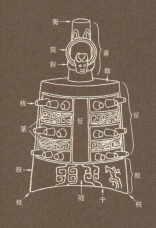

ZHONGGUO GUDAI KEJI YICHAN

中国古代科技遗产

戴吾三 张学渝 王吉辰 等 著

策　　划：黄敏娴　　　责任编辑：冯雨云　安丽燊　韦丽娜

责任校对：郑松慧　　　责任印制：陆　弟

书籍设计：陈　凌　　　营销编辑：刘珈沂

出 版 人：岑　刚　　　　　　出版发行：广西科学技术出版社

社　　址：广西南宁市东葛路 66 号　　邮政编码：530023

网　　址：http：//www.gxkjs.com　　电　　话：0771-5827326

经　　销：全国各地新华书店

印　　刷：广西民族印刷包装集团有限公司

开　　本：787mm×1092mm　　1/16

印　　张：31.5

字　　数：570 千字

版　　次：2025 年 3 月第 1 版

印　　次：2025 年 3 月第 1 次印刷

书　　号：ISBN 978-7-5551-2361-3

定　　价：198.00 元

版权所有　侵权必究

质量服务承诺：

如发现缺页、错页、倒装等印装质量问题，可直接向本社调换

格物以为学，伦类通达谓之真知

作者简介

全书统筹、主撰稿人

戴吾三

毕业于中国科学技术大学，科学史博士。清华大学科技史暨古文献研究所原副所长、研究员，清华大学深圳国际研究生院教授，南方科技大学社会科学中心暨社会科学高等研究院客座研究员，哈尔滨工业大学（深圳）马克思主义学院教授，德国柏林工业大学访问学者。

长期从事科技史、科技文化、科技遗产教学与研究工作。校外兼任《遗产》《产业与科技史研究》编委，中国机械遗产审查组特聘专家，《中国工业史》丛书审稿专家等职。

主要著作有《考工记图说》《影响世界的发明专利》《技术创新简史》等，译著《手艺中国》获第八届文津图书奖推荐图书奖。

撰稿人（按姓氏拼音排序）

陈莞蓉

毕业于北京建筑大学，建筑学硕士。现为北京市文物局四级调研员。主要研究方向为历史文化遗产保护。参与《北京文物志（2000—2010）》及《北京文物建筑大系·园林卷》编著。

冯书静

毕业于北京科技大学科学技术史专业，工学博士。2018年在英国伯明翰大学铁桥国际文化遗产研究所学习，主修世界遗产；2020—2023年为中国科协创新战略研究院与清华大学联合培养博士后；现为工业和信息化部工业文化发展中心助理研究员。出版专著《首都钢铁公司》（2022年）。

苟欢

毕业于中国科学院自然科学史研究所，理学（科学技术史）博士。现为北京大学艺术学院博士后。主要研究方向为中国上古美术与技术，主要研究对象为青铜器，专注于工艺制作、装饰的变化和发展，技术与艺术的互动关系等方面的研究。发表论文数篇。

黄兴

中国科学院自然科学史研究所研究员、博士研究生导师、特聘研究骨干，英国剑桥李约瑟研究所、德国马普学会科技史研究所访问学者。入选国家级人才计划青年项目，获郭沫若中国历史学奖优秀学术成果提名奖（2023年），第一届"柯俊科技史奖"，获科技部、中国科学院优秀科普作品奖6项。研究方向为指南针史、冶铁史、机械史、科普内容资源创作及传播。出版著作6部，发表论文30余篇，获发明专利授权1项。

黄鹰航

毕业于哈尔滨工业大学，社会学博士。现为哈尔滨工业大学（深圳）马克思主义学院副教授、院长助理。主要研究方向为技术社会史。曾获省级教学成果特等奖、省级科研成果奖，主持或参与多项国家及省部级课题。在《自然辩证法通讯》等核心期刊发表论文多篇。

霍知节

毕业于内蒙古师范大学科学技术史研究院，理学博士。现为海南师范大学马克思主义学院讲师。主要研究方向为技术史、工业史和企业史。合著有《稀土与稀有材料简史》（2023年），发表《我国第一个稀土生产工厂的创建及早期发展（1953—1963）》等论文。

李德馨

毕业于广西民族大学科学技术史专业，理学硕士，研究方向为技术史与传统工艺。发表论文《合作化时期湖南岳阳制扇历史初探（1951—1958）》。

李艳涵

本科毕业于武汉理工大学高分子科学与工程专业，现为中国科学院自然科学史研究所在读硕士研究生，研究方向为科技考古。

刘律佚

本科毕业于哈尔滨工业大学，建筑学学士。有7年实践职业经历，后游学于欧洲，硕士、博士毕业于意大利米兰理工大学，建筑学博士。现就职于四川乐山师范学院。主要研究方向为中国空间营造的传统及当代诠释与继承，针对山水空间文化做在地研究，亦修习传统山水画。

Chinese Heritage of
Pre-modern
Science and
Technology

003

简介 作者

史晓雷

毕业于中国科学院自然科学史研究所，理学（科学技术史）博士。现任湖南农业大学通识教育中心副主任、副教授。主要研究方向为技术史、农业史。出版《大众机械技术史》《农事三车》等7部科普著作，发表论文40余篇，在《科学世界》《中国科学报》发表科普文章100余篇。

孙旭东

本科毕业于河北工业大学电子信息工程专业，硕士毕业于中国科学院自然科学史研究所。硕士学位论文《汉代铸铁退火技术实验研究》。现为人民邮电出版社有限公司科普分社助理编辑。

王吉辰

毕业于中国科学院自然科学史研究所，理学（科学技术史）博士。现为内蒙古师范大学科学技术史研究院讲师，主要研究方向为中国古代天文学史、农业史。出版专著《羌族农业历史概论》(2024年)，在《自然科学史研究》《中国农史》等核心期刊发表论文多篇，主持国家社科基金青年项目1项。

王永健

中国艺术研究院艺术学研究所研究员，艺术学博士，硕士研究所导师。日本关西学院大学访问学者。研究领域为艺术人类学理论与田野、文化遗产与文化景观。出版《艺术人类学论纲》等著作4部，主编（含合编）论文集3部，在国内核心期刊和重要报刊发表论文70余篇，主持国家社科基金项目艺术学项目2项，参与多项国家社科基金重大项目、国家社科基金重点项目。

魏露苓

华南农业大学中国农业历史遗产研究所教授，历史学博士。印度阿拉哈巴德大学访问学者，广东农史研究会副会长。长期从事农业科技史、农业历史文献、中外农业科技交流史研究工作。出版《洋犁初耕汉家田——晚清西方农业科技的认识传入与推广（1840—1911）》等著作，在《文献》《自然科学史研究》等核心期刊发表论文50余篇，主持和参与多项国家社科基金重点项目和一般项目。

文帝杰

毕业于广西民族大学科学技术史专业，理学硕士，研究方向为技术史与传统工艺。发表论文《贵州雷山报德苗族传统小曲酿酒工艺考察》。

科技遗产 古代 中国

004

Chinese Heritage of
Pre-modern
Science and
Technology

吴德祥

福建省连城县四堡雕版印刷展览馆馆长，福建省作家协会会员，中华诗词学会会员。主要从事文学创作和地方文史研究工作。著有散文小说集《故里春声》、诗集《花开的声音》等，在《中国出版史研究》《环球客家》等刊物发表论文多篇。

吴伟宁

广东鸦片战争博物馆副研究馆员，主要从事档案、虎门炮台历史及保护研究。参与研究课题并出版《千古名镇：虎门销烟背景下虎门文化研究》一书，主持《虎门炮台遗址建筑材料分析及保护的研究》课题，在国内重要学术期刊上发表论文10余篇。

徐津津

毕业于中国科学技术大学，科学史博士，哈尔滨工业大学（深圳）通识教育实践中心实验师。研究领域为考古与文化遗产保护、技术史。在SCI、中文核心期刊发表论文10余篇。曾参与江西南昌海昏侯墓、河南漯河贾湖遗址、湖北荆州望山桥楚墓等多个重要考古发掘现场的文物保护和研究工作。

张伟兵

中国水利水电科学研究院正高级工程师，理学博士。长期从事水利史、水利遗产与灾害史研究工作。主编或参编《大运河》《中国三十大发明》《国家水网》等著作20余部，在《自然科学史研究》《人口研究》等核心期刊发表论文60余篇。曾获中国科普作家协会优秀科普作品（图书类）银奖、首届中国水文化论坛优秀论文一等奖等奖项。

张学渝

广西民族大学科技史与科技文化研究院副教授、博士研究生导师。主要从事技术史与技术遗产的教学与研究工作。出版专著《造办处：紫禁城里的技术史》，在《自然科学史研究》《自然辩证法通讯》等学术期刊发表论文20余篇，主持国家社科基金项目1项，荣获中国工艺美术学会首届物质文化与设计研究青年学者优秀论文一等奖。

前言

　　中国是世界文明古国之一，在绵延五千多年的历史中，深嵌着中华民族的文化基因；在近千万平方千米的广袤土地上，散布存续着各个时期的文化遗产。

　　在灿若繁星的文化遗产中，有若干闪耀着科技的光彩：观星台、观象台、水文站、星图……标志着古人对自然的求知和探索；矿山、房屋、桥梁、水利工程、手工业作坊……彰显了古人利用自然、改造自然的智慧和技巧。借以分类，我们把那些延续至今，或经考古发现具有科技特点和价值的文物或文化遗存称为科技遗产。

　　科技遗产最早也叫作科学遗产。中华人民共和国成立之初，老一辈科学家就提出科学遗产的概念。1956年7月，时任中国科学院副院长竺可桢先生在中国自然科学史第一次科学讨论会开幕式上做《百家争鸣和发掘我国古代科学遗产》主题报告，要求科学史工作者正确估计中华民族在世界文化史上所占的地位，充分发掘古代科学遗产，用古人的经验丰富我们的科学知识，为社会主义建设服务。

　　如今大半个世纪过去，我们对科技遗产的理解已大大拓展，不再执着于它在世界科技史上的排名，也不再限于以古人的知识和经验"古为今用"，而是在人类文明互鉴的大背景下，研究古代的发明与发现，审视古人的智慧与技巧，重视保护和传承，展开古与今的对话，从历史中找寻对当下和未来的启示。

一、本书结构

　　近百年来的考古发现，实证了中国有"一万年的文化史"和"五千多年的文

科技遗产 古代 中国

002

Chinese Heritage of
Pre-modern
Science and
Technology

明史"。本书以"文明蕴化"开篇，以史前遗址考古为叙事起点，从发现的记数符号、观象器物、工具、建筑、陶器、纺织品等，可见先民的生产和社会活动伴随着科学认知的积累和手工技艺的提升，逐步推动了文明的进程。

从史前时期进入有文字记载的历史时期后，考古发现和延续存世的文物更为丰富。为此，本书在"文明蕴化"之后划分出以下板块：科学认知、水利农田、铜铁技艺、手工业态、营造精华、交通津梁、航海技术和古城要塞，从特色分类探讨古人认识自然、利用自然和改造自然的活动。

科技遗产具有科技史属性，同时也具有考古遗产、文物遗产、文化遗产属性，涉及科技史，并与考古、文物、博物馆等学科交叉，这是一个充满挑战的新领域，也是一个富有活力的新学科[①]。基于对科技遗产的认识，本书编撰条目的基本原则是，作为中国古代重要的科技发明创造，以文物或遗存的形式呈现，须为全国重点文物保护单位或入选年度重大考古发现名单；列入《世界遗产名录》或其他世界级遗产名单，如全球重要农业文化遗产、世界灌溉工程遗产名录；或入选全国工业遗产名单。

本书收录38项具有代表性的科技遗产，其中有些在1961年被国务院公布为第一批全国重点文物保护单位，或是1986年中国第一批入选《世界遗产名录》的文化遗产。有些文化遗产看似早为大众所熟悉，而本书重在揭示和分析其科技特点，并解释它们如何被纳入学术研究和受到保护。以长城为例，自2003年起，天津大学建筑学院张玉坤教授带领团队启动长城研究，将田野调查与现代科技结合，逐步摸清了一整套有关长城防御体系、烽燧驿站的运行模式。2018年，该研究团队启动"长城全线实景三维图像"采集工程，利用无人机超低空飞行，对明长城全线进行厘米级、无盲区拍摄，发现了如"暗门"等很多长城的"秘密"。如此引入新视角，不局限于历史和文化景观，突出科技特点，重视研究和保护，从而引领读者更全面地认识长城。

二、写作体例

本书综合运用考古、文物、科技史、博物馆、传播学等多学科知识，为读

[①] 2022年，在国务院学位委员会新颁布的学科专业分类里，科学技术史位列一级学科，下设8个二级学科，其中"科技遗产与数字人文"为新增二级学科。

者构建科技遗产的丰富形象。写作体例由五部分组成，依次是历史沿革、遗产看点、科技特点、研究保护和遗产价值，其中在遗产看点、科技特点和研究保护板块体现出本书的鲜明特色。

（一）遗产看点

切换读者视角，注重代入感，注重整体景观和细节观察的平衡。所谓代入感，是指走近博物馆，先看到大门（或入口），仔细观察，可知其造型大都蕴含了设计者的匠心，体现出设计者对遗产和周边环境的理解。如西安半坡博物馆大门，取半坡先民房屋门前雨篷的大"叉手"造型；又如陶寺遗址博物馆外形，俯瞰是一个"中"字，突出了"最初的中国"理念；而秦始皇帝陵铜车马博物馆，全然没有大门，它利用现有地形5到6米的高差，采取下沉式设计，顶面为覆土绿化，入口及整体建筑消隐于林荫中，参观者沿坡道走入地下，就像是进入神秘的墓道。

（二）科技特点

对以往多从文化视角品鉴的部分遗产，本书注重揭示和分析其蕴含的科学原理和特点。如苏州古典园林空间可拆解为围墙、建筑、山石、水体、植物等要素，分析可见要素与要素之间的关系，具有数学拓扑学的特性；又如哈尼梯田，从科技方面分析其成为观光胜地的原因，同时也阐明其是"森林—村寨—梯田—水系"（四素同构）的大生态系统。

对读者耳熟能详的遗产，本书有意识引导其认识技术细节。如人人皆知赵州桥是历史悠久、跨度最大的石拱桥，但对建桥用的腰铁几无概念。走近观察便知，为避免各道并排的弧形石砌券分离，工匠李春特意将每道弧形石砌券设计成在桥的两头略大，并逐渐小幅度向桥拱中心收小的形态。而且各拱券相邻石块的外侧都穿有腰铁，各道拱券相邻石块在拱背上也都穿有腰铁，以此把拱石紧紧连接起来。

（三）研究保护

20世纪30年代，老一辈学者梁思成、林徽因、刘敦桢、莫宗江等人到各地考察古建筑，开启了最早的建筑文物遗产研究。而真正谈到保护，则是在中华人民共和国建立之后。1961年，国务院公布了第一个全面的国家文物保护法规——《文物保护管理暂行条例》，第一次提出了"全国重点文物保护单位"的概念。

遗产保护多经曲折。"文化大革命"中北京修建地铁，北京古观象台险遭拆迁，因文物专家上书周总理，观象台才得以在原地保护。而有些遗产就没有这么幸运。1961年，"褒斜道石门及其摩崖石刻"被公布为第一批全国重点文物保护单位。仅过了几年，水利部门要在石门附近修水库。文物界人士呼吁另选大坝位置，但建议未被采纳。最后不得已将部分石刻切割，迁至汉中博物馆保存。从此，褒斜道石门和栈道古迹皆淹没于水中。

我们不能忘记历史之痛。

三、遗产故事

阅读本书，可见每处遗产都有故事，或是历史的故事，或是发现的故事，抑或是当代保护的故事。

历史的故事如都江堰，可以追溯到2000多年前的战国时期，李冰被秦昭王任为蜀郡太守，主持修建都江堰水利工程，立下千秋功业。

发现的故事如良渚遗址。1936年，西湖博物馆的年轻职员施昕更参加杭州古荡遗址发掘，他注意到发掘出土的石器与家乡良渚一带常见的石器相似。他急切地回到家乡，搜集了多件石器，并报告上级领导，引起了重视。1938年，施昕更在艰苦条件下出版了《良渚：杭县第二区黑陶文化遗址初步报告》。然而很不幸，次年施昕更染病逝世。历史没有忘记他，正是从施昕更的发现开始，后经80年几代考古工作者的努力，一个兴建于5000多年前的王国古城被揭露，为实证中华五千年文明提供了重要的实物依据。

当代保护的故事如涪陵白鹤梁。自1993年起，为了保护白鹤梁题刻，国家文物管理部门组织征集白鹤梁题刻保护方案，先后有"水晶宫""高围堰""白鹤楼"等6个保护方案被提出。以上方案虽各有特点，但都不够理想。2001年2月，就在倾向采取"就地保存、异地陈展"方案的关键时刻，中国工程院院士葛修润投身而入，提出创新性的"无压容器"原址保护方案。经过比较论证，最后，参与论证的各方专家都对葛院士的方案给予认可。如今，工程实施效果已得到时间的检验，这也成为学术界的一段佳话。

也有些遗产保护情况复杂。典型如应县木塔，近20年来，就其维修有多种方案提出，代表性的有"落架大修"方案、"全支撑"方案和"上部抬升"方案，目前最大的问题还是很难统一认识。

遗产的故事仍在延续……

作为中华儿女，我们有责任把历经沧桑留下来的中华文明瑰宝呵护好、弘扬好、发展好，不断讲出遗产发现、研究和保护的新故事。

大家一起努力！

戴吾三

2024年10月于北京

中国古代
科技遗产

Chinese Heritage of
Pre-modern
Science and
Technology

目录 Contents

中国古代科技遗产

002

Chinese Heritage of
Pre-modern
Science and
Technology

Heritage

中国古代科技遗产

文明蕴化

Chinese Heritage of Pre-modern Science and Technology

半坡遗址

——远古的村落

　　半坡遗址，位于陕西省西安市灞桥区浐河东岸，今半坡路的中段。该遗址发现于1953年，已确认为距今6700—6000年的新石器时代仰韶文化聚落遗址。1958年4月，西安半坡博物馆在遗址基础上建成并对外开放，我国第一座史前聚落遗址博物馆自此出现于公众面前。1961年，半坡遗址被国务院公布为第一批全国重点文物保护单位。

图1　西安半坡博物馆大门，取半坡先民房屋门前雨篷的大"叉手"造型，由著名学者郭沫若题写馆名（戴吾三　摄）

一、历史沿革

20世纪50年代初，中华人民共和国展开大规模的工业化建设，在古城西安的建设工地发现早期的墓葬和文物。1953年9月，陕西籍考古学者石兴邦带领一支考古队从北京来到西安，和当地的同仁一起沿浐河和灞河考察，由此发现了西安东郊电厂的基建工地有许多远古时期的建筑遗址和墓葬。

一天中午，石兴邦走到离电厂工地不远的一个叫半坡的地方。他攀到高处，用小镐头打土，发现土层里遗留着不少陶片，还有明显不是河水冲刷形成堆积的小石片。器物层层交叠，十分丰富。石兴邦拿起一小块陶片打量，陶片的原物显然是一件精美的陶器，他敏锐地判断，这些陶制片状物很可能就是先人曾经用过的生活器具。回到北京，石兴邦很快将这次发现写成报告，交给了中国科学院考古研究所（今属中国社会科学院）的领导。

真正组织发掘半坡，则要到1954年下半年。当时，第三届考古工作人员训练班在北京举办，考虑到要安排学员进行田野实习，考古研究所所长夏鼐征求意见，最后他赞同石兴邦的建议，把实习地点放到陕西，就去半坡。

虽然有心理准备，但石兴邦并没想过在半坡能发掘出什么，毕竟此前没有发现更多的线索。随着发掘工作的展开，结果超出预想，遗址范围越挖越大，发现的墓葬和器物越来越多，半坡遗址的发现轰动了海内外。

1954—1957年，由石兴邦主持，对半坡遗址进行了5次较大规模的发掘，先后参加发掘工作的有近200人，前后发掘面积总计达1万平方米。发现房屋遗迹45座、圈栏2座、窖穴200多个、陶窑遗迹6座、墓葬250多座，出土生产工具和生活用品约1万件，还发现了粟类等粮食作物。其中，生产工具有石斧、石锛、石铲、石锄、矛头、箭头、鱼叉、鱼钩、纺轮、骨针等，还有石制研磨器（包括磨臼和磨石，是研磨颜料的工具）；生活用具主要为彩陶器，种类有钵、碗、盆、盂、盘、杯、罐、缸、甑、釜、鼎、瓮等。在彩陶器上多绘有各种图案，器物表面多饰有绳纹、线纹，还绘制有人面、鱼、鹿、植物等花纹，均为红底黑纹。在一些陶钵的口沿或腹部上还刻有各种符号，这些符号总共有20多种，被认为很可能是中国文字的起源。

半坡遗址的发现引发了轰动性的影响，前来现场参观的人络绎不绝，也引起党和国家领导人的重视，时任国务院副总理陈毅视察后立即提出要修建博物馆。1958年西安半坡博物馆落成，成为我国第一座史前聚落遗址博物馆。

图2　高处是半坡遗址大厅，台阶下右边的人物雕像是主持半坡遗址发掘的石兴邦先生（戴吾三　摄）

二、遗产看点

西安半坡博物馆1958年开馆，2008—2010年曾经扩建和调整布展，如今已成为一个环境优雅的景区。博物馆长期对公众开放的区域有基本陈列展厅和半坡遗址大厅，另外还有辅助陈列展厅、史前工场等。

1. 基本陈列展厅

这里展陈半坡遗址出土的重要文物。近年也增加了动态展示手段，新打造的半景画展厅用虚实结合的手段，生动展示了远古时期半坡人的生产生活情景。

（1）彩陶器

半坡遗址出土了大量造型各异的彩陶器，这些彩陶器成为半坡文物的典型代表。彩陶器表面多饰有绳纹、线纹、指甲纹，或红底上绘制黑色几何形。镇馆之宝"人面鱼纹盆"令人惊叹，人和鱼组成的形象在自然界并不存在，半坡先民却把如此丰富的社会内容凝聚于绘画艺术创作之中，其想象力令人称绝。

（a）指甲纹陶罐

（b）鱼纹彩陶盆

（c）指甲纹陶壶

（d）三角纹彩陶罐

图3 彩陶器（戴吾三 摄）

图4 人面鱼纹彩陶盆（戴吾三 摄）。
彩陶盆内壁以黑彩绘出两组对称的
人面鱼纹，人面头顶有鱼鳍形装饰，
嘴巴两侧和双耳部分都有两条相对
的小鱼分置左右，构成奇特的人鱼
合体形象

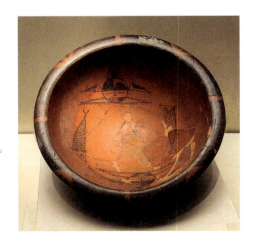

（2）骨针

1930年，一枚骨针在北京周口店旧石器时代晚期山顶洞遗址被发现了，这是我国发现最早的一枚骨针。针身长达82厘米，最粗部分的直径为3.1毫米。进入新石器时代以后，骨针得到了普遍使用，此后纺织纺轮的发明又促使了布类织物出现。在半坡遗址出土的骨针多达281枚，针身长短不一，最长的超过160毫米，最细的直径不到2毫米，针孔约0.5毫米，横截面呈圆形或椭圆形。针整体光滑圆润，制作精巧，能缝制出质地较为粗糙的衣服。

图5　半坡骨针（戴吾三　摄）

（3）半坡"谜题"

该展厅在最后给出三个"谜题"，至今仍无确切答案，不由得引起人们的好奇和追问。

①刻画符号之谜

在半坡遗址出土的陶器上，发现了一些形式多样的刻画符号。符号笔画规整，均匀流畅。这些神秘符号的含义是什么？它们是半坡工匠做的标志？或者，它们是文字的雏形？

②尖底瓶之谜

尖底瓶小口、圆腹、尖底，是一种汲水器，也是半坡文化的代表性器物。为什么要将器物做成这种样子？有什么象征意义？装满水后怎么放置呢？

图6　半坡彩陶器上的刻画符号。西安半坡博物馆存

图7 尖底瓶
（戴吾三 摄）

③人面鱼纹之谜

半坡遗址发现半个多世纪以来，有关人面鱼纹的解释纷纭，有"图腾说""权力象征说""巫师面具说"等。半坡人在作画的时候到底秉持什么样的观念？怎样理解他们的思维？

凭借现在拥有的知识，借助计算机技术，我们能够解开这些谜题吗？

2. 半坡遗址大厅

在这里保存着一座6000多年前的村落遗址，可以看到地面圆形房屋遗迹、半地穴式方形房屋基址，以及粮食贮存坑、祭祀坑等。

（1）地面圆形房屋遗迹

这是一座圆形房屋的遗迹，墙根底部保存较好。屋内有门坎和门道，门道两边有隔墙。居住面经过处理，很平整。室内中部有长方形灶炕，灶炕以北的两个柱洞在发掘时内部还有明显的木柱纹理。

图8　地面圆形房屋遗迹（戴吾三　摄）

（2）半地穴式方形房屋

　　这是半坡遗址中保存最好的一座方形房屋基址。屋基是一个深0.7米的土坑，坑壁就作为墙壁，在坑的边缘架起屋顶。斜坡状的门道两边有柱洞，据此推断门道上建有门棚。

　　考古工作者根据基址复原了半地穴式房屋，可知其下部是挖出来的，上部则是构筑而成。就地取土形成"四壁"，利用合适的木条搭起围护结构，再用草裹泥涂在外面，就形成了挡风遮雨又保暖的房屋。

图9　半地穴式方形房屋基址（戴吾三　摄）

（3）多次建造房屋的遗迹

图10中这处房屋基址至少记录了三次建造房屋的过程。从遗迹看，第一次建造已有完整的一圈墙基柱洞。后来建造的地基要比前面的高一些。

（4）袋状窖穴

半坡遗址中发现有储藏物品的窖穴共200多个，其中口小底大的圆形袋状窖穴数量较多。这些窖穴多数散布在房屋周围，室内鲜有发现，说明当时氏族的生产生活资料是公有的。图11是一处保存较好的袋状窖穴。

图10　圆形房屋多次建造的遗迹（戴吾三　摄）　　　　　图11　袋状窖穴，后加了保护支撑
　　　　　　　　　　　　　　　　　　　　　　　　　　　　（戴吾三　摄）

三、科技特点

半坡人的生产和生活与他们先祖的相比体现出某种复杂性，从科技方面分析可明显看到一些特点。

1. 汲水尖底瓶

尖底瓶（也叫尖底罐）被认为是专门用来提水的容器，其特征是小口、圆腹、尖底，在腹部中央偏下处有两个系绳用的环耳。由于空瓶质量分布不均匀，作

科 古 中
技 代 国
遗
产 010

Chinese Heritage of
Pre-modern
Science and
Technology

为支点的双耳稍低于瓶的重心，因此，悬于空中的空瓶是倾斜状态；刚放入水中的空瓶，小口沉入水中，尖底微露水面，整个瓶身由于进水的涡流影响而绕支点转动；随着水逐渐进入瓶内，重心逐渐下移，直到水过半瓶，小口露出水面，此时将水瓶提起，瓶身呈垂直状态。这就是半坡人用尖底小口瓶提水的整个过程。有学者认为，尖底瓶巧妙利用了力的平衡原理，做成尖底，空瓶盛水后重心不断变化，但仍能保持瓶口不断进水，解决了用平底瓶提水时遇到的麻烦。

图 12　半坡尖底瓶（戴吾三　摄）

2. 纺轮与纺织技术

半坡遗址中发掘出土了大量陶制、石制纺轮，其中早期的纺轮，是以石片和红陶片作为原料，经过简单敲击制成的近乎圆形、周围带有缺口的轮片。纺轮的直径为5~6厘米，重量在35克以上。从与纺轮同时出土的红陶钵底上印的布纹测出，当时纺制的纱线为直径1毫米以上的粗纱。发展到中、后期，纺轮的材料由红陶片改为质量较好的灰陶片，表面加工也比较精细。最小的纺轮只有十几克，由此能纺制更精细的纱线。这些纺轮片表明，五六千年前的半坡人，已能大致掌握不同粗细纱线的纺制技术，反映出当时纤维原料的加工程度以及纺织技术都有一定的提高。

图 13　半坡
纺轮（戴吾三
摄）

3. 两种陶窑

制陶对于半坡人来说，已是得心应手。用木柴作燃料，自然通风便能达到烧制所需的较高温度，这主要还是在于陶窑结构的合理性。半坡遗址共发现6座陶窑，有横穴窑和竖穴窑2种形式。窑在地面或沿坡侧面挖出，由火膛、火道、窑室、窑箅组成。

横穴窑在裴李岗文化中已经出现，流行于新石器时代诸遗址中。半坡出现竖穴窑，可见陶窑的新改进。

4. 半地穴式房屋

半坡遗址半地穴式房屋大部分是取土形成竖穴，上部用树木枝干等构筑顶盖。房屋平面多呈方形或圆形；房屋中部有1根或多至4根对称的中柱，住室中央或近门处有一圆形火圹，门前有缓冲空间和沟坡状门道。地穴是直

图14 半地穴建筑复原图，门道雨篷用大"叉手"

注：图像源自杨鸿勋《建筑考古学论文集》，文物出版社，1987年。

壁，一般深50~100厘米，穴底和墙壁涂有草裹泥。柱基用原土回填。顶部自四周围向中心柱架椽木，呈方锥形或圆锥形屋顶，内外都涂上草裹泥。门道雨篷用大"叉手"，中心柱和椽木交接处用葛藤或绳子扎结固定。顶部节点附近留有排烟通风口。这种木骨涂泥的构筑方式，后来发展成为我国古代建筑以土木混合结构为主的传统。居住面上升到地面，与近现代的砖瓦平房形式差不多。在外围结构上则出现了承重直立的构筑体，也就是墙壁。构架、墙体和斜坡的屋顶，成为后来我国建筑的基本形制。

科技遗产 古代 中国

012

Chinese Heritage of
Pre-modern
Science and
Technology

四、研究保护

1954—1957年，年轻的中国考古工作者大胆尝试，与过去打探沟、切成条块分割的方式不同，采用新的发掘方式，对半坡遗址进行了大面积的揭露，第一次比较全面地发现一处考古遗址，获得完整、丰富的历史信息，这在中国的史前考古学上具有里程碑式的意义。

主持者石兴邦以半坡作为研究切入点，在《西安半坡》发掘报告中，就仰韶文化的类型、年代和渊源进行了深入探讨，同时讨论了氏族公社制度、原始宗教信仰、粟作农业起源、彩陶发展演变等诸多重要课题。半坡的发掘使仰韶文化的类型研究成为可能，确定了半坡类型主要内涵属仰韶文化早期，是区分不同时空范围的仰韶文化的开始。后来石兴邦又将仰韶文化按因地区与时代不同而反映出来的差异划分为半坡和庙底沟两个类型，以区分认识仰韶文化在不同区域间的异同，以及典型仰韶文化和受仰韶强烈影响的文化类型。这个方法后来影响到包括龙山文化在内的其他许多新石器文化的研究，推动建构了中国新石器文化研究完整的体系和清晰的脉络。

半坡的发掘还推动了多学科的研究。建筑史学者按营建技术的发展脉络对半坡房屋遗迹进行排序，将半坡建筑的发展分为早、中、晚三期。早期：半穴居——下部空间由挖土形成，上部空间是构筑而成。中期：居住面上升到地面，围护结构全系构筑而成。晚期：分室建筑——大空间分隔组织。这些研究成果先以论文形式发表，后来又被收入《中国古代建筑技术史》等专著中。物理学史学者侧重研究尖底瓶，结合模拟实验，利用重心知识给予解释。艺术史学者对半坡彩陶器的标志性图案——"鱼纹"和"人面鱼纹"以及由鱼头、鱼身演化而来的几何纹做了细致梳理，并与其他文化遗址彩陶器的相似图案进行比较，找出历史的传承联系。而艺术设计者也从半坡彩陶器的图案获取灵感，创造出有特色的纹样元素。

对半坡遗址来说，极为重要的一次保护是在中华人民共和国成立之初，在财力尚不充裕的情况下，国家大力支持，拨专款建立博物馆，此举引起海内外的强烈反响。

为了有效保护半坡遗址，博物馆方面于2002年拆除了砖木结构的旧遗址大厅，2006年建成了钢结构、大跨度的新遗址大厅。在施工过程中，意外发现了一处以石柱为中心的祭祀遗迹群，这为研究和展示半坡遗址提供了新的资料。2008

年汶川大地震后，为了提升抗震性，又对遗址内袋状窖穴的内壁做了加护支撑。

近年来，西安半坡博物馆也加大了对整体环境的保护研究。

五、遗产价值

半坡遗址的发掘，是中国首次对一处原始氏族聚落遗址进行大面积的揭露，并由此确立了新石器时代仰韶文化的一个重要类型——半坡类型。这是中国新石器时代考古学文化区、系、类型研究的开端，为研究中国黄河流域原始氏族社会的性质、聚落布局、经济发展、生产生活等提供了丰富的资料，对中国原始社会历史的研究具有重要的历史价值和科学价值。

半坡遗址出土的彩陶以其精美的图案和独特的艺术风格著称，反映了当时人们的审美观念和艺术创造力。这些彩陶不仅是实用器皿，更是研究仰韶文化艺术的重要资料，在中国艺术史乃至世界艺术史上都有重要的价值。

半坡遗址是中国境内首次采用聚落考古的先进理念、首次使用大规模布设探方方法发掘的古代聚落遗址，在世界考古领域具有重要的地位。

西安半坡博物馆作为中国第一座史前遗址博物馆，在传承中华文明和增强民族文化自信等方面具有重要作用。通过博物馆的展示和宣传，"半坡"作为一个文化概念深入公众的认知中，很多人正是通过半坡遗址开始认识了史前中国。

参考文献

［1］石兴邦，关中牛.叩访远古的村庄：石兴邦口述考古［M］.西安：陕西师范大学出版社，2013.

［2］西安半坡博物馆.西安半坡［M］.北京：文物出版社，1982.

［3］周衍勋，苗润才.对西安半坡遗址小口尖底瓶的考察［J］.中国科技史料，1986（2）：48–50，28.

［4］吴淑生，田自秉.中国染织史［M］.上海：上海人民出版社，1986.

［5］中国科学院自然科学史研究所.中国古代建筑技术史［M］.北京：科学出版社，1985.

（戴吾三）

良渚古城遗址

——实证中华文明五千年的圣地

　　良渚古城遗址，位于今浙江省杭州市余杭区，总面积达6.3平方千米。从1936年到2019年，经过几代考古工作者的努力，一座兴建于5000多年前的王国古城被完整揭示，为实证中华五千年文明提供了重要的实物依据。2019年7月6日，联合国教科文组织第43届世界遗产委员会会议通过决议，将良渚古城遗址列入《世界遗产名录》，意味着良渚真正走向世界，标志着中华5000多年文明史得到国际社会的普遍认可，良渚从此成为全人类共同的文化遗产。申遗成功次日，早已建成正等待时机的良渚古城遗址公园正式对公众开放。

图1　良渚古城遗址公园广场上的雕塑《良月流晖》，由艺术大师韩美林设计。雕塑高20米，由基座、玉器和火焰三部分构成。琮形基座象征矗立于良渚大地之上的古城和水利系统。玉器的组合融合了天、地、人的意象。刻在玉琮上的神秘符号，取自远古的良渚陶器。圆形的玉璧既代表上天，也是古文字"良"的变形。居于中间的三叉形器，则代表人与天地的相互呼应。顶端跳跃灵动的火焰，象征着中华文明生生不息、蓬勃向上的原动力（戴吾三　摄）

一、历史沿革

　　1936年，西湖博物馆的年轻职员施昕更参加发掘杭州古荡遗址，他注意到发掘出土的石器与他的家乡良渚一带常见的石器相似。很快，他急切地回到家乡，搜集了多件石器，并报告博物馆领导，引起了重视。1937年12月至1938年3月，施昕更代表西湖博物馆先后三次到良渚组织挖掘，确认了以良渚为中心的12处遗址。1938年，施昕更在艰苦条件下出版了《良渚：杭县第二区黑陶文化遗址初步报告》。然而很不幸，次年施昕更染病身亡。

图2　良渚古城遗址公园立施昕更雕像，以纪念他对发现良渚遗址的贡献（戴吾三　摄）

图3　施昕更撰写的《良渚：杭县第二区黑陶文化遗址初步报告》

　　之后十九年，中华大地战火烽烟，田野考古发掘被迫中断。直到中华人民共和国成立，良渚遗址的发掘与研究才重新开始。1959年，随着考古发掘材料的丰富和学术界认识的积累，考古学家夏鼐先生正式提出"良渚文化"。

　　自20世纪70年代起，考古工作者在良渚、瓶窑一带陆续发现了反山王陵、瑶山祭坛、莫角山大型人工台地、塘山土垣等100多处遗址点，良渚文化的神秘面纱被逐步揭开。

2006年，考古队员在瓶窑葡萄畈遗址高地西侧发掘时，发现了一条良渚文化时期的河沟，随即对河沟东岸高地进行局部解剖，发现其为人工堆筑，且底部铺垫大量人工开采的石块。2007年，以葡萄畈遗址为基地延伸钻探调查，确定了有石块地基的人工堆筑遗迹为东城区而不是大堤，并最终确定了良渚古城的四面城墙，标志着良渚古城遗址的发现。

随着发掘和研究不断深入，古城的空间格局、功能分区以及各类遗存的内涵也日渐清晰。良渚古城东西宽约1700米，南北长约1900米，总面积达300万平方米。2010年，良渚古城的外城被初步确认，其面积约630万平方米。

2009—2010年，良渚古城城外西部的高坝经勘探被陆续确认。2011年，考古人员通过查阅卫星图片，又发现了低坝系统。2015年，通过遥感图片分析和考古钻探，最终厘清了由11条水坝构成的庞大的水利工程，总长度达十几千米。

经过80余年的考古发掘和研究，考古界确认，良渚文化距今5300~4300年，是我国新石器时代晚期长江流域重要的考古学文化。

2019年7月6日，在第43届世界遗产委员会会议上，"良渚古城遗址"入选《世界遗产名录》，充分体现了国际社会对中华5000多年文明史的认同。2024年，新修订的义务教育全国统编教科书《中国历史》(七年级上册) 在2019年改版的基础上，进一步丰富良渚古城遗址的内容，明确表述了良渚古城在中华5000多年文明史上的重要地位。

二、遗产看点

良渚古城遗址公园面积大，景观分散在十几处，这里择要介绍几个看点。

首站陆城门。这里展示了当年良渚古城陆城门的考古发现成果。建城时，先民从城外的山上开采并运输石块作为基础，就地挖出淤泥作为构筑城墙体和城内的台地；另外，还设置了8座水城门和1座陆城门，开挖出沟通古城内外的河运系统。遥想当年，良渚古城河道密布，先民临河而居，以舟筏出入。江南水乡的生活模式，5000多年来一脉相承。

图4　陆城门遗址（戴吾三　摄）　　　　　　图5　模拟良渚先民从城外的山上开采石块并用竹筏运输
（戴吾三　摄）

　　第二站南城墙。在这里可以看到古城墙体的剖面，其显露出了草裹泥堆筑的痕迹。草裹泥如同在泥土里加筋，可以提高土体的结合强度，防止城墙崩塌。

　　良渚古城的城墙俯视平面呈圆角长方形，周长近6000米，面积达280万平方米；城墙宽40~60米，最宽处达150米，坡度缓和（与我们今天所熟悉的城墙很不一样），相对高度约4米。构筑城墙时，先用淤泥填平，然后铺设石块，其上再逐层堆筑黄色黏土。城墙外大多有河道，与城墙一起能起到一定的防御功能。

图6　南城墙遗址（戴吾三　摄）

中国古代科技遗产

018

Chinese Heritage of
Pre-modern
Science and
Technology

　　第三站手工业作坊区。在位于贯通古城南北的古河道中下段的两岸，发掘出土了大量玉器、石器、骨器的原料、半成品、成品及加工工具，由此可推想当年这片区域是手工业作坊区，如今为方便展示，划分了玉器、骨器、漆器等制作区。

　　以玉器制作为例。对良渚文化来说，玉器是信仰与观念的载体，也是身份和地位的标志。因而，制作玉器是良渚王国居于顶端的最重要的手工门类。良渚玉器的制作水平达到了史前手工业制作技艺的高峰。一件玉器要经过选料、制坯、钻孔、抛光、刻纹饰等多道工序，全凭手工制出，令人惊叹。

图7　模拟良渚工匠在用细锯切割玉料
（戴吾三　摄）

图8　模拟良渚工匠查看制成的玉琮、玉璧
（戴吾三　摄）

图9　考古工作者实验复原的良渚房屋（戴吾三　摄）

　　距手工业作坊区不远的是实验考古区。在这里，考古工作者尝试用良渚时期的材料和工艺复原了一栋那个年代的房屋。因木头和草类易朽，良渚没有留下任何地面建筑，考古工作者需要像侦探那样，把发现的证据碎片拼在一起，推测良渚时期建筑的形象。现在看到的房屋结构真是良渚时期那样吗？考古工作者提出了一系列问题：没有金属锯，良渚人是怎样切割木料的？没有吊装设备，主梁是怎样安装的？屋顶的茅草要怎样铺才能遮风避雨？良渚人会使用脚手架吗？可想，这些未解之谜会激发求知欲，鼓励一批批青少年投身考古事业。

接下来去看宫殿区的巨型木构件展示。从2017年开始，考古工作者对遗址的古河道进行了多次发掘，先后发现了15根长短不一的木构件，其中6根体量较大，最长的达17.2米。经测定，这些木构件已经被埋藏了约5000年。这些巨型木构件位于紧邻宫殿区的河道中，推想是用来建造宫殿的梁柱。在缺乏金属工具的良渚时期，巨木是怎么被采伐、运输、加工的呢？在这里模拟了良渚工匠劳动的情形，颇有趣味。

图10　模拟良渚工匠用石锛修整大木（戴吾三　摄）　　图11　模拟良渚工匠用石凿凿孔（戴吾三　摄）

遗址公园最重要的看点，是位于古城中心的莫角山宫殿区。在莫角山站点，沿着一条名为"朝圣之路"的小道拾级而上，可看到一片隆起的巨大高台，其由人工借助自然山地堆筑而成，面积约30万平方米，其上又分大莫角山、小莫角山、乌龟山3个小型土台。5000多年前，良渚王国的宫殿就矗立在这片大台地上，良渚的统治者在这里生活、办公，这里就像明清时期的紫禁城一样，是国家的权力中心。

大莫角山是大土台上3座宫殿台基中面积最大的一个，同时也是良渚古城内相对高度最高的地点。为便于游客了解良渚古城的布局，文化部门在这里用铜铸造了一个巨大的良渚古城沙盘，将良渚的地形地貌，外围水利工程、城墙、水陆城门、河道、宫殿区、墓葬区、仓储和手工作坊区等标示得清清楚楚。站在这个高台上，视野十分开阔，放眼远望，历史的厚重感扑面而来。

科技遗产 古代 中国

020

Chinese Heritage of
Pre-modern
Science and
Technology

图12　大莫角山上的良渚古城铜沙盘（戴吾三　摄）

三、科技特点

良渚先民修筑的古城，建造的水利系统，开垦的稻田和制作的玉器、石器以及生产工具等，充分展示了先民改造自然和利用自然的智慧与技巧，也体现了古代科技的特点，最主要的有以下几方面。

1. 庞大的水利工程

良渚古城分布在天目山两支余脉——大雄山丘陵和大遮山丘陵之间的冲积平原上，东苕溪自古城北部由西南向东穿过，最终汇入太湖。良渚古城地处平原，其地理位置在夏季暴雨时容易受到山洪的冲击。为了保障古城的安全，良渚先民修建了一个庞大的水利工程。

20世纪90年代，考古工作者发现了良渚水利系统的第一条大坝——塘山遗址，这条山前长堤能挡住从大遮山冲下的山洪，将水西引，使古城避开山洪的侵袭。

2009—2010年，经过勘探，考古工作者先后在良渚遗址确认了6条高坝。到2015年，又调查确认了4条低坝。由此，良渚庞大而完整的水利工程呈现出全貌。

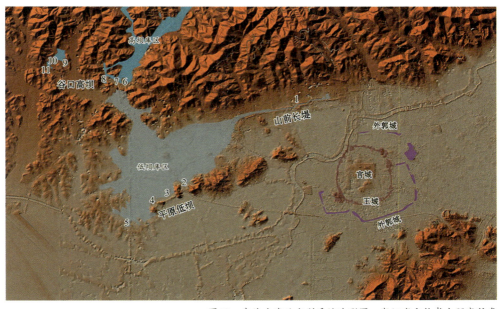

图13　良渚古城及水利系统地形图。浙江省文物考古研究所存

良渚的水利工程是中国目前已知最早的水利系统，也是中国乃至世界城市建设史上的杰作。

水坝坝体的底部采用青淤泥堆筑，然后包裹黄黏土。坝芯部分使用草裹泥堆筑，即利用芦荻和茅草捆裹泥土形成长条形的泥包，再横竖堆砌形成坝体。这种工艺能增强坝体的抗拉、抗剪强度，从而增强土体的稳定性，可谓原始的"加筋土"。7条坝体的草裹泥的草经碳14测年，测年数据都在距今5100~4700年，属良渚文化早中期。

据初步研究，整个良渚水利系统兼具防洪、运输、用水、灌溉等诸多功能，其中防洪是良渚古城延续千年的重要保障。水利系统的高、低两级水坝可将暴雨季节的巨大来水蓄留在山谷和低地中，从而使古城免受洪水的侵袭。同时，筑坝蓄水形成的水库也可助力多个山谷的水运交通，为自然资源的开发与利用提供便利。古城内外挖掘大量的人工河道，与自然水域贯通，形成完善的水上交通网，方便水运出行、农业灌溉及居民用水。

大禹治水的传说故事从至少2000多年前流传至今，而5000多年前良渚先民的治水能力在今天通过考古发现得到实证。经测算，良渚水利工程所有坝体的土方量达288万平方米，若有1万人来建筑这样的工程，则需连续不断工作2年半的时间。如此大规模的水利工程建设，可想当时已发展出复杂的社会组织结构、人员管理和社会动员能力。

科技遗产 古代 中国

022

Chinese Heritage of
Pre-modern
Science and
Technology

2. 发达的水稻种植业

中国长江中下游地区，集中分布着世界上最早的稻作文化遗址。在浙江省金华市浦江县上山考古遗址公园，一粒已炭化的"万年米"是约1万年前世界稻作文化起源于此地的实物见证。随着考古学文化年代的推进，从上山文化到跨湖桥文化、河姆渡文化、马家浜文化、崧泽文化、良渚文化……稻作农业延续数千年，成为长江下游地区农耕文化的主要特色。

（a）

（b）

图14　在莫角山东坡考古发现一处填埋有约13000千克炭化稻谷的灰坑遗迹，推测是宫殿区内粮仓失火后倾倒烧毁稻谷而形成。大量稻谷遗存反映出良渚社会强大的农业生产能力（戴吾三　摄）

水稻遗存是良渚文化遗址普遍存在的植物大遗存，有炭化米、颖壳和小穗轴等不同的存在形态。大量稻谷遗存出土表明，稻米是良渚先民的主要食物来源，稻作生产是良渚文化时期农耕的主要形态，这与良渚文化分布地区气候温暖湿润，降水量丰沛，湖塘、沼泽、河流密布，适合野生稻生长和水稻种植息息相关。

良渚古城内尚未发现水稻田的迹象，而在浙江省杭州市余杭区茅山南麓，发现了面积达55000平方米的良渚文化时期的古稻田。良渚文化中期稻田呈条块状，面积从1~2平方米到30~40平方米不等。水稻田块之间有隆起的生土埂和纵横交错的小河沟，部分田块中有明显的排灌水口。

茅山遗址的良渚文化晚期，稻田遗存丰富，稻田特征明晰，并发现有河道、河堤兼道路、灌溉水渠及田埂等与稻田管理和灌溉有关的遗迹。这里发现多个上千平方米的田块，其中最大的面积近2000平方米。此处水稻田极有可能是当时城外的"国营农场"。这种生产方式的改变无疑会提高单位面积产量，从而增加稻谷总产量。

3. 技艺高超的手工业

发达的稻作农业为良渚社会分工的出现奠定了基础，良渚文明展示了当时高超的手工业生产水平。良渚人的手工业，首推制玉。玉文化是中华文明重要的文化基因之一，距今约8000年的内蒙古兴隆洼文化遗址就出土有玉块。而在距今5500~4000年这一时期的考古文化中，玉文化精彩纷呈，玉器的种类也由早期以装饰品和工具为主发展出成套的玉礼器。良渚文化的玉器数量庞大、种类丰富，在中国玉文化发展历史上留下了浓墨重彩的一笔。

良渚人的玉礼器系统以琮、壁、钺、冠状饰品、三叉形器、玉璜、锥形器等为代表。玉器是最能体现良渚社会等级差异的器物。著名的反山12号墓出土了600余件（组）玉器，包括体量最大的"玉琮王"。玉琮是一种内圆外方的筒形玉器，是古代中国重要的礼器之一。新石器时代中晚期，玉琮在考古学文化中经常出现，尤其良渚文化的玉琮体系最为发达。反山12号墓出土的"玉琮王"是良渚文化诸玉器中体形最大、制作最精致、纹饰最精美的一件：四个正面均雕刻有完整的神人兽面纹图案，图案上部为人像，脸呈倒梯形，重圈圆眼，头戴宽大的羽冠，冠上羽毛呈放射状排列；双臂抬起，肘部屈曲，双手五指平伸插于兽面眼眶两侧；中部是兽面，重圈为眼，双目圆睁，面目怪异。

图15　"玉琮王"上的神人兽面纹。浙江省博物馆存

令人惊异的是，"玉琮王"上的神人兽面纹的实际宽度不足4厘米，高仅3厘米，良渚工匠能在如此小的范围内刻出如此精细繁密的图案，其刀工出神入化，堪称鬼斧神工。

良渚文化的典型陶器是轮制而成的黑陶。轮制是将泥料放在陶轮上，借其快速转动的力量，将泥料提拉成形。良渚陶器的种类有罐、宽把杯、圈足盘、双鼻壶等。器物表面多打磨光滑，少装饰性纹饰，整体素洁高雅。良渚文化晚期出现一些细刻纹陶器，这种微细的雕刻方式与良渚玉器的"微雕"方式较为相似，刻纹主要有鳄鱼纹、鸟纹、龙纹、龟纹等。

图16　良渚出土的宽把黑陶杯，上面刻有鳄鱼纹（戴吾三　摄）

四、研究保护

对良渚古城遗址的考古发掘促进了史前文明研究，而深入的研究也推动了新的考古发掘工作的展开和对文化遗产的保护。

从良渚古城遗址考古与研究的历史看，可分为三个阶段。

第一阶段是遗址点考古（1936—1986年）。1936年施昕更发现良渚遗址。1939年，著名考古学家梁思永指出以良渚遗址为代表的远古文化具有独特个性。1959年，著名考古学家夏鼐正式提出"良渚文化"的命名。1977—1986年，良渚文化的研究取得突破性的进展，把对良渚文化社会性质的探讨提高到了其是否进入文明时代的高度。

第二阶段是遗址群考古（1986—2006年）。1981年吴家埠遗址大规模发掘。浙江省第一个考古工作站建立，为长期开展良渚文化考古奠定了基础。1986年以来，反山（1986年）、瑶山（1987年、1996—1998年）、莫角山（1987年、1992—1993年）、塘山（1996年）等重要遗址的发掘，使人们意识到良渚遗址是良渚文化最重要的中心聚落。学术界明确，良渚遗址已经接近甚至已进入文明社会的门槛。

第三阶段是都邑与王国考古（2006—2019年）。良渚古城城墙的确认开启了都邑考古的新篇章。2015年，良渚古城庞大的水利工程最终被确认。研究人员开始以良渚古城为核心整体看待良渚遗址和遗址群。

随着考古发掘和研究的深入，国家和浙江省高度重视对良渚古城遗址的保护，安排搬迁了遗址范围内的工厂和村庄，并使北京—平潭公路（国道104线）改线绕行。

2001年，国家启动中华文明探源工程项目；2016年，中华文明探源工程四期完成结项。良渚遗址是中华文明探源工程四大中心性遗址之一。良渚古城的研究与发现，充分揭示良渚在当时已经出现了阶级、王权和国家，进入了文明社会。据此，中华文明探源工程提出了"文明"的定义，并认定进入文明社会的中国方案，为世界文明起源研究作出原创性贡献。

2013年8月24日，在"世界考古论坛·上海"大会上，良渚古城考古入选世界十大重大田野考古发现。国际考古界权威科林·伦福儒（Colin Renfrew）教授认为："放在世界的框架下看，良渚把中国国家社会的起源推到了跟古埃及、古美索不达米亚和古印度文明同样的程度，它们几乎是同时的。"

2019年7月7日，良渚古城遗址公园正式对公众开放。遗址公园从规划设计到施工建设，都遵循了遗址保护、最小干预、本体展示等原则，基于考古遗址本体及其环境的保护与展示，融合了教育、科研、游览、休闲等多项功能。

2020年，良渚古城遗址公园实施了生态立体修复工程，对园区内水体进行了系统性的"山水林田湖草综合整治生态修复"，实现了文物保护与水生态环境改善的双赢。

五、遗产价值

良渚古城遗址以宏大的宫殿遗址、繁多的礼制玉器、庞大的水利工程等翔实的实物证据，呈现于世人面前，成为早期文明的典范。

由11条水坝构成的水利工程是中国目前已知最早的水利系统，展现出新石器时代的先民改造自然的智慧和勇气。古城墙、水坝的草裹泥工艺以复合材料、结构创新与工程管理的三大突破，反映出良渚先民对自然规律的认知与改造能力。出土的玉琮、玉璧、玉钺等礼器，以神人兽面纹为标志，奠定了后世"礼制中国"的文化基因。出土的大量水稻遗存显示良渚稻作农业的发达，使良渚古城成为中国乃至世界农业起源中重要的一环。

良渚古城遗址留下丰富而宝贵的科技遗产的同时，也映射出一个中国新石器时代晚期以稻作农业为经济基础、社会等级分化和统一信仰并存的早期区域性文明国家。良渚古城遗址的发现，确定了良渚文明的存在，将中华文明的历史推进到5000年前，证实了在5000年前中华大地上已经出现了国家社会。

良渚是实证中华5000年文明史的圣地，是中华文明的精神地标。考古学家说中国新石器时代的考古学文化犹如满天星斗，无疑，良渚是其中耀眼的一颗。

参考文献

［1］严文明.良渚文化：中国文明的一个重要源头［J］.寻根，1995（6）：8-9.

［2］宋姝，刘斌.良渚古城：中华5000多年文明史的实证之城［J］.自然与文化遗产研究，2020，5（3）：8-25.

［3］刘斌，王宁远，陈明辉.良渚古城考古的历程、最新进展和展望［J］.自然与文化遗产研究，2020，5（3）：26-35.

［4］陈强.良渚古城遗址公园规划与建设的启示与思考［J］.自然与文化遗产研究，2020，5（3）：69-79.

［5］朱叶菲.良渚遗址考古八十年［M］.杭州：浙江大学出版社，2019.

（徐津津）

陶寺遗址

——"最初的中国"

陶寺遗址位于山西省临汾市襄汾县陶寺乡陶寺村南，面积约280万平方米，年代距今4300~3900年。陶寺遗址是目前发现的该时期中原地区规模最大、等级最高的都邑性遗址，许多考古学家和历史学家认为，陶寺遗址极有可能是古代典籍里记载的尧都平阳，也就是"最初的中国"。陶寺遗址博物馆于2021年3月14日奠基，经三年多施工建设，于2024年11月12日正式开馆。

图1　陶寺遗址博物馆远景，从高处看，其外观呈"中"字形，建筑设计突出了"最初的中国"理念（戴吾三　摄）

一、历史沿革

1956年，国务院发布相关通知，第一次文物大普查在全国范围内展开。1958年，文物工作者丁来普在晋南地区文物普查中首先发现了陶寺遗址。

1959—1963年，中国科学院考古研究所山西队在首任队长张彦煌的带领下，开始了大规模的晋南地区考古调查，重点复查了陶寺遗址。1973年和1977年，考古工作者又两次复查了陶寺遗址。

1978年4月，陶寺遗址的发掘正式启动。1978—1985年为第一阶段，发掘总面积约7000平方米。这一时期最重要的成果是确立了"陶寺文化"的称谓，初步认识了陶寺文化的内涵、特征、年代，并建立起陶寺文化早、中、晚期的文化发展序列。随着研究的深入，考古学者意识到，陶寺遗址对探讨我国古代国家形成和文明的起源有着重要意义。

1999—2001年为第二阶段，再次发掘陶寺遗址，其重要成果是发现了当时黄河流域最大的城址。一座面积达280多万平方米、沉睡4000多年的大城露出"庐山真面目"。

2002—2020年为第三阶段，这一阶段可细分如下：

2002—2003年，国家"十五"重点科技攻关项目"中华文明探源工程预研究"启动，陶寺遗址作为重点聚落遗址被列入其中。这次预研究的发掘确认了陶寺早期小城、宫殿区和核心建筑区附属建筑遗迹，中期小城内墓地、祭祀区夯土台基建筑和东部仓储区。

2003—2005年，在陶寺中期小城内发现由夯土台基和生土台芯组成的建筑基址 IIFJT1。基址平面呈大半圆形，夯土挡土墙内侧有13根夯土柱和12道缝。后经考证，该基址为兼具祭祀与观象授时功能的古观象台。

从2013年开始，考古工作者持续对陶寺遗址疑似宫城城墙的土层进行发掘。2017年，陶寺宫城城墙及东北角门、东南角门、南东门被陆续揭露，陶寺宫城的存在最终被确认。

2018—2019年，陶寺遗址的发掘重点是全面揭露宫城内最大面积的宫殿建筑。到2020年，陶寺遗址宫城内大型夯土建筑基址的发掘取得重要收获，确认了宫城内面积近8000平方米的最大宫殿建筑的存在，这是迄今史前时期最大的夯土建筑基址。基址上发现的大型宫室建筑，则是目前考古发现的新石器时代最大的单体夯土建筑，对于中华文明起源以及早期中国等重大课题的研究具有推动意义。

二、遗产看点

踏上高高的台阶，走进陶寺遗址博物馆大厅，象征文明的光束从脚下向前延伸，渐次闪烁，直击迎面高墙上圆盘里的蟠龙——这一形象取自陶寺彩绘龙盘。然后图形变换，依序在圆盘里展示陶寺遗址的重要发现成果。

图2　陶寺遗址博物馆大厅，象征文明的光束从脚下向前延伸，直击迎面高墙上的蟠龙（戴吾三　摄）

陶寺遗址博物馆分"文明蕴化""煌煌都邑""早期国家""考古历程"几大展厅，集中展出230件（套）珍贵文物，结合光影、数字化等技术，全景式展示陶寺遗址在都邑规划营建、手工业生产、艺术创造等方面的突出成就，解读陶寺文化的深厚内涵。

1. 彩绘龙盘

陶寺遗址共出土了4件带有龙形彩绘的陶盘，统称为蟠龙纹陶盘。这4件陶盘大小基本相同，盘口直径35~40厘米，盘底直径12~15厘米，高为7~12厘米。

科技遗产 古代 中国

030

Chinese Heritage of
Pre-modern
Science and
Technology

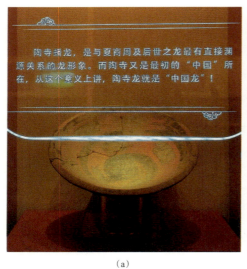

（a）　　　　　　　　　　　　　　　　（b）

图3　（a）为在陶寺遗址博物馆展陈的龙盘，利用新技术在玻璃上呈现检索；（b）为在中国考古博物馆展陈的另一件龙盘（戴吾三　摄）

仔细观察陶盘上的龙，发现有几个特点：第一，均是蟠龙，身姿盘曲如蛇；第二，身上可见鳞状斑纹，似鳄；第三，三角头形，头部两侧方形如耳，而蛇无耳，又非蛇；第四，长颌，锯齿状牙齿；第五，口衔枝状物。这些龙形象的特点，是由现实中不存在的几种灵兽组合而成，而这正是陶寺龙的最大特点。

2. 圭尺

2002年，陶寺遗址的一座贵族墓出土了一根漆杆。漆杆全长171.8厘米，中段有一段26.4厘米长的残朽缺失，下端保存完好，复原长度为180厘米。漆杆上分布着长度不均等的黑色、石绿色和粉红色色带，且黑色和石绿色环的长度较大，粉红色环的长度较小，考古学者推断，这件漆杆是测日影的圭尺，其上的粉红色环是作为刻度使用的。

2009年6月21日（夏至），考古队与天文学史学者用复原的立表和圭尺进行实验。当日正午12点40分，立表最短的影子逐渐到达圭尺上一个特殊的色带，这时影子长度约40厘米，折合1.6尺。而先秦文献《周髀算经》恰恰记载有"夏至之日晷尺六寸"，规定夏至圭尺影长一尺六寸的地方是"地中"。由此可知，在"地中"建立的国都即为"中国"，而陶寺圭尺的发现或许证实了陶寺就是"最初的中国"。

图4 陶寺圭尺整体
（戴吾三 摄）

图5 陶寺圭尺局部
（戴吾三 摄）

3. 铜齿轮形器

出土于陶寺晚期小墓中，系用含砷红铜铸造而成，中有大圆孔，似玉璧却有芒状小齿29个。由于奇数齿不宜作为传动齿轮使用，且该齿轮形器很薄，中孔圆度也不十分规整，因此其并不具备传动机械的功能。

据学者研究，这类铜齿轮形器大约既具有历数或演示阴历小月日期的历法功能，同时也具有表示朔望月周期周而复始的象征功能。

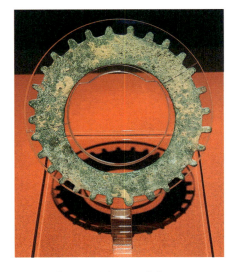

图6 铜齿轮形器（戴吾三 摄）

4. 朱书文字陶扁壶

在陶寺遗址文化晚期灰坑出土，已残。陶扁壶是陶寺遗址中最常见的汲水器，但这件器物因写有文字而闻名。这件陶壶的腹部用朱砂写有一个"文"字样，字形构造与甲骨文形体结构十分相像。朱书在陶扁壶平腹一面的两个字符，有学者认为是"尧"，有学者认为是"邑"。腹部的"文"字样的撇、捺清晰，推测书写的工具是毛笔。

(a)   (b)

图7 （a）为在中国考古博物馆展陈的原件，（b）为在陶寺遗址博物馆展陈的朱书文字陶扁壶（复制），利用新技术在玻璃上呈现说明文字（戴吾三　摄）

5. 乐器

陶寺遗址共发现各种乐器26件，包括陶鼓、鼍鼓、特磬、陶铃、铜铃、陶埙等。其中，鼍鼓和特磬都是迄今所知同类乐器中最早的，这使鼍鼓与特磬配组的历史从殷商上溯了1000多年；陶寺出土的铜铃，是中国目前已发现最早的金属乐器。这些乐器的出土，对于揭示4000多年前中国的音乐发展水平，认识音乐与祭祀、埋葬习俗的关系，探索礼乐制度的起源与发展，都有重要的意义。

（a）陶鼓

（b）鼍鼓（鳄皮鼓）

（c）特磬

图8　陶寺遗址出土乐器（戴吾三　摄）

三、科技特点

在陶寺先民基本的生产和生活中，有许多带有科技性的活动，集中表现在天文观测、手工业的形成发展、夯土建筑筑造和建筑材料制作方面。

1. 陶寺时期的天文观测

2003年，考古工作者在发掘陶寺遗址大型建筑基址Ⅱ时，发现第三层台基夯土挡土墙内侧有11个夯土柱和10道缝，加上北侧2个夯土墩及形成的缝隙，共形成13根夯土柱和12道观测缝。后续的发掘中，在圆弧几何中心附近又发现三层夯土小圆台。

2005年，考古界、科学史界以及天文界的专家共同论证，初步猜测该半圆形基址可能具有天文功能，是一座古观象台，三层夯土小圆台即是古人的观测点，从观测点通过夯土柱之间的12道缝隙观测对面塔儿山的日出方位，就能确定季节、节气。

2003年12月至2005年12月，中国社会科学院考古研究所山西队搭设简易铁架进行了2年的实地模拟观测，总计72次，在缝内看到日出20次。计算和实地观测都表明，在冬至、夏至和春秋分，陶寺古观象台都有狭缝对应相应的日出方位。

2009年，中国科学院自然科学史研究所的研究团队在陶寺遗址的基址上，根据残体对遗迹进行复原，并于2009年3月20日（春分）、6月21日（夏至）分别进行了模拟观测。春分依据黄赤交角[①]进行日期改正之后，观测取得了成功。

陶寺古观象台面积约1740平方米，至迟营建和使用于陶寺文化中期，它比英国的史前巨石阵观测台早近500年，比中美洲的玛雅文化天文台遗址早千年，可能是世界上最早的天文观象台。

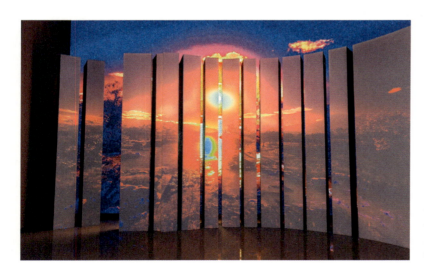

图9 用光电技术模拟的陶寺遗址古观象台12道缝隙呈现出的光影变化（戴吾三 摄）

---

① 黄赤交角，是指地球公转轨道面（黄道面）与赤道面（天赤道面）的交角。黄赤交角并非稳定不变，它一直存在着缓慢和微小的变化。

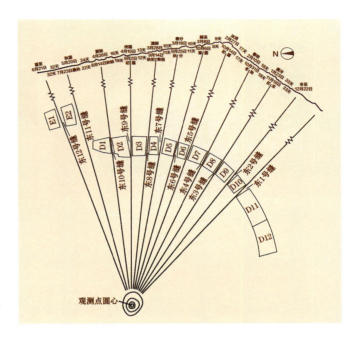

图10 陶寺遗址观象台模拟观测
示意图。陶寺遗址博物馆存

　　相比于英国的巨石阵，陶寺天文遗迹的特点在于，它以自然山峰（塔儿山）为依托，人工建筑与天然背景相融合，构成一个巨大的天文照准系统，通过观测日出方位以定季节，从而确定农时，指导农业生产。

　　利用象台观测并辅之以圭表测量，陶寺先民将一个太阳年365天或366天分为20个节令（包括冬至、夏至、春分、秋分），以掌握四季变化和农业耕作收获的节气。晨光从塔儿山方向穿过夯土柱的第十二个观测缝隙，这一天便是夏至日；穿过夯土柱的第二个观测缝隙，这一天便是冬至日。

2. 陶寺的手工业

　　陶寺文化中期，保障国家核心经济需求的工官管理手工业制度已初步形成。当时的统治政权设立了专门的生产机构，在城址西南部建立起手工业作坊区，依靠王权力量促进社会分工，推动陶器、玉石器、骨器、漆木器等产业快速发展，一段时期内陶寺地区百工兴盛，经贸繁荣。

（1）陶器制造

　　在陶寺遗址发现有烧制陶器的作坊区，出土了大量的陶器和制陶工具。出土的陶器种类丰富，工艺成熟。

科技遗产 古代 中国

036

Chinese Heritage of
Pre-modern
Science and
Technology

图11　陶釜灶（戴吾三　摄）

图12　彩绘陶簋（戴吾三　摄）

（2）石器制造

　　陶寺遗址出土的石器以各类生产工具为主，也有武器、生活用具和装饰品，大部分石料出自陶寺附近的大崮堆史前采石场遗址。

图13　石刀（戴吾三　摄）

图14　精磨石片（戴吾三　摄）

3. 夯土建筑

陶寺文化早期遗址距今4300~
4100年，该时期遗址面积达200万
平方米，其中宫城平面呈纵长方形，
东西复原长度约470米，南北复原
长度约270米，面积近13万平方米，
气势恢宏，开中国宫室营建制度之
先河。

当时筑城采用夯土技术，即立
起两块挡木板（版），两板之间的宽
度等于墙的厚度，板外用木柱支撑
住，然后在两板之间填土，用木杵
捣紧，升到一定高度，拆去木板木
柱，即成墙体。这种夯土技术后世
也称为"版筑"。

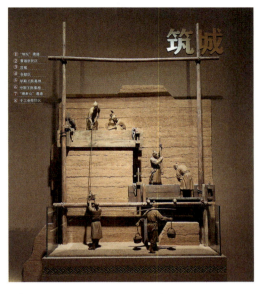

图15　陶寺遗址筑城场景模拟（戴吾三　摄）

4. 最早的建筑材料——板瓦

2002年，考古工作者在清理陶寺遗址一座大型建筑遗迹的过程中，发现了
百余件陶板。

这批陶板大多出自陶寺文化晚期堆积，从部分断面可看出制作方法为折叠
泥片制坯，模框压切成形。纹饰正面多为篮纹、绳纹、戳印纹等，背面分为粗
糙和光平两种，许多附着有白灰浆或敷泥垢。根据特征可分A、B两型，其中A
型陶板根据其形制及特点推测是板瓦。

此前最早的瓦约属于公元前14世纪的迈锡尼文化时代后期至古希腊时代后
期。而陶寺遗址出土的板瓦将人类烧制砖瓦的历史推前了六七百年，在人类建
筑技术与材料史上具有重大意义。

陶寺遗址出土的陶板瓦数量不多，推测不会全部用于覆盖屋顶，而是主要
用在屋脊和屋顶两边，起压住茅草和防雨水的作用。

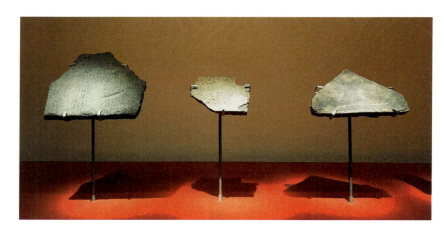

图16　陶寺遗址出土的陶板瓦（戴吾三 摄）

图17　陶寺遗址房屋建筑模型，可见在屋脊和屋顶两边使用板瓦（戴吾三 摄）

四、研究保护

陶寺遗址是中华文明起源与早期国家探索中的关键支点性都邑遗址，其研究和保护的成果，一直受到海内外考古学界和历史学界的高度重视。有关陶寺遗址的研究，大致可分为两大阶段。

第一阶段为1958—1998年，在陶寺文化谱系、文化性质、分期、遗址重要性、社会组织特点等诸方面，积累了丰富的资料。根据考古发掘，陶寺文化分为早、中、晚三期。早期距今4300~4100年，中期距今4100~4000年，晚期距今4000~3900年，三期的考古学文化有较大差异，不仅反映在陶器等遗物上，更反映在都城与墓葬变化上。陶寺早期的都城面积约20万平方米，有一座宫城；陶寺中期，出现了巨大的城址、地位崇高的宫殿区、独立的大型仓储区、等级分明的墓葬区；陶寺中晚期，宫殿被毁，早中期大墓被扰乱。科技考古在陶寺遗址研究中的应用，包括使用碳14年代测定方法确定陶寺遗址的绝对年代，以及开展陶寺遗址及其周边地区的孢粉分析、古地磁分析等。

第二阶段为1999年至今，随着陶寺遗址考古发掘的深入，相关研究成果丰硕。多数学者认为陶寺文化与传说中的尧或尧舜有关。陶寺遗址研究中的多学科合作日益广泛而深入，在陶寺遗址年代、人地关系、体质人类学、食谱、锶同位素、冶金、建筑材料、动物利用、天文历法等诸多方面取得进展。陶寺观象台和圭表的天文与考古的跨学科合作成果最为突出。对陶寺遗址出土"文字"的研讨也成为焦点，核心在于对朱书陶扁壶上文字的解读。陶寺考古发现与研究，在探索中原地区国家起源与文明形成方面，获得一系列重大突破，基本摸清了陶寺遗址作为邦国都城的各个功能区划，确认其很可能是后世中国历代王朝都城的基本模式。

1988年1月陶寺遗址被公布为全国重点文物保护单位，2021年10月入选"百年百大考古发现"，2021年10月入选国家文物局《大遗址保护利用"十四五"专项规划》"十四五"时期大遗址名单。

2015年12月，经几代考古工作者整理、编纂的《襄汾陶寺：1978—1985年考古发掘报告》出版。2017年，陶寺遗址发掘与研究在第三届"世界考古论坛上海"中获重大考古研究成果奖。

2021年3月14日，陶寺遗址博物馆奠基仪式暨塔儿山生态修复与保护工程启动仪式在陶寺举行。此外，复原观象台、宫殿区还被作为陶寺遗址博物馆的延伸产品，凸显遗址博物馆特色；建设陶寺遗址公园，依托遗址保护区内天然存在的两条深沟建设史前文明深度体验园区。

五、遗产价值

陶寺遗址是迄今为止国内发现的城墙、宫殿、墓地、手工业、礼乐、观象台、大型仓储区等各项功能要素齐备的早期都城遗址，是研究中国早期国家形成和中华文明核心形成的关键点。考古发掘表明，4000多年前的陶寺社会，已经进入

Chinese Heritage of
Pre-modern
Science and
Technology

文明阶段：生产力显著发展，人口急剧增长，王权诞生，国家雏形显现。先祖尧王经天纬地、和合万邦，使其成为后世尊崇的"圣王"。陶寺文化创造了繁荣的物质文明、精神文明和先进的制度文明，其承载的文化基因延绵传承至今，具有重要的当代价值与世界意义。

陶寺宫城的发现，使陶寺遗址"城郭之制"完备明确，陶寺很可能是中国古代都城制度的重要源头或最初形态。

陶寺出土的毛笔朱书文字陶扁壶，是一个改写中国文字历史的发现，这一发现将汉字的成熟期至少推进至距今4000年前，是探索中国古代文明起源的重大突破。

陶寺观象台是迄今为止我国发现的最早的天文观测遗迹，印证了史籍中有关帝尧"敬授人时"的记载，也为"尧都"的确认提供了有力证据。

参考文献

[1] 刘次沅. 陶寺观象台遗址的天文学分析 [J]. 天文学报，2009（1）：107–116.

[2] 何驽. 山西襄汾陶寺城址中期王级大墓 Ⅱ M22 出土漆杆"圭尺"功能试探 [J]. 自然科学史研究，2009，28（3）：261–276.

[3] 黎耕，孙小淳. 陶寺 Ⅱ M22 漆杆与圭表测影 [J]. 中国科技史杂志，2010（4）：363–372

[4] 李乃胜，何驽，毛振伟，等. 陶寺遗址出土的板瓦分析 [J]. 考古，2007（9）：87–93

[5] 何驽，高江涛. 薪火相传探尧都：陶寺遗址发掘与研究四十年历史述略 [J]. 南方文物，2018（4）：26–40.

（徐津津　戴吾三）

二里头遗址

——中华文明总进程的引领者

二里头遗址，1959年夏发现于今河南省洛阳市偃师区翟镇镇二里头村，是距今3800~3500年的都城遗址。自1959年以来，经几代考古工作者的不懈探索，二里头遗址发掘总面积超4万平方米，揭示出一个宫室宏大、百工齐聚、礼乐初成、规划有序的东亚大都城。以二里头遗址为代表的二里头文化，对推动中国历史由"多元化"的邦国时代进入到"一体化"的王国时代以及对商周文明的产生都有着深远的影响，是中华文明总进程的核心与引领者。

图1 二里头夏都遗址博物馆，位于河南省洛阳市偃师区斟鄩大道1号，建筑总体设计以二里头台地为意象，建筑天际线中心高起并逐渐向四周融合于大地，象征威仪四方的华夏最早王朝（戴吾三 摄）

科技遗产 古代 中国

042

Chinese Heritage of
Pre-modern
Science and
Technology

一、历史沿革

20世纪20年代，中国史学界兴起"疑古思潮"。史记中记载的夏商，是神话传说还是信史？甲骨文的发现和1928年安阳殷墟的考古发掘，实证了商王朝的存在，而遥远的夏史的重建也有赖于新兴的考古学。

1926年，著名考古学家李济为了寻找夏朝遗存，在今山西省运城市夏县尉郭乡西阴村展开考古发掘，但最终发现的是仰韶文化的遗存，而非夏朝的遗存。

中华人民共和国成立后，夏文化探索成为中国考古界的重大课题。著名考古学家徐旭生根据文献记载，细致研究，认为有两个地区值得特别注意，其一就是河南的洛阳平原以及嵩山周围。1959年夏，70岁高龄的徐旭生率队在豫西考古调查"夏墟"，发现了二里头遗址，同年发表《1959年夏豫西调查"夏墟"的初步报告》。

1959年秋，考古工作者对二里头遗址进行试掘，此后又开展了数十次发掘，取得了一系列重大的考古成果。1977年，夏鼐先生将这类考古学文化遗存命名为"二里头文化"。至20世纪70年代末，考古工作者先后发现了宫殿基址和青铜冶铸遗址以及一批不同等级的墓葬，由此确定了遗址的都邑性质，并建立起二里头遗址一期到四期的文化框架序列。

图2　徐旭生（1888—1976），河南唐河人，中国历史学家、考古学家，曾任北京大学教务长、中国西北科学考察团团长等职，著有《徐旭生西游日记》等多部著作

从1980年春季开始，考古工作者又先后发掘了铸铜作坊区、制骨作坊区、祭祀遗存、房基和墓葬等，出土了一批青铜礼器、玉器、漆器、白陶器、绿松石器、海贝等实物遗存。

2001年春，通过钻探，在宫殿区东侧、北侧、南侧发现3条垂直相交的大道。2003年春，对已发现的道路进行解剖性发掘，发现了宫城城墙。

2004—2006年，在宫殿区以南的道路南侧，先后发现大型夯土墙和绿松石器制造作坊区。

2010—2011年，通过发掘，考古工作者对5号大型建筑基址的年代、结构及性质有了初步认识，并清理出第一、第二进院落及第三进院落的东、西端。

2014—2017年，完整揭露了该基址的第三、第四进院落及其西、北边界。5号大型建筑基址是目前所知年代最早、保存最好的多进院落大型夯土基址。

2020年秋，根据公布的考古新发现，二里头都城极可能是由纵横交错的道路和围墙分隔形成多个网格。在其中的多个网格内发现有不同等级的建筑和墓葬，由此推测每个网格应属不同的家族，可见当时极可能已出现了家族式分区而居、区外设墙、居葬合一的布局。

2021年，在5号大型建筑基址院内发现一座高等级墓葬，墓葬内的蝉形玉器为二里头遗址考古首次发现。该墓葬是二里头遗址迄今为止发现随葬品最为丰富的一座。

二、遗产看点

走近二里头夏都遗址博物馆，即被独具匠心的建筑所吸引。建筑主体大量使用夯土墙，是目前全世界规模最大的现代生土单体建筑。以生土为材，是古代中国延绵至今的传统。室外广场，以大面积草坪为主，用灌木、芒草、青砖等，营造出像稻田、麦田一样的田垄效果，象征着一脉相承的华夏农耕文明。

1. 博物馆

博物馆共有5个基本展厅，包括"第一王朝""赫赫夏都""世纪探索"等，系统展示了夏代历史、二里头遗址的考古成果、夏文化探索历程、夏商周断代工程和中华文明探源工程的研究成果，以下择要介绍部分器物和研究成果。

（1）七孔玉刀

1975年出土，长约65厘米、宽9.5厘米，玉料呈墨绿色，局部有黄沁；刀背

图3 七孔玉刀（戴吾三 摄）

比刀刃短，整体扁平呈梯形，肩两侧各有两组对称的小齿（扉牙）；刀背处有等距且排成一条直线的7个圆孔。这是迄今为止二里头遗址出土的最大的一件玉器。这件玉器让人惊叹，也触发思索：3000多年前古人是用什么样的工具制作它的？开7个孔的用意是什么？

（2）陶方鼎

长、宽8.3厘米，高9.5厘米，整体呈正方形，表面有类似太阳形状的涡纹。夏朝之前的陶鼎都是圆腹三足，而二里头遗址的陶方鼎开创了一种新模式，不再注重实用功能，而突出了礼仪性。陶方鼎的造型为商代方鼎的出现提供了器形上的先导，为陶器艺术和造型艺术开辟了一个新范式。

图4　陶方鼎（戴吾三　摄）

（3）镶嵌绿松石兽面纹铜牌饰

1984年出土，属于极具二里头文化特色的重器。长16.5厘米、宽8~11厘米，呈束腰形，有两个像兽的眼珠。制作时先以青铜铸出框架，再填上数百片绿松石，拼合镶嵌出兽面纹。整体加工精巧，拼合严密，虽历经三四千年却无松动脱落。出土时此物安放在墓主人胸部，从两侧对称的穿孔组可见，此铜牌饰可穿缀系于主人的胸前，以起到沟通天、地、神、人的作用。

图5　镶嵌绿松石兽面纹铜牌饰（戴吾三　摄）

（4）网格纹铜鼎

通高20厘米，口径15.3厘米，底径10厘米，造型和纹饰风格与河南龙山文化晚期的陶鼎一脉相承，但材质却是当时罕见的青铜。这是迄今为止我国考古发现的最早的青铜鼎。这件青铜鼎的出现，也是王权礼制萌生的象征。

图6　网格纹铜鼎（戴吾三　摄）

（5）乳钉纹青铜爵

1975年出土，高26.5厘米，总长31.5厘米，三锥足细长，槽状长流，流折处有钉形短柱，腹部有凸线列乳钉纹。相比于其他铜爵，其形态修长，造型夸张，极富特色，是中国目前发现的时代最早的青铜容器之一，被誉为"华夏第一爵"，是该馆的镇馆之宝。

图 7　乳钉纹青铜爵（戴吾三　摄）

（6）陶器大观

二楼展陈二里头遗址出土的各种石器、陶器、骨器等，其中一个展厅满满都是陶器，各式各样，数量巨大，虽然并不都是精品，却足以反映二里头陶器制造业的兴盛，也表明当时生产和生活的旺盛需求。

图 8　陶器大观（戴吾三　摄）

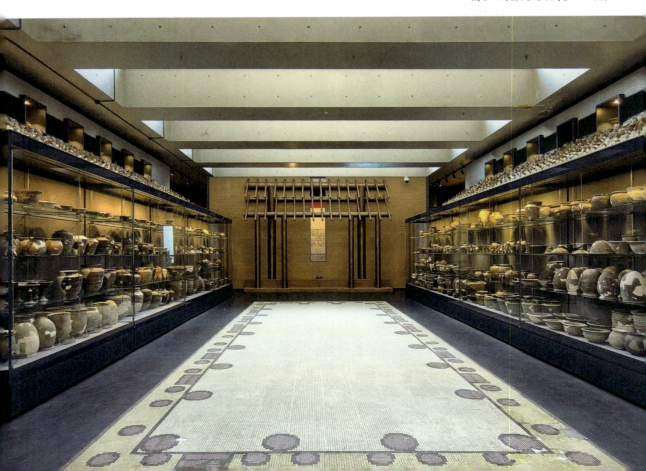

科技遗产 古代 中国

046

Chinese Heritage of
Pre-modern
Science and
Technology

2. 遗址公园

遗址公园位于二里头夏都遗址博物馆北侧的二里头遗址区，占地1000余亩。园内对二里头时期的古洛河景观进行模拟复原，并对宫城城墙、宫殿建筑基址群、铸铜作坊遗址、绿松石作坊遗址、祭祀遗址等考古遗址进行拔高复原展示。这里介绍两个景点。

图9　二里头考古遗址公园（戴吾三　摄）

（1）2号宫殿基址

2号宫殿基址位于宫城东部偏北，是宫城东路建筑群的核心建筑，依托宫城东墙而建，使用时间为二里头文化晚期。该宫殿平面呈纵长方形，南北长约73米，东西宽约58米，面积4200余平方米。整个宫殿由主体殿堂、庭院、门塾、围墙和廊庑组成。

整个基址布局方正规整，注重对称，很可能原来是宗庙建筑。如今这里被抬高复原进行展示，一片"断壁残柱"，很有特色。

图10　2号宫殿基址（戴吾三　摄）

（2）绿松石龙出土处

绿松石龙形器出土于宫殿区一座早期大型建筑的贵族墓葬，该墓被编为3号墓。3号墓的墓主人随葬品丰富，所见绿松石龙形器放置于墓主人的骨架上，肉体已腐朽不存。整件器物长约70厘米，含2000余片形状各异的绿松石片，每片绿松石长宽仅0.2~0.9厘米，厚度为0.1厘米左右。绿松石龙身形曲伏有致，形象生动。根据墓葬形制，推测墓主为一名担负宗庙管理职责或负责祭祀的神职人员，有学者依此推测这件龙形器物是一种用于祭祀

图11　绿松石龙出土地点（戴吾三　摄）

科 古 中
技 代 国
遗
产

048

Chinese Heritage of
Pre-modern
Science and
Technology

场合的仪仗"龙牌"。也有学者认为这件器物是早期的一种旗帜，旗面装饰升龙形象，辅以铜铃，与《诗经·周颂·载见》中"龙旂阳阳，和铃央央"的周王宗庙祭祀场景相合。

三、科技特点

二里头遗址所展现的宫殿营建以及陶器、青铜器、绿松石器制造等发达的手工业，反映了先民的技术创新和生产活动。在这片古老的土地上，诞生了多项"中国之最"。

1. 最早的青铜铸造作坊

20世纪80年代，考古工作者在二里头遗址陆续发现多处铸铜作坊，其中面积最大的达1万平方米，使用年代为二里头文化二期至四期，是我国目前已知最早的铸铜遗址。1999—2013年，大规模的发掘使得学界对这一铸铜作坊的范围、性质等有了新的认识。

作坊遗址内的主要遗迹包括冶铸场所、烘烤预热陶范场所、房址、窑址、灶址、灰坑和墓葬。作坊遗址内发现的与青铜冶铸有关的遗物包括陶范、石范、炼渣、铜矿石、铅片、坩埚、炉壁、木炭等。数量最多的是陶范，陶范内表光洁，有兽面纹等多种花纹。根据残存的陶范内壁推测，所铸铜器多为圆形，最大直径达30厘米。

在二里头遗址很少发现铜矿石遗存。学者们推测当时的青铜原料是外地输入的铜锭，经精炼后再铸造。冶铸遗迹、陶范及坩埚残片等多发现于铸铜作坊中，表明二里头遗址中这一面积最大的铸铜作坊已成为当时铸造活动的中心。

早在新石器时代的仰韶文化、马家窑文化就出土了零星的红铜、青铜制品，到龙山文化和石家河文化时期已较多出现青铜刀等工具。但这些文化遗址的青铜遗存形制很小，且制作简单，数量也较少。二里头文化时期，冶铜铸造成为国家垄断的科技产业。目前，二里头遗址发现的铜器已达250件，其中合金青铜器占80%左右。青铜制品的种类极为丰富，包括容器、兵器、乐器、礼仪性饰品和工具。其中，有被誉为"华夏第一爵"的乳钉纹青铜爵、被誉为"华夏第一鼎"

的网格纹铜鼎，以及目前中国考古发现年代最早的青铜钺、最早的礼兵器……这些都是二里头青铜文物中的佼佼者。当时的先民创造性地发明了复合范铸造技术，即制造外范和型芯，利用两者之间形成的空隙浇筑铜液以形成器物。

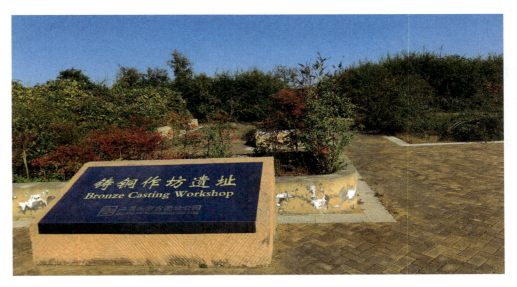

图12　铸铜作坊遗址（戴吾三　摄）

2. 最早的绿松石器制造作坊

在二里头遗址宫殿区以南，青铜铸造作坊的北面，考古工作者发现了制造绿松石器的作坊。该作坊面积近1000平方米，出土大小绿松石块数千枚。这是迄今所知中国最早的绿松石器制造作坊。

绿松石是一种含水的铜铝磷酸盐，归类于磷酸盐矿物。因所含元素不同，绿松石颜色有差异，氧化物中含铜呈蓝色，含铁呈绿色。出土的这批绿松石包括原料、毛坯、半成品、成品、破损品和废料，其中一部分有切割琢磨的痕迹，为今人研究绿松石的劈裂、切割、研磨、穿孔、抛光、镶嵌等加工技术提供了良好的样本。

出土的绿松石小石片、嵌片毛坯并未采用当时已非常成熟的玉器锯片切割技术，而主要采用了打制技术。研究推测这与绿松石矿体特点有关，自然界中绿松石矿体形态多为细脉状、团块状和结核状，尺寸不大，尺寸偏小的绿松石更适合采用打制技术加工。

图13　绿松石器制造作坊遗址（戴吾三　摄）

数量巨大的绿松石原料说明二里头先民有稳定的绿松石来源。有学者推测在矿源和遗址之间存在着运输资源的"绿松石之路"。湖北十堰的绿松石产区距离二里头遗址较近，且有古矿洞分布，被认为可能是这条"绿松石之路"的源头。有研究人员通过红外光谱、铜同位素结合稀土元素分析等方法对古代绿松石产地示踪，结果表明十堰的云盖寺绿松石矿应该是二里头作坊所使用的绿松石矿源之一。

二里头遗址的绿松石制品分为两大类：一类是以小型管、珠为基础的装饰品，如耳饰、项饰，1号墓出土的成品绿松石串饰即由87枚绿松石管、珠组成；二类是用于玉器、漆木器和铜器上的镶嵌，一般作为礼器使用，如镶嵌绿松石兽面纹铜牌饰和绿松石龙形器，都是难得的绿松石文物精品。

最晚到二里头文化二期时，都城已出现分门别类的手工业作坊。在二期晚段，修建了作坊区的围垣，国家手工业被集中规划。无论是青铜器冶炼，还是绿松石加工，均呈现集聚趋势。这些手工业作坊被王室贵族所垄断，性质属官营作坊，有学者将其称为与宫城并列的"工城"。

3. 最早的宫城与城市干道网

从1999年开始，二里头遗址发掘研究的重点转向探索二里头遗址的聚落形态。研究人员以道路为突破口，发现了中国最早的城市主干道网，从而确定了宫城的位置和城市区域规划。

二里头遗址是一处规划缜密、布局严谨的大型都邑。城市的选址讲究，在一凸出半岛形岗地上，南面、西南面朝古伊洛河，东面、东北面地势低洼，西北面与陆地相连，有利于军事防御和抵御洪水侵袭。宫城、大型建筑和道路均经统一规划，方向为南略偏东。

都邑的中心区分布着宫城和大型宫殿建筑群，构成整个都邑的核心。二里头宫城平面呈纵长方形，面积为10.8万平方米，其中东、西墙的复原长度在360米左右，南、北墙的复原长度为290米左右，墙宽2米左右。宫城墙用夯土版筑的方法建成。二里头宫城的面积是明清紫禁城的1/7左右，是后世中国宫城的鼻祖。

都邑布局以宫殿宗庙区为中心，北面为祭祀区，南面为铸铜、绿松石等手工业作坊区，宫城周围是贵族聚居区，外围是一般居民区、墓葬区，有着明晰的分离布局。在宫殿宗庙区外围，发现了纵横交错的城市主干道网。4条大路略呈井字形，显现出方正规矩的布局。这是迄今为止我国最早的城市道路网，体现出都邑极强的规划性。

二里头遗址方正的宫城、宫城内多组沿中轴线规划的建筑群、完善的城市主干道等布局模式，对后世王朝都城产生了深远影响。

图14　宫城遗址
（戴吾三　摄）

科技遗产　古代　中国

052

Chinese Heritage of
Pre-modern
Science and
Technology

四、研究保护

二里头遗址的田野考古可分为 3 个阶段。第一阶段（1959—1979 年），通过多处钻探、发掘，对二里头遗址的文化分期、内涵和性质有了初步了解。第二阶段（1980—1998 年），包括出于特定学术目的的主动发掘和配合基本建设的抢救性发掘，细化了二里头文化分期，丰富了二里头都邑文化的布局和重要内涵。第三阶段（1999 年至今），聚焦遗址聚落形态的探索，对遗址现存范围及成因、遗址的宏观布局、聚落的历时性变化等有了新的认识。

对二里头遗址的学术研究，也可分为 3 个阶段。

第一阶段（1959—1976 年），属于研究起步阶段，研究内容以探索夏文化为主，同时涉及建筑、玉器等门类研究。

第二阶段（1977—1995 年），属于研究迅速发展阶段。1977 年，在遗址发掘现场会上，专家学者就二里头文化的性质展开讨论，基本肯定了二里头文化一、二期是夏文化这一论断。

第三阶段（1996 年至今），属于研究深入发展阶段。

1996 年，国家启动重大科技攻关项目“夏商周断代工程”，其中“夏代年代学的研究”是重要课题。“早期夏文化研究”和“二里头文化分期与夏商文化分界”专题，极大推动了学界对二里头遗址的研究与认识。数十年间，二里头遗址与郑州商城遗址一并成为学界进行夏商文化论战最为重要的阵地，其参与学者之多、论著数量之丰、争论之激烈，在中国考古学史上都是绝无仅有的。

2002 年，国家启动“中华文明起源与早期发展综合研究”项目（又称“中华文明探源工程”），二里头遗址是中华文明探源工程首批重点六大都邑之一。随着研究深入，多学科交叉研究的方法被广泛运用到遗址的研究当中，包括环境考古、动物考古、植物考古、冶金考古、古 DNA 研究、同位素分析、工艺技术等，积累了一系列重要的研究成果。考古报告《二里头（1999—2006）》是迄今为止我国参与编写的作者人数最多的一本考古报告。二里头遗址铜器冶铸技术是重要课题之一，在青铜矿料来源、铸造技术等方面成果丰富。同时，二里头遗址发现的绿松石器与玉器在制作技术、矿料来源等方面的研究也取得了较多成果。此外，在生态环境、农作物遗存等方面也取得了较多研究进展。

半个多世纪以来，二里头考古工作队及时、全面地公布调查发掘资料，二里头文化成为夏商考古领域持续的热点话题，在普通民众中的普及程度也较高。

　　为了更好地保护二里头遗址，向公众介绍考古发掘成果，2017年6月二里头
夏都遗址博物馆开建，于2019年10月19日正式开馆。

　　2021年10月，二里头遗址被国家文物局确定为大遗址保护、展示和利用示
范区，以及中国早期国家形成和发展研究展示中心。

五、遗产价值

　　二里头遗址是20世纪中国考古学的重大发现之一，可谓夏商考古的"圣地"。
在考古学家看来，新石器时代的"满天星斗"转到二里头时代则成了"月明星
稀"，最皎洁的"月光"就是二里头。二里头开启了中国礼乐文明之先河。

　　二里头遗址是一座缜密规划、布局宏大、史无前例的王朝大都，多项中国古
代都邑和政治制度均起源于此。有学者认为，二里头都邑是东亚大陆最早的广域
王权国家遗存，在华夏文明形成过程中，承前启后，成为王朝文明的开端。二里
头遗址的发现，为夏王朝的存在提供了实物证据。

　　二里头青铜器铸造作坊和绿松石器作坊，展示了当时国家发达的手工业生产
水平。二里头出土了大量遗物，有陶器、青铜器、玉器、绿松石器、石器、骨器、
角器、牙器等。其中，出土于贵族墓葬的高规格器物更是类型丰富、设计精巧、
制作精美、工艺精良，具有极高的科学、历史和艺术价值。

参考文献

［1］赵海涛，许宏.河南偃师市二里头遗址宫殿区5号基址发掘简报［J］.考古，2020（1）：
　　　20-36.

［2］赵海涛，许宏，王振祥，等.二里头遗址发现60年的回顾、反思与展望［J］中原文物，
　　　2019（4）：45-55.

［3］许宏.二里头的"中国之最"［J］.中国文化遗产，2009（1）：50-67.

［4］陈国梁.二里头遗址铸铜遗存再探讨［J］.中原文物，2016（3）：35-44.

［5］张国硕，李昶.论二里头遗址发现的学术价值与意义［J］.华夏考古，2016（1）：56-66.

（徐津津）

中国古代科技遗产

Chinese Heritage of Pre-modern Science and Technology

科学认知

涪陵白鹤梁

——世界第一古代水文站

　　白鹤梁位于重庆市涪陵区段长江之中，是一块砂岩石梁，全长1600米，平均宽度15米，因早年常有白鹤群集而得名。自然状态下，白鹤梁长年淹没在江水中，在冬末长江枯水季节露出水面。在白鹤梁上有很多古代名人的诗文题刻，更珍贵的是有记载长江千年以来的水文信息的石鱼水标，因而有"世界第一古代水文站"之美誉。三峡大坝工程修建后，由于江水上涨，白鹤梁永沉于水底。为保护白鹤梁，国家有关部门组织专家多次论证，最终确定了"无压容器"方案。2003年白鹤梁水下博物馆开建，于2009年10月正式开馆。

图1　涪陵白鹤梁水下博物馆，这里保存有记载长江千年以来的水文信息的石鱼水标，以及古代名人的诗文题刻。图像源自视觉中国

一、历史沿革

唐代前，古人已在白鹤梁上刻石鱼水标。至唐代，民间已积累起长江水位降至石鱼下4尺则来年就会丰收的预兆经验。唐代晚期，文人开始在石鱼水标附近刻题记和题诗，唐昭宗大顺元年（890年）还有为了记录当时水位而刻的"秤斗"。遗憾的是，由于常年水流冲刷等原因，这些唐代的题刻今已几乎无存。

北宋时期，白鹤梁上刻石鱼，石鱼露出即为丰收年征兆一事被地方官上报中央，在北宋官修的全国政区地理书中，记录有当时治所所在的涪陵黔南的地方官给朝廷上书的相关内容。石鱼引起了地方官吏和文人的注意，枯水季节到石梁上观看并记录石鱼露出水面的人也越来越多。宋代是白鹤梁题刻发展的高峰期，据统计，这一时期的题刻多达98处。宋代涪陵地区经济昌盛，文化繁荣，每逢枯水季节石鱼出现，预兆来年农业的丰收时，地方官吏常常登石梁观石鱼并题刻留言，以示关心民生。在这些题刻中，北宋开宝四年（971年）的《谢昌瑜等状申事记》，是现存白鹤梁题刻中有明确纪年的最早一例。

元灭南宋，涪陵的经济和文化一度衰落，不过，元朝地方官员仍沿袭了登涪陵石梁观看石鱼、记录水位和镌刻题记的习俗。白鹤梁题刻中有5处元代题刻，其中一处所用文字八思巴文（由元朝的八思巴创制的拼音文字，最初称"蒙古新字"），是白鹤梁题刻中仅有的少数民族文字，也是该地区文化与蒙古文化相互影响的佐证。

明清时期，白鹤梁题刻有新的增加，数量比元代多，但不及宋代，计有45处。随着题刻的增多，石鱼水标所在的白鹤梁中段东区石梁已没有容纳新题刻的空间，清代以后题刻逐渐向上游的中段石梁西区发展。清康熙二十三年（1684年），作为枯水水标的唐代石鱼经千余年的江水冲刷，已模糊不清，时任涪陵地区的行政长官萧星拱便命石匠在原址重新镌刻了两条石鱼替代，并在其下题刻《重镌石鱼记》。重刻

图2　清代镌刻的水标石鱼。白鹤梁水下博物馆存

中国古代科技遗产

058

Chinese Heritage of
Pre-modern
Science and
Technology

图3　三峡大坝建设前枯水期的白鹤梁石刻。白鹤梁水下博物馆存

的石鱼水标与唐代石鱼水标位置基本相同仅略高（两鱼眼间的连线平均高为海拔138.08米，与现在水位标尺零点相差无几），方向和形态也类似先前的石鱼水标，线条清晰流畅。从这年起，人们观测长江枯水水位都改用清代这两条重刻的石鱼作为水标。

　　进入20世纪，新增石梁题刻计14处。1937年，民族实业家卢作孚创建的民生公司派人到白鹤梁考察，记录了当年重庆、宜昌的枯水水位，填补了数十年长江枯水位标记的空白。1937年仲春时节，涪陵书画名人刘冕阶与友人游白鹤梁，即景作《白鹤时鸣》图，其兄刘镜源赋诗"白鹤绕梁留胜迹，石鱼出水兆丰年"。数日后刘冕阶请当地石刻名匠将图和诗镌刻于白鹤梁上。中华人民共和国成立后，地方政府从保护和研究考虑，已不许在石梁上随便题刻，但在枯水季节，仍有很多人到白鹤梁观看石鱼出水和历代题刻。

二、遗产看点

　　白鹤梁水下博物馆位于重庆市涪陵区繁华的滨江大道上，江边没有高层建筑，远远便可见它的宏大身影。

　　博物馆分地上和水下两大部分，地面陈列馆造

图4　"白鹤梁"题刻图（戴吾三　摄）

型状如卧于江水中的石梁，中部是椭圆形的展厅和凸出屋顶的景观平台，以体现"石鱼出水"的意境。在陈列馆大门两侧，竖有借鉴白鹤梁历代书法雕刻艺术而做成的艺术墙，便于观众欣赏。

地面陈列馆有两层：一层为接待及功能转换空间，设咨询接待厅、序厅等；二层是陈列展示空间，设有"生命之水""长江之尺""水下碑林"等展览单元。

博物馆最大的看点在水下的"深水奇幻之旅"。踏上一条91米长的隧道式自动扶梯，缓缓下降，越来越深，直到水下40米处。下梯后通过一条长147米的平直走廊，再跨过一个宽约1米、厚近半米的钢制舱门，便进入约70米长的环形参观走廊。

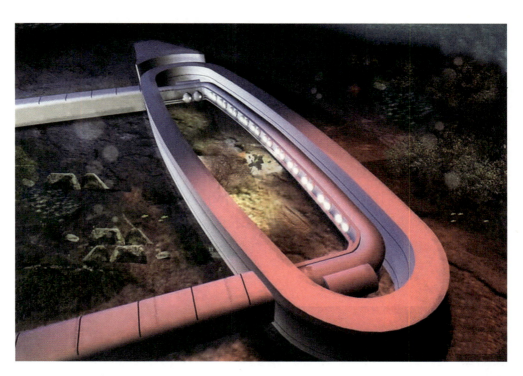

图5　白鹤梁水下博物馆水下参观走廊外部示意图。白鹤梁博物馆存

参观走廊一侧分布有23个抗压双层视窗，窗口直径80厘米。从视窗向里看，精美的石鱼、古人的题刻，都展现在眼前，距视窗最近的题刻只有1米，最远的约8米。以前只有在枯水年份的冬季（每3.5年一次）才能看见的题刻，现在全天候都可以看到。

科技遗产 古代 中国

060

Chinese Heritage of
Pre-modern
Science and
Technology

图6　白鹤梁树下博物馆的水下参观廊道。白鹤梁博物馆存

　　在廊道上还配有10个触摸屏，连通罩体内部28个全方位旋转的摄像头，便于细细欣赏石梁上的题刻。

　　透过视窗，只见古老的白鹤梁静静地停留在水中，在灯光的映照下，犹如一座神秘璀璨的水晶宫。慢慢移步，石梁上的诗词、石鱼、观音、白鹤……依次出现在眼前，引领人们穿越历史，回溯千年。如见古人泛舟登梁，踏春赏景；或想象与古人一起观鱼测水，期盼来年……思绪拉回到当下，禁不住惊叹：这座举世无双的水下博物馆，堪称工程领域与文物保护相结合的伟大创举。

图7　视窗所见题刻"中流砥柱"（戴吾三　摄）

图8　视窗所见题刻和下方的石鱼（戴吾三　摄）

三、科技特点

白鹤梁唐代石鱼水标雕刻于764年，比中国于1865年在长江上设立的第一根水尺（即武汉江汉关水尺）早1100多年。从那以后，一直到1891年长江上游的第一个近现代水文观测站——重庆玄坛庙水位站设立，再到1938年涪陵龙嘴水位观测站设立，白鹤梁上的枯水水位记录一直没有停止过。白鹤梁堪称中国现存的延续时间最长的古代水位观测站，其开始年代和延续时间仅次于埃及的大象岛古代水位观测站。

白鹤梁保留下的近现代水文站设立以前的历史枯水水文题刻共计85处，其中有绝对枯水水位数字的题刻20处，它们记录下了长江上游涪陵当地60个年份的枯水水位数据，从而使长江上游的枯水水位资料系列向上延长了1100多年。这些枯水水位资料系统地反映了长江上游年代水位演化的规律，成为长江上游地区历代枯水年代序列标尺，具有很高的科学价值和应用价值。

对白鹤梁题刻的研究结果表明，长江洪、枯水年份的出现，大约每10年一周期。作为最低水位标志的石鱼，其出现的年份应是枯水期的最后1年，来年必将进入洪水期，但出现特大洪水的可能性极小。而水位的变化很大程度上反映了降水量的增减。降水量充足程度和灾害程度是决定农业丰收的决定因素，因此"石鱼出水"现象一直充当当地人预测来年作物收获丰盈的依据，也受到地方农业部门的高度重视。

通常的水位观测都是根据水尺观察水位、再将水位数值记录在其他载体上，白鹤梁则在江中不可移动石梁上雕刻石鱼作为零点标准水位，然后观测江水水位与水标间的上下距离，并将这个距离尺度用文字的形式镌刻在水标附近。记录枯水水位一事并没有专门的人员负责，而是寓水位记录于观看"石鱼出水"的节庆性民俗活动中，可以说极具中国传统文化的特色。

四、研究保护

对白鹤梁题刻的研究方法主要有文献史料分析和实地调查，运用现代测量和记录技术分析石刻资料的价值；对白鹤梁题刻的保护则是在确定建设三峡大坝，把白鹤梁列入三峡文物保护工程的重点文物保护名单后，组织专家研究最优保护方案。

1. 白鹤梁题刻研究

中华人民共和国成立后，对白鹤梁石鱼水标及题刻的史料研究，逐步从历史和艺术领域向科学领域拓展，同时引入新的研究方法，不单纯是著录与考据，而是采用现代测量与记录技术，提取和分析这些石刻资料的科技价值。

1962年，重庆市博物馆派龚廷万等人到涪陵调查白鹤梁题刻，调查在传统金石学方法的基础上，加入了现代文物调查的元素，除了统计题刻数量和拓制拓片，还给题刻编号、拍照并做重点测量。这次调查绘制了白鹤梁题刻分布草图，拓制了81处题刻的拓片，还注意到石鱼与古代题刻所示枯水水位的关系，相关成果发表在《文物》1963年第7期《四川涪陵"石鱼"题刻文字的调查》一文中。

从1962年起，为了给规划中的长江三峡水利枢纽工程提供历史水文资料，水利史研究者加大了对白鹤梁的历史和水文资料的研究力度。1963—1973年，国家水利部门组织学者多次在今重庆市江津区至湖北省宜昌市间的长江流域进行长江历史上洪水、枯水的调查研究。1972年1—3月，时长江流域规划办公室和重庆市博物馆组成历史枯水调查组，对白鹤梁石鱼水标和枯水题记做专题调研，并对宜昌到重庆河段的其他历史枯水题记进行调查，最后形成《渝宜段历史枯水调查报告》。1974年1月，重庆市博物馆董其祥在《光明日报》发表《古代的长江"水文站"：关于四川涪陵白鹤梁石鱼刻记》一文，文中说明至少在距今1200多年前，古代先民就创立了富有特色的古代"水尺"，开创了以"尺"记水位的新方法，这在世界水文史上具有重要的意义。其后不久，长江流域规划办公室、重庆市博物馆历史枯水调查组联合发表《长江上游宜渝段历史枯水调查：水文考古专题之一》，文章刊布了以白鹤梁枯水题刻为主体的长江枯水题刻资料，以及白鹤梁石鱼题刻历代枯水水位高程记录表。至此，三峡工程和川江航运部门就得到了1200年来可靠的历史枯水水文数据。此项成果不仅为葛洲坝、三峡水利枢纽工程初步设计所用，而且在其他社会和自然科学领域也有很多的应用。

1993年长江三峡水利枢纽工程启动后，建设人员对白鹤梁的历史枯水题刻在工程建设中的应用的研究不断加深，以发掘白鹤梁水文题刻的科学价值；同时，考古、历史和文化学者也对白鹤梁题刻展开了新研究。

2. 白鹤梁题刻保护

自1993年起，为了保护白鹤梁题刻，国家文物管理部门组织征集白鹤梁题刻保护方案。有关专家学者先后提出"水晶宫""高围堰""白鹤楼"等6个保护方案。经过比较论证，以上方案虽然各有特点，但都不够理想，或是地基处理有风险，或是花费巨大，或是施工周期过长。

2001年2月，就在倾向采取"就地保存、异地陈展"方案的关键时刻，葛修润院士提出具有创新意义的"无压容器"原址保护方案。

该方案的基本构想是将白鹤梁题刻原址体系看作是一个大容器，所谓"无压容器"不是什么压力都没有，而是指作用在水下保护体外面的水压强与内壁面上的水压强相同（或基本相同）。就是说在保护体内有水，其压力强度与作用在外壁面上的长江水压力压强同步变化。

经比较论证，最后，"无压容器"方案成为参与论证的各位专家都认可的方案。

白鹤梁题刻保护方案的比选过程，折射出中国学术界、规划建设界和政府管

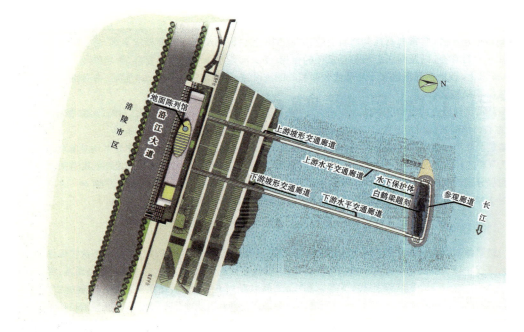

图9　白鹤梁题刻原址水下保护工程方案布置图

注：图像源自谢向荣等《水下文化遗产保护：白鹤梁题刻原址水下保护工程》，东南大学出版社，2014年。

理部门对白鹤梁题刻保护意识的不断深入和提高，对文化遗产保护的慎重态度，也是对白鹤梁题刻研究的延续。

选定"无压容器"方案后，有关科研机构对"无压容器"方案做可行性研究，并对方案进行优化。在初步设计前，多家科技机构又分别开展了"对航道条件影响及航道安全保护措施论证研究报告""水上模型试验研究""水平交通廊道（沉管方案）专题研究""参观廊道专题研究""循环水系统专题研究""安全监测专题研究"等9项关键技术的专题研究，对水下保护体的结构形式和结构高程、交通廊道和参观廊道设计等内容进行了大量的修改和完善。

经过10年的努力，白鹤梁题刻保护终于探索出了一条创新之路。为了保护中国的文化遗产，从国家到地方高度重视，科研人员努力攻关，最后采用的"无压容器"原址保护方案在充分尊重文物价值的前提下，最大限度地保留了白鹤梁题刻的历史信息，由此既满足了三峡工程蓄水的需要，同时也保证了水下文物的真实性、完整性、观赏性和延续性，符合国际文化遗产保护原则《威尼斯宪章》的要求，一个看似不可攻克的难题最终圆满解决。

2009年，白鹤梁水下博物馆开馆试运行。监测表明，保护体内外水压达到了动态平衡，工程处于健康运行状态，保护体内水质良好。

图10　白鹤梁博物馆题刻无压容器罩内，潜水员在对题刻上的泥沙进行清理

注：图像源自新华社海外网，新华社记者刘潺摄。

白鹤梁保护工程引起了海内外的广泛关注。2010年11月，为了和国际同行分享白鹤梁水下博物馆建造的经验，联合国教科文组织中国文化遗产研究院、重庆市文物局联合主办，在重庆召开了"水下文化遗产保护展示与利用"国际学术研讨会，研讨会上高度评价白鹤梁水下博物馆是就地保护的典型个案。另外，联合国教科文组织网站也评价白鹤梁题刻原址水下保护工程将是同类文物保护和展示的先驱，在全球范围内都是水下文物原址保护的首个成功典范。

2015年，白鹤梁题刻原址水下保护工程荣获FIDIC（菲迪克）国际工程项目优胜奖，向世界展示了中国智慧。

五、遗产价值

白鹤梁景观是三峡文物景观中唯一的全国重点文物保护单位，联合国教科文组织将其誉为"保存完好的世界唯一古代水文站"。

白鹤梁题刻以石鱼水标作为基准点和以石刻文字记录水位距离基准点尺度的记录方式，与世界已知记录水位方式皆不同，是一种基于中国文化传统的独特发明创造。

白鹤梁题刻，从遗产的材质属性来说，属于物质文化遗产中不可移动的石质文物；从遗产的状态属性来说，属于基本完整保存但已不再继续发展的具有震撼力的"纪念碑"（monuments）；从遗产的功能属性来说，属于古代用于水文观察记录的水文遗产。

白鹤梁题刻的遗产价值主要体现在两方面：

白鹤梁题刻是现存水文遗产中，年代较早、延续时间很长、记录手段比较科学、相关信息最为丰富的古代水文石刻，是中国长江上游水文记录数据的石刻档案库。这种以坚硬岩石为载体、以雕刻石鱼为水位基准点、以镌刻数字或文字来说明当时水位与石鱼标准点尺度关系从而记录水位的方式，是基于当地自然环境的独立创造，是中国传统文化与水文记录的巧妙结合，具有重要的科学价值、艺术价值和历史价值。

白鹤梁题刻这种长期在江中石梁上镌刻枯水水位记录的做法，是一种独特的技术文明；而当地民众每年来观看水文记录，以判断来年农作物丰稔状况的习惯，也是一种独特的文化传统。这种传统的技术文明已经被现代水文站所取代，

科技遗产 古代 中国

066

Chinese Heritage of
Pre-modern
Science and
Technology

相应的文化传统也随生活方式的改变而仅存于传统节庆之中，白鹤梁题刻则是这种文明和传统的实物见证。

除此以外，从白鹤梁题刻与中国和世界水文文物的比较来看，白鹤梁水文题刻还有自身鲜明的特点。中国已列入《世界遗产名录》的与水文相关的文化遗产仅四川都江堰一项，都江堰为灌溉水利工程，先后设立石人、水尺以观测水位变化，与专门记录枯水水位变化的白鹤梁题刻性质不同。白鹤梁题刻则以石鱼水标为基准点，石鱼水标标高大体相当于现代水位站历年枯水的平均值和川江航道当地水尺零点，是古代人根据长期观察经验累积的成果，具有很高的科学价值。

参考文献

[1] 龚廷万. 四川涪陵"石鱼"题刻文字的调查 [J]. 文物, 1963 (7): 39–45.

[2] 孙华, 陈元棪. 白鹤梁题刻的历史和价值 [J]. 四川文物, 2014 (1): 44–53.

[3] 谢祥林. 中国白鹤梁: 长江上的千年水文奇迹 [J]. 环球人文地理, 2020 (12): 16.

[4] 重庆市文物局, 重庆市移民局. 涪陵白鹤梁 [M]. 北京: 文物出版社, 2014.

[5] 谢向荣, 吴建军, 章荣发. 水下文化遗产保护: 白鹤梁题刻原址水下保护工程 [M]. 南京: 东南大学出版社, 2014.

（戴吾三）

登封观星台
——圭表测影发展的历史见证

登封观星台，位于河南省登封市东南的告成镇，距登封市中心11千米，其地理位置在古代被认为是"天地之中"。该遗址主要由周公测景（"景"通"影"）台、元代郭守敬观星台及其附属建筑构成，迄今已有700多年历史，是中国现存最古老的天文台，也是世界上现存最早的观测天象的古建筑之一。

1961年，登封观星台被国务院公布为第一批全国重点文物保护单位。

图1　登封观星台，元代科学家郭守敬主持建造（戴吾三　摄）

一、历史沿革

观星台所在的告成镇，古称阳城，武周万岁登封元年（696年）改称告成。

告成具有特殊的地理方位，传说周公曾在此测影。据先秦典籍《周礼·大司徒》记载，长为八尺的木杆立于地上，夏至正午时，日光投影到地面的长度为一尺五寸的地方就是天下之中，是圣明君主建立都城的地方。而八尺木表，夏至日正午影长一尺五寸，正是阳城所在地理纬度的实测结果。由阳城测定的夏至影长，逐渐成为古代标准，这在《后汉书》《晋书》等典籍中都有明确记载。

每当国家制定新历法，阳城测影便成为重要的天文工作程序。汉、晋、刘宋时期，都曾在这里进行过表影长度的观测。

唐仪凤四年（679年），天文官姚玄在阳城依古法测影。唐开元十一年（723年），太史监南宫说（音同"悦"）奉诏，在周公测影的遗迹上立石以表纪念，这就是保存至今的周公测景（"景"通"影"）台。

元世祖至元十三年（1276年），著名科学家郭守敬在告成创制4丈高表，即今天看到的观星台主体建筑。至元十四年（1277年），郭守敬已经开始使用4丈高表进行晷影长度的测量。在此后三年中，郭守敬效仿唐代的"天下测影"，主持了大范围的天文观测，史称"四海测验"。告成观星台是全国27个观测点之一，也是唯一存留至今的遗迹。至元十七年（1280年），郭守敬利用大都、阳城等地的表影测量值，求得精确的冬至时刻，并计算出回归年数值，在此基础上编定了《授时历》，《授时历》也成为中国历法史上使用时间最长的一部历法。

明弘治十一年（1498年），河南巡抚张用和对观星台原址进行重修，在周边先后扩建了周公祠、仪门等附属建筑，并修建围墙和大门，以对整个区域进行保护，最终形成了今日观星台景区的基本格局。

明嘉靖七年（1528年），观星台顶端增建小室，并配铜壶滴漏。明嘉靖二十一年（1542年），观星台小规模重修，并重刻了石质圭表。明天启七年（1627年），观星台园区中最后一座建筑——螽斯殿落成。清嘉庆十四年（1809年），螽斯殿改名帝尧殿，观星台的大门也被重修。

晚清至民国很长一段时间，观象台疏于管理，衰草丛生。1937年春，国立中央研究院历史语言研究所、天文研究所、中国营造学社联合组织对观星台实地考察，不久七七事变发生，所提出的保护方案亦无法实施。

1944年，日军侵略告成镇，炮击观星台，造成台顶东室坍塌，台东壁中弹数枚，墙体严重剥落，女墙、梯栏几乎全毁，帝尧殿殿宇被毁。中华人民共和国成立后，观星台受到重视和保护，面貌有了彻底改观。

二、遗产看点

古老的观星台如今被打造成环境优美的观星台生态文化公园，重新焕发生机。景区内沿中轴线分布的主要建筑和遗址有照壁、山门、周公测景台、周公祠、元代郭守敬观星台、帝尧殿等，在景区的草坪上散布多件天文仪器复制品。

进入景区大门，沿子午道前行，穿过植有松柏的朱雀林，来到照壁。照壁系清乾隆十三年（1748年）由时任登封知县施奕簪主持建造，上嵌"千古中传"石额，凝练概括了古天文学重视本原的观测传统。

1. 周公测景台

周公测景台，最早是西周文王四子、周公（姬旦）营建东都洛阳时，在登封告成利用土圭、木杆测日影，求地中，验四时季节变化的地方。唐开元十一年

图2　周公测景台（戴吾三　摄）

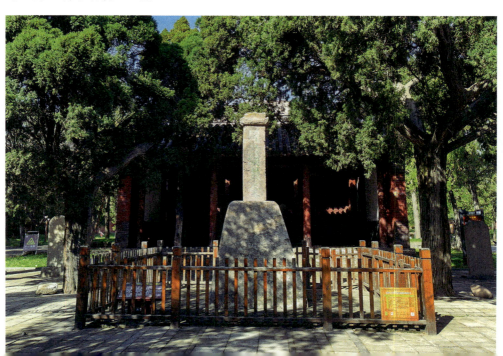

（723年），太史监南宫说奉诏仿周公旧制，在此竖立石台石表。周公测景台通高3.91米，青石制成；石柱为表，高约1.95米；石台为圭，高约1.96米。表的顶端为屋宇式盖顶，南面刻有"周公测景台"几个字。

过去有人认为周公测景台是古人用于实际测影的设施，其实不然。按天文学史专家的说法，它是唐代建立的纪念周公在此测日影的标志物，表现的是某种象征性而不是实用性。

2. 观星台与量天尺

观星台是景区最重要的建筑，系元代科学家郭守敬建造。台高9.46米，底边长16.7米，形状像倒置的斗。观星台下，量天尺笔直地朝北伸展，长度为31.19米（相当于元尺128尺），由36块青石方砖平铺而成。量天尺接合紧密，石板平整；上有刻度，有两道水槽，放水可用来校正水平。历经岁月风蚀，方砖已有明显的裂隙。

3. 日寇弹痕

1944年，入侵登封的日军炮击观星台，致使台顶的东室坍塌，台东壁中弹数枚。经1975年修整复原，今保留的是损坏较轻的两处炮弹洞，提醒世人这里有历史的伤痛。

图3　观星台与量天尺。上面有两道水槽，并划有刻线（戴吾三　摄）

图4　观星台东壁的日军炮弹痕迹（戴吾三　摄）

4. 仰仪

量天尺的西边安放有一个古天文仪器——"仰仪",系郭守敬创制,现复制品体积仅为原物体积的1/4。仰仪属于球面日晷,由仰釜、十字架、测影璇玑板组成。利用仰仪,可以观测出太阳的具体方位,并推断出气节与时辰。据史载,仰仪还可以观测到日全食现象。

图5 仰仪(戴吾三 摄)

5. 日晷林

日晷林位于观星台东边的草坪,于2018年修建。在这里,可了解中西日晷的形制,体验日晷的计时功能。这里不仅有复制的古代浑仪、简仪、黄道经纬仪等,还有故宫日晷以及清华大学、北京大学、复旦大学的日晷复制品。

图6 复制的故宫皇极殿前日晷(戴吾三 摄)

注:该日晷属于赤道式日晷。春分到秋分期间,太阳在天赤道的北侧运行,晷针的影子投向晷盘正面,作顺时针旋转;秋分到春分期间,太阳在天赤道的南侧运行,晷针的影子投向晷盘反面,作逆时针旋转。图中可见影子在晷盘的反面。

科技遗产
古代
中国

072

Chinese Heritage of
Pre-modern
Science and
Technology

三、科技特点

观星台的科技特点，主要体现在圭表上。

上古时，先民在日常生活中观察到物体（如房屋、树木）经太阳光照射投下影子，注意到影子的方向和长短会随时间有规律地变化，便逐渐想到用一定高度的木杆作为专用物体来测日影的变化，这样，就有了最初的天文仪器——表。表的结构虽然简单，但用途很多。古人根据表投下的日影的方向和长短，可以定方位、时刻和确定节气。

为准确测量日影长度，还要用到尺子。先是用活动的尺子，后来用青铜或石板制作，再与表垂直并固定形成圭，圭与表合称圭表。表高一般为8尺，这个标准高度是在周代形成的。

用圭表测影，观测太阳每天到正南方时投在圭上的影长。表投影最短的那天，就是夏至；表投影最长的那天，就是冬至。冬至、夏至确定，季节也就好定了。

至元十三年（1276年），元世祖忽必烈采纳贤臣的建议，下令由张文谦和王恂负责组织布局，着手改订旧历，颁行新历。王恂想到老友郭守敬，当时郭守敬在水利部门任职，却也通晓天文和擅长制器。经王恂推荐，郭守敬参加修历工作。郭守敬考察后认为，修历的基础在于天文观测，而天文观测的精确关键在仪器（"历之本在于测验，而测验之器，莫先仪表"）。面对前代留下的圭表，须加改进以提高观测精度。为此，郭守敬做了三项革新，也是此观星台最亮眼的三大科技特点。

1. 表加高至5倍

以往用8尺表，表影边缘并不清晰，影响影长的精确测量。郭守敬把表加高，并且在表的顶端用二龙擎一根细横梁，从细横梁中心到圭面的垂直距离恰是4丈，这相当于旧表高度的5倍。

图7 横梁式八尺表，简便实用，但测量精度不及观星台（戴吾三 摄）

与此相应，圭长增加到128尺。这样，新表影长增加到旧表影长的5倍，测量误差大大减少。

因观测急需，郭守敬在大都最初用木制4丈高表，后改用青铜制作，可惜今已不存，而登封所筑观星台得以完整保留。观星台最高处有一横梁，从横梁中心到石圭面的垂直距离正好是4丈。

2. 创制"景符"

郭守敬利用小孔成像原理，创制了景符，与高表配合使用，解决了影虚问题，以此可准确测量影长。

据《元史》记载，景符是一个两寸左右、可折叠的铜叶板，板心处钻一针孔。观测时，将铜叶板置于高表横梁的影子中，微调板子的角度并左右微移，铜叶背后会投出一个米粒大小的太阳实像，而在实像中心，则是横梁的实像。现代科学方法模拟显示，利用小孔成像测影长可以将误差控制在2毫米以内，这比其后300年西方最精确的天文观测结果还要精确。

◀图8 利用小孔成像原理创制的景符（复制品）（戴吾三 摄）

▶图9-1 景符使用场景示意图（尹雅彤 重绘）

▼图9-2 景符原理示意图（尹雅彤 重绘）

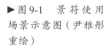

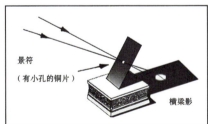

景符
（有小孔的铜片）

横梁影

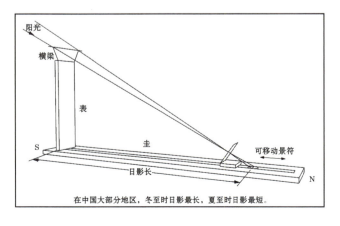

阳光

横梁

表

圭

日影长

可移动景符

S

N

在中国大部分地区，冬至时日影最长，夏至时日影最短。

科技遗产 古代 中国

074

Chinese Heritage of
Pre-modern
Science and
Technology

3. 设置 "窥几"

为最大限度发挥高表的作用，郭守敬还设计了窥几，在夜间星、月的光照下进行观测。

窥几形似桌案，桌面开有长缝，沿缝两侧桌面刻有对应疏密的平行刻度，桌面上有两把斜刃（以贴近几面）的铜尺（即窥限）。窥，是窥望之意，利用小桌上的缝隙窥望天象，故名窥几。

晴朗之夜，将窥几架在石圭上，待行星通过南中天方位时，观测者立于窥几下方，使观测星体被高处的横梁完全遮挡（观测月亮时则可使横梁上下平分月体）。移动窥限，使南端窥限的北缘与横梁下端的影子相切，使北端窥限的南缘与横梁上端的影子相切。取两窥限度数之中心位置，即可读出此时星月"影长的刻度"。

图 10　用于夜间观测的窥几（复制品，戴吾三　摄）

四、研究保护

对登封观星台的现代研究始于 1937 年。当时的国立中央研究院组织董作宾、余青松、王显廷、高平子、刘敦桢等考古、天文、建筑、测绘等多学科领域学者，对登封告成观星台做了一次实地考察，最后撰写出《周公测景台调查报告》，由此开启对古观星台最早的系统性科学研究。

中华人民共和国成立后，国家高度重视历史文物保护工作。1961 年，登封观星台被国务院公布为第一批全国重点

图 11　《周公测景台调查报告》（商务印书馆，1939 年）

文物保护单位。1975年，观星台得到了较为全面的修整和复原，周公祠等古建筑得到了重修，周公测景台的破损处也得到了黏合补修。在修复的同时，两处日军侵华时留下的炮弹洞被保留下来。

在学术界，以张家泰为代表的学者陆续对观星台开展研究。1976年，张家泰发表了《登封观星台和元初天文观测的成就》一文，利用文献和考古资料，系统介绍了观星台的历史、基本结构，推定太史院小尺的一尺为24.37厘米，并对观测精度进行了模拟实验。同时期，伊世同也对观星台进行了研究，利用元代圭表刻度信息，考证复原了正方案等天文仪器。

观星台也受到了国际科技史学界的关注。著名日本科技史家薮内清与著名英国学者李约瑟都提到，郭守敬四丈高表的巨大形制有可能是受阿拉伯天文学影响，而其仪器的基本原理则脱胎于中国传统的圭表测影。李约瑟还评价说，郭守敬的日影观测数值堪称13世纪最为精确的测量结果。

1983年，郭盛炽、全和均、张家泰等人仿照古法，实地勘测核对了周公测景台的日影测量数值。陈美东则对郭守敬测量的日影长度进行了精确分析。

2000年前后，关增建撰文对郭守敬测影的改进做了分析，并论述了登封观星台的历史文化价值。王邦维、邓文宽、孙英刚等人也对周公测景台的无影现象进行了讨论。

2003年，登封市文物管理局对帝尧殿进行了复建，于地基内发现了成段砖砌房基，对其房基特征考察，初步判定为与观星台有关的元代大殿。2008年经上级部门批准，郑州市文物考古研究院与登封市文物管理局等单位对元代大殿基址进行了抢救性发掘。

五、遗产价值

登封观星台是元代天文学发展的见证。郭守敬在此创造性地使用4丈高表与景符装置，通过小孔成像原理将测影精度提升至毫米级。测得回归年周期365.2425日，与现行公历精确一致，但其早了300年，且误差仅26秒。采用双股水道水平校准技术、长达31.196米的石圭（量天尺），成为古代圭表测影集大成者。

登封观星台现存主体建筑，其覆斗状砖石台体与石圭的组合实现了结构与功能的完美统一，是郭守敬高表制度的实物例证。台顶小屋、踏道等附属建筑保留着元、明、清历代修缮痕迹，构成古代建筑技术演变的实证链条。

在文化价值方面，该遗址是"天地之中"宇宙观的科学佐证。自西周周公测景台至元代观星台，中国三千年的测影技术发展谱系得以完整呈现。2010年，登封观星台作为"天地之中"历史建筑群被列入《世界遗产名录》；2016年，在此孕育的"二十四节气"被列入人类非物质文化遗产代表名录，由此形成罕见的"双遗产"地标。2020年，观星台因暗夜保护价值被推荐至 IUCN 世界保护地指南，持续发挥着连接古代智慧与现代科学、物质遗产与生态保护的桥梁作用。

这座兼具实证性与活态传承的古天文台，不仅是中华文明"天人合一"理念的具象表达，更以跨学科价值成为全球科技史、建筑史及文化遗产保护的典范。

参考文献

［1］董作宾，等.周公测景台调查报告［M］.长沙：商务印书馆出版，1939.

［2］陈美东.中国科学技术史·天文学卷［M］.北京：科学出版社，2003.

［3］张家泰.登封观星台和元初天文观测的成就［J］.考古，1976（2）：95–102.

［4］关增建.登封观星台的历史文化价值［J］.自然辩证法通讯，2005（6）：82–87.

［5］肖尧，孙小淳.郭守敬圭表测影推算冬至时刻的模拟测量研究［J］.中国科技史杂志，2016（4）：397–412.

（王吉辰）

Chinese Heritage of
Pre-modern
Science and
Technology

077

认知　科学

袁州谯楼

——中国现存最早的从事时间工作的地方天文台

　　袁州谯楼，又称宜春鼓楼，位于江西省宜春市袁州区鼓楼路步行街的核心位置。谯楼始建于南唐保大二年（944年），属袁州州署的一部分。南宋嘉定十二年（1219年），在此建成集测时、守时、授时三大功能于一体的地方天文台。历史上，袁州谯楼历经多次毁坏和重修。2004年，宜春市政府按专家建议，以"整旧如旧"的古建筑修复原则重建谯楼，使其成为有地方特色的古代科技遗产。

图1　建于南宋嘉定年间的袁州谯楼，是一处有地方特色的古代科技遗产（戴吾三　摄）

中国古代科技遗产

078

Chinese Heritage of
Pre-modern
Science and
Technology

一、历史沿革

袁州，即今江西省宜春市。隋、唐为袁州和宜春郡，几次改名；宋为袁州宜春郡，元为袁州路，明、清为袁州府。谯楼，按《辞海》释义是"古时建筑在城门上用以瞭望的楼"。

袁州谯楼最早可追溯至五代时期南唐保大二年（944年）。时任袁州刺史刘仁赡上任伊始，便着手袁州城的规划与建设，当时建立的鼓角楼属于袁州州署的一部分，也即袁州谯楼前身。

南宋时期，袁州谯楼有两次重建。据文献记载，淳熙四年（1177年），袁州知州张杓重建谯楼，并建"颁春""宣诏"二亭。明正德版《袁州府志》载，嘉定十二年（1219年），袁州知州滕强恕新修谯楼，创左右掖楼，"筑台为楼五间，原置铜壶一座，并夜天池、日天池、平壶、万水壶、水海、影表、定南针、添水桶、更筹、漏箭、铁板、鼓角，设阴阳生轮值，候筹报时"。由此，袁州谯楼成为集测时、守时、授时于一体的地方天文台，据考证，这也是中国最早的地方天文台。现存的袁州谯楼，南台墙基部分也正是在这一时期砌筑，上存"皇宋淳祐十一年"铭文砖。

明初，地方政府重新修筑谯楼的台墙。明嘉靖二十二年（1543年），谯楼部分毁于火灾。据《宜春县志》记载，时任袁州知府范钦、同知张泽、同判林日昭

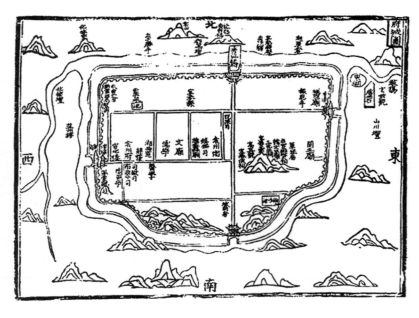

图2　明正德年间《袁州府志》所绘袁州城

注：图像源自《袁州府志》，宁波天一阁藏明正德九年刻本，上海古籍书店，1963年。

重修主楼。范钦极为重视谯楼的防火系统改造，其所用防火技术对"天一阁"藏书楼的修建起到了重要参考作用。此后，明万历年间，知府郑惇典遍访精通漏刻技艺的工匠，将谯楼及更漏仪器做了全面复原，并题刻匾额"迎曦楼"；同知李瀚又在两侧的观天台上增铸唐代袁天罡所造铜璇玑一架。可惜匾额与仪器现均已不存。

清康熙六年（1667年），知府李芳春再次重修谯楼。乾隆二十四年（1759年），知府陈廷枚组织对谯楼修缮，并在西楼题写"余晖"新额，此时谯楼仍在地方上发挥着授时的职能。从台基墙面的"道光十六年""同治二年"铭文砖判断，清代中晚期袁州谯楼的修缮一

图3 袁州谯楼一角，远处可见观天台上的浑仪
（戴吾三 摄）

直在地方政府的主导下持续进行。史料中记载的最后一次大型维修，为同治七年（1868年）知府骆敏修对于袁州城内公共设施的一次大规模修葺。之后，西方钟表在中国逐渐普及，谯楼受到冲击，日趋衰败。

20世纪80年代起，随着国家社会经济和文化的发展，文化遗产受到更多的重视。1994年，江西省科学技术委员会邀请天文学史专家到宜春对袁州谯楼考察，经专家鉴定，袁州谯楼是中国现存最早的地方时间天文台遗址。为更好地保护这一历史文化遗产，2004年宜春市政府投入资金260万，对谯楼完成了一次大规模维修。

二、遗产看点

宜春城区的鼓楼路，是宜春商业最为繁华的地段。如今在这里的核心位置开

辟了"天文广场"，其地标性建筑正是具有800年历史的袁州谯楼。

走近谯楼，只见门洞上方悬挂黑漆金框匾额，书写4个鎏金大字——"袁州谯楼"。整个城楼重新修建，尽可能采用了原有的砖石，尽显时光雕刻的沧桑之感。

谯楼台基占地面积为780平方米，主台高6米。楼阁坐西向东，抬梁式木构架，歇山重檐，长27.5米、宽11.5米、高10.8米。紧靠主台的南北两侧各有一观天台，台长19米、宽7.6米，上面陈列多件复原的古天文仪器。

拾级而上，进入大殿，可以看到整个房梁由多根柱子撑起。有趣的是，殿里24根柱子并非都笔直竖立，而是形成东八柱、中八柱往

图4 袁州谯楼大殿里歪斜的柱子（戴吾三 摄）

东歪，西八柱往西歪，相向倾斜的格局。正是这些东歪西歪的柱子，稳稳撑起了这座谯楼，挺立几百年，成为中国建筑史上的一个奇迹。

袁州谯楼也挂牌"袁州地方时间博物馆"，大殿一层展厅有文字介绍和图片，安放有古代著名星象学家袁天罡的塑像，二层展厅有复原的四级铜壶滴漏；大殿外的观天台上陈列复原的古天文仪器，地动仪、浑仪、圭表、天体仪、日晷等均可在此一观。

袁州谯楼前面修建了一个天文广场，其东西南北4个方向均按西汉时期的定位，在铺砌的石板上雕刻了青龙、白虎、朱雀、玄武图案，并刻有与古代天文相关的天干地支、二十八宿、八卦图等，在此可充分感受古代科技、人文与艺术相融合的气息。

漫步天文广场，仰望袁州谯楼，想象古代中国的主要州府有多少座这样的谯楼。斗转星移，晨钟暮鼓，铜壶滴漏……一代代的地方天文官员勤勉地做着测时、守时、授时的工作，维系了中华民族的时间体系。

图 5 袁州谯楼的袁天罡塑像（戴吾三 摄）

图 6 袁州谯楼观天台上陈列着复原的古天文仪器，图中由近至远为浑仪、天体仪、日晷（戴吾三 摄）

科技遗产 古代 中国

082

Chinese Heritage of
Pre-modern
Science and
Technology

三、科技特点

　　袁州谯楼集测时、守时和授时三大功能于一体，是中国古代地方计时机构的典型代表。而测时、守时和授时工作的完成，与天文计时仪器的使用和地方天文机构的工作密不可分。

1.铜壶滴漏

　　袁州谯楼陈列的铜壶滴漏，确切说是一套四级补偿式浮箭漏壶，是在前代漏壶技术基础上发展完善的。

　　早在四五千年前，古人就已经能够制作精美的陶器。看到盛水的陶器有裂缝，水通过裂缝慢慢漏光，古人受到启发，把水的流逝同时间计量联系起来；后来，古人想到专门做一种开有小孔的铜壶装水，另用一个容器接铜壶漏下的水，这种容器中放有带刻度的浮箭，被称为箭壶。随着箭壶收集的水增多，箭舟托着箭杆上浮，从箭壶盖孔边读出刻度，从而知道时间。

　　历史上，铜壶滴漏经历了几个发展阶段。魏晋时期，东晋孙绰《漏刻铭》中明确提到"累筒三阶，积水成渊"，说明当时已经出现了三级补偿式浮箭漏壶。唐太宗时，太常博士吕才制成四级补偿式浮箭漏壶，分为夜天池、日天池、平壶、万分壶四级，水从万分壶注入水海，水海中置有浮箭。

　　水海为圆柱形受水壶，位于地上。从万分壶流出的水注入水海，使水海中带有刻度的浮箭上浮，并

图7　袁州谯楼的四级补偿式浮箭漏壶（戴吾三　摄）

指示时间。而夜天池、日天池、平壶的作用就是保持万分壶液面的稳定性，进而确保水流流速的恒定和时间的精确。

据记载，袁州谯楼的四级补偿式浮箭漏壶，是根据南宋江西永丰人曾天瞻设计的滴漏计时仪制成。曾天瞻根据当地的经纬，观察星象、测量四季的日影，精确计算贮水容器的容积、漏水孔的大小，掌握了这些基本数据后，他用铜、铁、木等材料，制成铜壶、铜盆、铜斛和木箭、木偶等部件，配上机关，涂上釉彩，组成了计时仪器。

2. 民间测时与报时制度

从袁州谯楼可以了解到，在没有现代"北京时间"以前，古代地方是如何报时，以及如何将当地时间与中央政府认定的时间保持一致的。

唐宋时期，中国地方上已经建立了较为完备的报时制度。京师之外，各州、郡、府、县均设有相应的谯楼、鼓角楼、钟鼓楼或衙楼，用以报时。城门的开闭、宵禁，行政机构的日常运行，都需要各级地方报时机构提供标准时间。

元明两代的州府治所，基本建立了为城市报时的谯楼，并配备有标准的四级补偿式漏壶，如原置于广州城拱北楼上的元延祐铜漏壶。该壶铸造于元延祐三年（1316年），分日壶、月壶、星壶和受水壶四级，是中国现存此类漏壶中最早的一套。

由元代方志记载可知，当时很多谯楼尚属初设，报时工作往往没有严格的规程。明代以后，逐渐确定了由州县基层天文教育机构中的阴阳生专司其职。夜间，阴阳生要负责为四级漏壶中的夜天池注水，观测漏箭时间并负责打更；白天，则在衙门内和鼓楼上看守日晷，并随时更换时辰牌。假如遇到日月食等重大的天文现象，国家天文机构会提前张榜发布公告，地方上的阴阳生则需要根据钦天监预测的天象发生时间，提前组织各种仪式，祈求平安。

这些设立在基层的民间授时机构，不仅负责报时，还需要通过天文观测完成地方标准时间的校正工作，这就需要用到谯楼中常备的影表。当表影落在正南方位时，那就是当地地方真太阳时12时正。这一时期主要使用十二时辰制，即以"日正午"作为固定的基准点校正时刻，如此一来可以不随地理纬度和季节变化而变化。所以，借助当地的日出没时刻表和真太阳时12时正，可以实现对铜壶滴漏时刻的校准。以日晷测定日出没时刻来校准漏刻，以漏刻来决定报时时间，这一制度在元明时期已在民间普及。如果借助圭表，也可以通过所在地区地理纬度的日影长，测定相应的节气，从而实现历法验证并保证计时的准确性。

从这个意义上讲，每个地方的报时机构，都相当于国家授时中心的一个分支，维持着九州的同频共振，维护着国家统治秩序的规范。

四、研究保护

对袁州谯楼的研究始于20世纪80年代。1989年，南昌大学栾杏丽教授编写《江西省科技志·天文章》，在查阅本省古天文学资料时，她发现明正德版《袁州府志》有袁州谯楼的记载，表明谯楼在古代天文学上的价值。栾教授的发现引起上级有关部门的重视，1992年，江西省科学委员会立项"袁州谯楼——我国现存最早的地方时间工作天文台"，并组织江西大学、中国科学院自然科学史研究所、宜春市博物馆等单位的专家学者，对袁州谯楼做了系统性的调查与研究。以这一科研立项为契机，天文学史专家薄树人受邀从北京来到宜春，对谯楼进行实地考察。

1994年，江西省科学委员会再次邀请中国科学院、中国科学院紫金山天文台、北京天文馆、清华大学、南京大学等机构的专家学者来宜春，组成专家委员会，对袁州谯楼进行更深入的考察和论证，最终确认创建于南宋嘉定十二年（公元1219年）的袁州谯楼是中国现存最早的集测时、守时、授时三大功能于一体的地方时间工作天文台，比现存的乌兹别克斯坦兀鲁伯天文台要早两个世纪，比河南登封观星台要早半个多世纪。

为完整呈现这座古天文台的原貌，宜春市文化局（今宜春市文化广电旅游局）先后赴北京古观象台、南京紫金山天文台考察；宜春市政府主持召开了有天文、古建、文物等方面专家学者参加的袁州谯楼落架维修研讨会。考古学者对毁坏废弃的北观天台墙基进行局部清理，最底层为南宋时砌筑，也发现有"皇宋淳祐十一年"铭文砖。

2003年底，宜春市制定了袁州谯楼的维修方案，2004年投入资金对谯楼进行大修。伴随宜春市鼓楼片区旧城改造工程的实施，袁州谯楼按"整旧如旧"的古建筑修复原则进行重建，再现古天文台原貌，展示宜春深厚历史文化底蕴，普及科学知识。当地政府围绕袁州谯楼，划定保护范围修建天文台广场，同时复制了铜壶刻漏、钟、鼓、浑象、日晷等天文观测与计时仪器，在广场4个方向设石雕青龙、白虎、朱雀、玄武，以弘扬和普及传统天文学文化。

五、遗产价值

袁州谯楼当时除了装备常规的守时、报时器具外，还装备了天文测时仪器；台上有专门的天文人员轮值，是中国现存最早的集测时、守时、授时于一体的地方时间工作天文台，为研究中国古代的时间、科技和古代建筑提供了珍贵的实物资料。

西方世界到17世纪英国格林尼治天文台、法国巴黎天文台建立之后，才有了天文台的时间工作，而袁州谯楼比它们要早4个世纪。

与北京古观象台和河南登封观星台这类中央政

图8　袁州谯楼被国务院公布为第六批全国重点文物保护单位
（戴吾三　摄）

府建立与管理的天文台比，袁州谯楼是目前确认的第一座由地方政府建立的时间工作天文台，在中国乃至世界的文明史上都有一定的地位，值得珍视和保护。

2000年，袁州谯楼以“袁州古天文台遗址”为名被公布为江西省级文物保护单位。2006年，袁州谯楼被国务院公布为第六批全国重点文物保护单位。2010年，经江西省人民政府批准，袁州谯楼传说被列入第三批省级非物质文化遗产代表性项目名录。

参考文献

［1］薄树人，谢志杰，栾杏丽，等.袁州谯楼研究：我国现存最早的从事时间工作的地方天文
台［J］.自然科学史研究，1995（1）：37–41.

［2］栾杏丽.袁州谯楼［C］//中国计时仪器史学会，计时仪器史论丛：第一辑.1994.

［3］华同旭.中国漏刻［M］.合肥：安徽科学技术出版社，1991.

［4］吴守贤，全和钧.中国古代天体测量学及天文仪器［M］.北京：中国科学技术出版社，
2008.

（王吉辰）

北京古观象台

——世界上使用时间最长的天文台

北京古观象台，位于北京东城区建国门立交桥的西南侧，是明清两代和北洋政府时期的国家天文台。古观象台始建于明正统七年（1442年），前后共承担了近500年的天文观测任务，是世界上最古老的天文台之一。

1982年，北京古观象台被国务院公布为第二批全国重点文物保护单位。

图1　观象台上的古天文仪器与远处的北京国际饭店等现代建筑同框，构成别样的时空（戴吾三　摄）

科技遗产 古代 中国

088

Chinese Heritage of
Pre-modern
Science and
Technology

一、历史沿革

明永乐十九年（1421年）正月，明朝中央政府正式迁都北京，而天文仪器没有随迁，在北京的钦天监官员只能凭肉眼观测。明正统二年（1437年），钦天监为解决观测之需，依据宋元的天文仪器式样铸成了浑天仪和简仪，并于正统七年（1442年）选址（贴近元大都城墙的东南角）修筑观象台，又于正统十一年（1446年）增修暑影堂，添置圭表和漏壶，以供计时。清王朝建立后，观象台改名为观星台，它不仅是钦天监官员进行天文观测的场所，在康熙年间也曾作为培养天文人才的实习基地。

清康熙八年至康熙十二年（1669—1673年），在比利时耶稣会传教士南怀仁（Ferdinand Verbiest）的建议下，经康熙帝批准，钦天监仿照第谷式欧洲古典天文仪器，为观象台添置了6件大型青铜天文仪器，分别是黄道经纬仪、赤道经纬仪、地平经仪、象限仪、纪限仪和天体仪。康熙五十四年（1715年），德国传教士纪理安（Kilian Stumpf）又设计并制造了地平经纬仪。乾隆九年（1744年），乾隆帝见仪器多为西洋制式，下令让钦天监监正戴进贤依照中国传统浑仪监制了"玑衡抚辰仪"。

晚清政权危机重重，观象台也未能幸免于灾难。1900年，八国联军攻入北京城，联军总司令德国人瓦德西与法国将领密谋瓜分古观象台的10件大型天文仪器，包括明代的仿宋浑仪、仿元简仪，以及清代增制的8件仪器。

迫于国际舆论声讨，法国于1902年归还了掳走的5件仪器（简仪、赤道经纬仪、黄道经纬仪、地平经纬仪和象限仪）。而另外5件被德国掠走的仪器漂洋过海，被放置在德皇波茨坦离宫。第一次世界大战结束，中国要求德国无条件归还古天文仪器。岂料这一正当权益未得到应有的回应，归还之事悬置。直到1920年6月，德方归还的5件仪器踏上归途，不料船经日本又遭扣押。后经多方斡旋，直到1921年1月，仪器才终于回到祖国。同年4月14日，几经颠沛的古仪器回到古观象台，依照原来布局安放。1931年九一八事变发生后，考虑到文物安全，国民政府将明代制成的浑天仪、简仪、漏壶（2件）、圭表和清代制成的小地平经纬仪，以及折半天体仪（两件仪器大小均为原件的1/2，故称"折半"）计7件仪器运往南京的紫金山天文台，留存至今。而清制八仪因不便拆卸，一直留在北京。世事沧桑，古仪的聚散折射了中华民族的那段悲怆历史。

辛亥革命后，北洋政府接管古观象台，将其更名为中央观象台，直属于教

图2　被劫后放置在德国波茨坦离宫的玑衡抚辰仪（前）、地平经仪（左后方）、天体仪（右后方）。
北京古观象台存

育部。1915年，中央观象台首任台长高鲁在观象台创办科学期刊《观象丛报》。
1922年，中国天文学会在观象台宣告成立，标志着中国天文学进入了新时代。
随着佘山天文台和南京紫金山天文台等现代天文台的相继修建，中央观象台将其
近代科学观测仪器尽数移交给了位于南京的中央研究院天文研究所。至此，观象
台观测天文的历史使命画上了句号。

　　1929年古观象台改名为国立天文陈列馆，成为中国第一座天文博物馆。中
华人民共和国成立后，古观象台逐步向公众开放。

中国古代科技遗产

090

Chinese Heritage of
Pre-modern
Science and
Technology

二、遗产看点

北京古观象台东侧原与北京古城墙相连，城墙在20世纪50年代被拆除，后沿原城墙走向修建了东二环路。如今这一带高楼林立，立交桥上车流不息，地下深处地铁隆隆。古观象台位置紧邻建国门地铁站西南出口。放慢脚步，走进古观象台的院落，一个古朴、厚重的世界就此呈现在来访者的面前。

古观象台高约14米，台顶东西长23.9米，南北宽20.4米。台基比台顶宽，最初台基用黄土夯筑，后来四周砌砖。

岁月侵蚀的砖砌台阶，几百年间，不知有多少学者从这里走过。

拾级而上，只见高台上安放着8件大型铜制天文仪器，造型各异，透着历史的厚重。为保护文物，古仪前都加了铁栏。但有说明标牌在，游人便能对各件古仪的功能清晰明了。

高台北望，左斜对面建国门内大街北边的高楼是中国社会科学院，再往左是北京国际饭店，相机取景框里古今建筑交相辉映，构成别样的时空。

走下高台，进入主院。这里曾是古代天文官员的办公区，如今，作为正殿的紫微殿已被开辟为第一展厅，展示中国历史上的天文学成就和重要天文仪器的复制品。紫微殿中，悬挂着乾隆皇帝手书"观象授时"匾额。另外还有第二、第三展厅，分别介绍古观象台的历史和有关近代天文学在中国的传播历程。

图3 紫微殿乾隆手书"观象授时"匾额（戴吾三 摄）

图4 展示中国古代天文学的成就，前面是登封观星台缩微模型，后面是水运仪象台缩微模型（戴吾三 摄）

主院落不大，古槐阴浓。在第二、第三展厅前分别立有耶稣会士南怀仁和汤若望的半身塑像。他们300多年前跨洋来华，面临的种种困难可想而知。

再按指引，到观象台正南边。松柏环绕着一片开阔的草坪，中间安放有按原尺寸复制的青铜简仪、浑仪，草坪南边安放同样按原尺寸复制的玲珑仪。草坪北面立有古代科学家沈括的塑像，南面立有元代科学家郭守敬的塑像，令人肃然起敬。

图5　南怀仁，1659年来华，精研天文历法，康熙亲政后任命他为"治理历法臣"，执掌钦天监（戴吾三　摄）

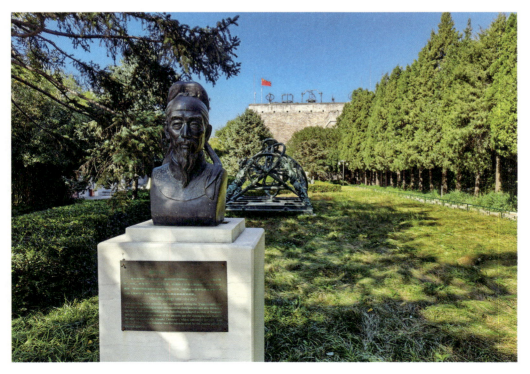

图6　郭守敬塑像，塑像后是复制的古代简仪（戴吾三摄）

中国
古代
科技遗产

092

Chinese Heritage of
Pre-modern
Science and
Technology

图7 复制的玲珑仪。玲珑仪为郭守敬创制，原仪为铜制，直径2.2米。玲珑仪用于演示天象，将先人从外俯察天体之浑象传统，改为于内仰观星象之假天结构（戴吾三 摄）

三、科技特点

　　古观象台的最大亮点是高台上的8件天文仪器，如今，它们依然按清代时的格局安放，分别是赤道经纬仪、黄道经纬仪、地平经仪、地平纬仪、纪限仪、地平经纬仪、玑衡抚辰仪和天体仪。其中最具代表性的黄道经纬仪、天体仪和玑衡抚辰仪，结构复杂，制作精巧，饱含前人的科技智慧。

1. 黄道经纬仪

　　该仪由南怀仁监制，主要用来测量天体的黄道经度和纬度以及测定二十四节气。

黄道经纬仪由三层、四圈构成。最外层是子午圈，子午圈内有一个通过两极的极至圈，极至圈与黄道圈连接，交点为夏至、冬至二至点。黄道的南北极由一根钢轴贯穿，最内层的黄道经圈可绕轴旋转，各圈上均设有观测用的游表。整个仪器由两根龙柱托起，并以两根交叉梁支撑，四角均安置有螺栓，可以调节水平和升降。

图8 黄道经纬仪（戴吾三 摄）

如果测量黄经，需要先通过游表对准一颗距星，并将黄道圈固定，再用另一个游表对准被测量目标，读出两者之间的距度。测量黄纬，则需转动黄道经圈，调节经圈上的游表来读取数值。

南怀仁在设计时将刻度划分为360度，每度6格，每格对应读数为10分。为了读取更加精确的数值，他在1度空间内划出一条对角线，通过将斜线均分为10等分，解决了一度内刻度划分不均、读数困难的问题，并将刻度精确到了1分。这种截线分割法是对欧洲第谷仪器虚线截线法的改进，在南怀仁制造的其他仪器中也可以看到。

2. 天体仪

该仪又称天球仪，是南怀仁于康熙年间设计制造的6件仪器之一，脱胎于中国传统用于展演天象的浑象。该仪不仅可以用来演示周天恒星的运动，查验星宿中天位置时的时刻，还可以实现对黄道、赤道、地平三种坐标系的模拟转换。

天体仪的主体部分是一个直径6尺、重达4吨的空心铜球。铜球上镶嵌有1888颗鎏金铜星，铜星大小对应了1~6级星等的差异。铜球上刻有赤道环和黄道环。自黄赤升交点始，每隔30度标明黄道十二宫的节点与宫名，每隔15度标明二十四节气名。铜球两极安置于子午圈的南北极上，两极之间贯穿一根钢轴，铜球可以绕轴旋转。北极位置镶嵌一个圆形的时盘，时盘可以随铜球旋转，以指示时刻。子午圈下方则有齿轮带动齿弧来调节纬度，黄道、赤道、地平三种坐标系的转换由一根1/4圆周的铜弧板完成，上面对应有游表和刻度。

天体仪的制作与装配工艺繁琐而复杂，既涉及1888颗星体镶嵌投影的精确性，需要在硕大的铜球上找寻形心和平衡，又涉及金属球面的镟削工艺、零部件的加工精度以及运输和安装时要使用滑轮和绞车等。可以说，中国传统的铸造工艺与西方的冷加工工艺，在这件天体仪上都得到了充分体现。

图9　天体仪（戴吾三　摄）

若利用黄道经纬仪、赤道经纬仪和地平经纬仪分别测量，那么天体仪就如同一台计算机，可以实现三种仪器所得坐标值的转换，互相验证。这大概就是当时南怀仁设计该仪的初衷。但如果只借助一件仪器测量，那么天体仪的转换则可能会将测量误差放大。不过，多少有些尴尬的是，后人研究发现，因当年工匠的安装失误，天体仪一直都无法测定黄纬。

3. 玑衡抚辰仪

该仪作为古观象台清制仪器中唯一的中国传统浑仪，拥有多重标志性意义。该仪整体高度在八件仪器中最高（3.36米），设计制作时间最长（10年），装饰造型最华丽，造价最昂贵。

图 10　玑衡抚辰仪。该仪器极尽奢华，2个立柱上各有5条雕龙装饰（戴吾三　摄）

科技遗产 古代 中国

096

Chinese Heritage of
Pre-modern
Science and
Technology

玑衡抚辰仪的用法与传统浑仪相同，核心功能就是测定天体的赤纬、赤经差。而它与传统浑仪的最大区别在于将圆周分为了360度，而非中国传统的365¼度。

玑衡抚辰仪脱胎于传统浑仪，分内外中三层：最外层在传统浑仪中被称为六合仪，为正立双环子午圈和天常赤道圈，但没有传统浑仪中的地平圈；中间一层相当于三辰仪，分别由赤道经圈、游旋赤道圈构成，省去了传统浑仪中的黄道圈；内层为四游仪，是夹着窥衡的南北双环。玑衡抚辰仪的使用方法与赤道经纬仪一样，可以测定天体的赤经和赤纬。然而因相较于传统浑仪省去了黄道圈和地平圈，故不能直接读取地平经纬和黄道经纬度数。玑衡抚辰仪的刻度精确到1分，且通过在窥衡中增设十字线，并配备时度表、借弧指时度表、指纬度表、立表、平行立表等辅助照准配件，照准误差大大减小。

从铸造工艺上看，玑衡抚辰仪采取了范铸法和失蜡法工艺。合金成分明确要求铜锌合金比例，纯铜约占60%，锌（倭铅）约占40%。可惜实际铸造中并未严格执行技术规定，其铸造工艺甚至不及明代仪器。

从使用磨损情况看，这样一架精美仪器在清代的使用率并不高。17—18世纪，欧洲的天文仪器制造技术和工艺水平有长足的进步，相比之下玑衡抚辰仪尽管拥有华丽的外表和昂贵的造价，在科学上却失去了先机。

四、研究保护

明末清初，天文望远镜和近代天文学传入中国。到晚清时，直接冲击了古观象台，传统天文学研究的价值被弱化，而其历史文化价值却逐渐显现。作为历史长河中的重要物质遗存，古观象台及其拥有的天文仪器受到学术界新的关注。

1912年后，北洋政府教育部选址北京古观象台建立中央观象台，聘有留学背景的高鲁担任台长。1915年，高鲁出版《中央观象台之过去与未来》一书，对古观象台的历史沿革做了梳理。1921年，德、法列强劫掠走的天文仪器终回归祖国，为示庆贺，中央观象台决定将古天文仪器开放给大众参观。

中华人民共和国成立后，北京古观象台移交给北京天文馆管理，8件天文仪器被全面检修，并补配了一些残损的零部件和纹饰。1956年，陈遵妫先生著《清朝天文仪器解说》，详细介绍了古观象台天文仪器的基本构造和使用方法。

1961年夏，国家制订京津引水工程规划，古观象台一度被考虑搬迁。为妥善保护，有关部门组织对古观象台做了一次详细测绘，发出了中华人民共和国成立以来对古观象台的研究先声。

1962年，天文史家薄树人撰写《北京古观象台介绍》一文，对古观象台的历史进行了梳理，并介绍了古天文仪器的形制和使用方法。

1967年，为修建北京地铁，建设部门计划搬迁古观象台。文物专家罗哲文闻讯，随即联系其他专家同事，赶到古观象台实地考察，很快起草了《关于保护古观象台的报告》，上书周恩来总理。报告引起重视，周总理亲自找到相关部门协调处理。最终，古观象台得以原地保护，地铁工程改道绕行。此外，国家再追加经费，用以加固古观象台的基础。

1975年，北京古观象台联合调查研究小组成立。工作过程中，天文学家伊世同等人结合南京所藏古观象台铜圭表，发现了明初量天尺的残存刻度。据此，仰仪、正方案等元代天文仪器、沈括《浮漏议》中的宋代漏壶都以此基准刻度得以复原，学术界评价赞其是重要的发现和研究。

1979年8月17日凌晨，古观象台东北角突然坍塌，幸抢救及时，赤道经纬仪和纪限仪得以保全。此次坍塌事故也成为契机，进一步推动了古观象台的全面调查、研究和修护。对原址的考察，更清晰地梳理了古观象台与元、明、清三朝的古台规模与位置。

1982年，北京古观象台被公布为第二批全国重点文物保护单位。1983年，经全面修葺的北京古观象台重新对外开放。

20世纪80年代起，白尚恕、李迪等老一辈科技史学家分别对古观象台的仪器进行专门研究。比利时学者何思柏（Nicole Halsberghe）出版《南怀仁的〈新制灵台仪象志〉》。此后，张柏春以博士论文为基础出版《明清测天仪器之欧化》，利用第一手中文与西文资料，细致地讨论了欧洲天文仪器技术的传入与古观象台天文仪器的技术特征。

2005年，潘鼐先生主编出版《彩图本中国古天文仪器史》，对古观象台的明清天文仪器做了详细的介绍。2008年，陈久金等人出版新著《北京古观象台》。

近几十年来，学界围绕古观象台的历史，举办了若干学术研讨和纪念活动。尤值一提的是，2023年10月，适逢南怀仁诞辰400周年，比利时驻华大使馆等机构联合在古观象台举办系列纪念活动，以缅怀南怀仁这位曾为中西科技文化交流作出过重要贡献的比利时学者。

中国古代科技遗产

098

Chinese Heritage of
Pre-modern
Science and
Technology

图 11　北京古观象台，2023 年 10 月，纪念南怀仁诞辰 400 周年活动会场（戴吾三　摄）

五、遗产价值

在近 500 年的观测历史中，北京古观象台在中国乃至世界天文学史上发挥了重要作用，体现出重要的科学价值。明隆庆六年（1572 年）11 月 8 日，司天监的官员在这里最早观测到了东北方阁道星附近的一颗客星；三天后，这颗仙后座超新星又被丹麦天文学家第谷发现，并被西方天文学者称为"第谷超新星"。同样，万历三十二年（1604 年）10 月 10 日司天监的官员也是在古观象台上对"开普勒超新星"进行了持续近一年的观测。利用古观象台的仪器，清代的天文官员完成了两次大规模的恒星观测，并编成了以乾隆九年（1744 年）为历元的《仪象考成》星表，以及以道光二十四年（1844 年）为历元的《仪象考成续编》星表。前者包括 3083 颗星的星等、赤道坐标值和黄道坐标值，后者又增加到 3240 颗星。直到今天，我们使用的恒星的中文名称仍然依据这两部星表来命名。

北京古观象台是世界上使用时间最长的天文台，它比 1667 年建立的法国巴黎天文台早 225 年，比建于 1675 年的英国格林尼治天文台早 233 年，体现了中国古代人民在天文科学、冶铸技术和工艺美术等方面的杰出成就，也是近代东西方科技与文化交流的见证，因而具有重要的历史价值、文化价值和艺术价值。

参考文献

[1] 张柏春. 明清测天仪器之欧化 [M]. 沈阳：辽宁教育出版社，2000.

[2] 潘鼐. 彩图本中国古天文仪器史 [M]. 太原：山西教育出版社，2005.

[3] 薄树人. 北京古观象台介绍 [J]. 文物，1962（3）：5-10.

[4] 伊世同. 北京古观象台的考察与研究 [J]. 文物，1983（8）：44-51.

[5] 周维强. 北京观象台天文仪器之被劫与归还史事拾补 [J]. 自然科学史研究，2019，38（4）：405-439.

（王吉辰）

中国古代科技遗产

Chinese Heritage of Pre-modern Science and Technology

水利农田

中国古代科技遗产

102

Chinese Heritage of
Pre-modern
Science and
Technology

四川都江堰

——世界水利文化的鼻祖

　　都江堰（全称"都江堰灌溉系统"，或称"都江堰水利工程"），位于四川省都江堰市西北的岷江干流，距成都城中区约60千米。始建于公元前3世纪中叶，后经中国古代多个朝代的维护或重修，至今仍发挥着重要作用。

　　截至2024年底，中国已有59项世界遗产列入《世界遗产名录》，都江堰就是其中为数不多的水利科技相关项目的突出代表之一。

图1　都江堰图，可见鱼嘴、安澜索桥、金刚堤（史晓雷　摄）

一、历史沿革

都江堰兴建于公元前3世纪中叶，此后历朝历代多次维修或重修，灌区面积不断扩展，从北宋时170多万亩到今天1000多万亩，成就了"天府之国"成都平原。都江堰是一项从战国时期一直延续至今的水利工程，李冰时期兴建的都江堰已非今日之都江堰。从都江堰渠首核心工程算起，其在历史上可分为四个阶段。

1. 围绕宝瓶口的兴建

从李冰兴建都江堰起，一直到汉代，都江堰渠首工程的核心是宝瓶口。《史记·河渠书》记载："于蜀，蜀守冰凿离堆，辟沫水之害，穿二江成都之中。"东汉崔寔《政论》记载："蜀郡李冰凿离堆，通二江，益部至今赖之。"文中的"凿离堆"是指李冰率众凿开玉垒山、形成宝瓶口，内江由宝瓶口流向了成都平原，与玉垒山分离的山尾，便是离堆，也即现在都江堰景区离堆公园所在处。

2. 围绕飞沙堰的工程

从南北朝到五代时期，都江堰的核心工程是飞沙堰。南朝刘宋任豫《益州记》记载："江至都安，堰其右，捡其左，其正流遂东。"文中的"堰其右，捡其左"便是针对内江分流引水而言："堰其右"是在内江右侧修筑泄洪堰，即飞沙堰；"捡其左"是充分利用内江左侧弯道凹岸，引水进入宝瓶口。

3. 以鱼嘴为核心的工程

据《宋史·河渠志》记载："岁作侍郎堰，必以竹为绳，自北引而南，准水则第四，以为高下之度。江道既分，水复湍暴，沙石填委，多成滩碛。岁暮水落，筑堤壅水上流，春正月则役工浚治，谓之'穿淘'。"可见到宋代时，都江堰的治水管理已较系统、规范。也正是由于飞沙堰、宝瓶口有了规范的管理，都江堰的修筑重心才转移到江心洲前端的分水导流工程，也即鱼嘴。

近代以来，都江堰又发生了很大变化。1933年8月25日，岷江上游茂县叠溪发生7.5级地震；同年10月9日，叠溪地震的余震造成堰塞湖决堤，冲毁了都

科技遗产 古代 中国

104

Chinese Heritage of
Pre-modern
Science and
Technology

江堰的金刚堤、平水槽、飞沙堰、人字堤和安澜索桥，所见之处皆是一片汪洋。1934年，水利知事周郁如组织人力修建，用浆砌条石作基础，用水泥砌座，修都江堰分水鱼嘴，因基础未深，又被冲毁。

1935年冬，四川省政府拨款15万元，对都江堰进行大修。工程由都江堰堰务管理处处长张沅主持，将鱼嘴位置西移20余米紧靠外江桥墩（在1933年洪水中存留的唯一桥墩，乡人称其为"神仙墩"），深挖基础，安设地符（即在河床面3米以下用大卵砾石在河床上铺放大木排架），上用卵石混凝土砌成

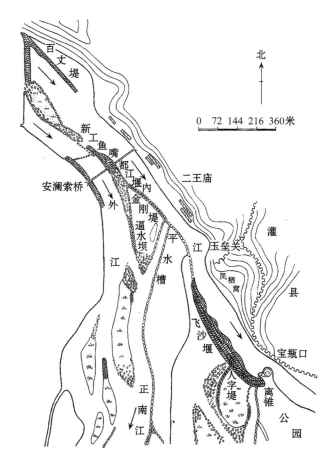

图2　20世纪初都江堰渠首工程示意图

注：图像源自谭徐明《都江堰史》，科学出版社，2004年，第93页。

流线型新工鱼嘴，内、外江亦同时大力淘修。工程于1936年4月告竣，由省府主持举行开水典礼。此前都江堰于清光绪三年（1877年）丁宝桢大修，将鱼嘴由二王庙山门正对处上移至索桥之上，改笼石为砌石，工程虽有所加固，但砂浆不耐冲刷，时有毁败。1936年改用水泥砂浆砌筑后，一直到1973年冬至1974年春兴建外江节制闸，其间36年，保持完好。

4. 兴建外江闸

随着灌区不断扩大，成都的工业、城市生活用水不断增加，鱼嘴自然分水及杩槎调流已经不能适应灌区和成都城区发展的需要。1973年2月，四川省水利局决定在堰首鱼嘴一侧（即西侧）修建临时性节制闸代替杩槎调节引水。1974年4

图3　都江堰的外江闸（史晓雷　摄）

月建成由8孔组成的外汇闸，每孔净宽12米，总宽104米。闸门为平板升卧式钢闸门，高4米，由开敞式双吊点电动卷扬机启闭。外江闸建成后，便不再使用杩槎调水，而且都江堰灌区引水量由每年50亿至60亿立方米增加到60亿至80亿立方米，如今仍在多方面发挥效益。

外江闸的修建，使古老的都江堰焕发了新的生机。它不仅可以更科学、合理地调控内外江灌区水量，而且减少了渠首岁修的工程量。

二、遗产看点

初到都江堰，人们大多从景区离堆公园南门进入，沿顺时针方向游览，最后从玉垒山公园大门走出，沿途可见：伏龙观、宝瓶口、飞沙堰、金刚堤、鱼嘴、外江闸、安澜索桥、秦堰楼、二王庙、玉垒关等，这里重点介绍伏龙观、安澜索桥和二王庙这三处景点。对被誉为都江堰三大工程的宝瓶口、飞沙堰、鱼嘴，因其科技特点突出，于后文另做叙述。

中国古代科技遗产

106

Chinese Heritage of
Pre-modern
Science and
Technology

1. 伏龙观

伏龙观位于离堆公园的北端，是一座三重殿宇、两进院落的道教建筑。它雄踞离堆之上，三面临水，东（右）侧便是宝瓶口。伏龙观最初是为纪念青城山道士范长生而建，原名"范贤馆"。后因民间相传李冰在此降伏孽龙，在北宋时改祭李冰，更名为"伏龙观"，现存建筑为清代同治年间重建。

在前殿正中，陈列着1974年修建外江节制闸时从河床中挖出的李冰石刻像，高2.9米，重4.5吨。石像造于东汉灵帝时期，距今已1800多年，是我国现存最早的圆雕石像，非常珍贵。何以判断这是李冰像？细看石像的衣襟上刻有"故蜀郡李府君讳冰"八字，由此确定无疑。

2. 安澜索桥

安澜索桥位于鱼嘴下方的160米处，横跨外江、江心洲与内江，东侧在二王庙下，是从鱼嘴或金刚堤抵达岷江东岸的必经之路。安澜索桥始建年代已难以考证，但不会晚于宋代，宋范成大《吴船录》记载："绳桥长百二十丈，分为五架。桥之广，十二绳排连之，上布竹笆，攒立大木数十于江沙中，辇石固其根。每

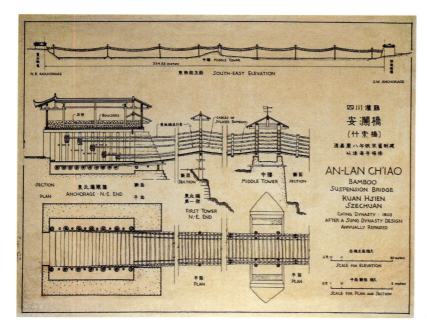

图4　1939年梁思成手绘安澜（索）桥

注：图像源自梁思成《〈图像中国建筑史〉手绘图》，新星出版社，2017年，第8页。

数十木作一架，挂桥于半空。大风过之，掀举幡幡然。大略如渔人晒网，染家晾彩帛之状。"这里的"绳桥"即指安澜索桥，其"索"长期是由当地产的竹篾编制而成。1939年10月，著名建筑学家梁思成与营造学社的同事到安澜索桥考察，手绘图纸，实测桥长334.55米。

1962年索桥维修，改10根竹底绳为6根钢缆绳，改扶栏竹绳为铁丝绳，外用竹缆包裹。1964年山洪暴发，桥被冲毁，重建时改木桥桩为混凝土桥桩，其他照旧。再后来，兴建外江闸时，又将安澜索桥向下游移动了100余米，目前桥长280余米。

3. 二王庙

二王庙位于安澜索桥东侧下游不远处的玉垒山麓，前临岷江碧流、后依秀峰翠岭。二王庙原为望帝祠，因百姓缅怀和敬仰李冰，将其更名为崇德庙；在宋代，李冰父子相继被敕封为王，此庙便改称为二王庙。1925年二王庙曾遭火焚，灾后募资重建。

从正山门乐楼起，二王庙有主殿三重，配殿十六重，规模宏大。殿宇布局不受中轴线束缚，而是因地制宜，依山就势，高低错落。庙宇前部，有清末绘制的都江堰灌区流域图和赞颂李冰父子的匾联碑刻。中部有李冰治水六字诀"深淘滩，低作堰"石刻。后部有李冰殿和二郎殿。

2010年，二王庙古建筑群因地震灾后抢救保护工作荣获国家文物局授予的"优秀文物保护工程特别奖"。此外，修复工程还获得"联合国教科文组织亚太地区文化遗产保护奖""国家传统建筑文化保护示范工程"等奖项。

三、科技特点

作为科技遗产的都江堰，可分为有形与无形两部分。所谓有形，是指实体的水利工程体系；所谓无形，是指古人在对都江堰进行长期的治水过程中总结出来的工程经验，主要是一些经验口诀。

科技遗产 古代 中国

108

Chinese Heritage of
Pre-modern
Science and
Technology

1. 都江堰水利工程体系

主要包括传统的三大工程及外江闸。外江闸如前所述，这里重点讨论鱼嘴、飞沙堰和宝瓶口三大工程。

至迟在宋代文献中，今日都江堰主体工程已能找到一一对应的记载：分水引水工程——鱼嘴，宋代称"象鼻"；泄洪和排沙工程——飞沙堰，宋代称"侍郎堰"；进水口——宝瓶口，宋代仍遵从前代称"离堆"。

都江堰治水三字经中的"分四六、平潦旱"就是指鱼嘴对内外江的分水比例：春耕用水季节，岷江主流直冲内江而下，内外江分水比例约为六比四；夏季洪水季节，水面宽阔，外江约占六成，这样比例就调转过来。过去有时在枯水季节，还需要用杩槎构成的导流堤向外江延伸以增加内江流量。关于杩槎的结构，下文再述。

飞沙堰又名减水河，取其泄洪、飞沙之意。它上承鱼嘴分水堤的尾部，下距宝瓶口约200米，与内江左岸的虎头岩相对。洪水季节，流入内江的洪水被虎头岩顶住，水势向飞沙堰冲去，这样便起到了泄洪的作用，使超过宝瓶口所需流量的水从飞沙堰溢到外江。此外，其泄洪的同时还能把冲入内江的部分泥沙排到外江。有实测数据表明，飞沙堰的泄洪能力随着内江水量增大而加大，其排沙效果也有类似关系（见表1）。

表1　飞沙堰溢洪泄洪数据表

内江流量 （立方米／秒）	宝瓶口流量 （立方米／秒）	飞沙堰流量 （立方米／秒）	飞沙堰流量 占内江流量比例（%）
550	420	130	23.6
1020	520	500	49.0
1800	640	1160	64.4
2300	700	1600	69.6
2300	520	1780	77.4
2460	680	1780	72.4
2800	700	2100	75.0

宝瓶口宽17~23米，高18.8米，峡长36米。它是控制都江堰灌区进水量的咽喉，在飞沙堰与人字堤的配合下，无论遇到多大的洪水，其进水量都不超过每秒700立方米，可谓天然的节制闸。都江堰最早用石人作为水位尺，至晚在宋代宝瓶口左岸的石崖上已有等距刻画的水则。此后在不同朝代其刻画有变动，沿用至今的是清乾隆三十年（1765年）重建的水则，一共24划，水位在13划时可满足春耕用水，16划为汛期警戒水位。

图5 宝瓶口及水则（史晓雷 摄）

2. 治水经验口诀

（1）传统篇

①六字诀

深淘滩，低作堰。

深淘滩，是指每年要对凤栖窝下的内江河床深淘清淤，淘至所埋"卧铁"为准；低作堰是指飞沙堰不能筑得太高，否则影响泄洪和排沙效果。

图6 六字诀（史晓雷 摄）

②三字经

清同治十三年（1874年），灌县知县胡圻据历代治水经验，编成了治水三字经：

六字传，千秋鉴。挖河沙，堆堤岸。分四六，平潦旱。水画符，铁桩见。笼编密，石装健。砌鱼嘴，安羊圈。立湃阙，留漏罐。遵旧制，复古堰。

清光绪三十二年（1906年），成都知府文焕将上述三字经做了改编：

科 古 中
技 代 国
遗 产

110

Chinese Heritage of
Pre-modern
Science and
Technology

深淘滩，低作堰。六字旨，千秋鉴。挖河沙，堆堤岸。砌鱼嘴，安羊圈。立湃阙，留漏罐。笼编密，石装健。分四六，平潦旱。水画符，铁桩见。岁勤修，预防患。遵旧制，毋擅变。

这里对"砌鱼嘴，安羊圈"及"笼编密，石装健"做些解释。

所谓"羊圈"，即用四根木桩做骨架，周边连以横木，再竖一周木棍，然后将卵石置于其中，犹如羊圈。过去"羊圈"主要用于急流顶冲处，作护岸、堰坝基脚，只有"羊圈"做好了，鱼嘴才能安全，所以说"砌鱼嘴，安羊圈"。

"笼编密"的"笼"是指都江堰筑堤修堰的用于装卵石的竹笼，长约10米，直径约0.6米，早年由白夹竹编制，近代多用慈竹。它是都江堰最常用的河工构件之一，用途广泛，可用于护岸、钉坝、笼坝、筑溢流坝、护基等，所以说"笼编密，石装健"。

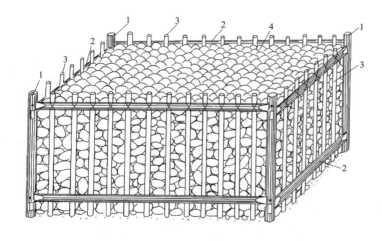

图7 "羊圈"示意图（1.立柱 2.横木 3.签子 4.卵石）

注：图像源自谭徐明《都江堰史》，科学出版社，2004年，第156页。

③八字格言

清光绪元年（1875年）水利同知胡均题词：

遇湾截角，逢正抽心。

清光绪二十七年（1901年）水利同知吴涛题词：

乘势利导，因时制宜。

图 8 1934 年民工正在被冲毁的河滩上编制竹笼（庄学本 摄）

注：图像源自芍子平、王国平《都江堰：两个世纪的影像记录》，山东画报出版社，2007 年，第 55 页。

（2）当代篇

1978 年，都江堰管理处根据新时期治水、灌溉的经验及教训，总结了新的三字经。

> 深淘滩，高筑岸；疏与堵，要全面；险工段，双防线；前有失，后不乱；堤夯实，坡改缓；基挖够，漕填满；石砌牢，脚放坦；勤养护，常看管。

四、研究保护

关于都江堰的文献资料不计其数，但大致可以分为基本史料的整理与研究以及都江堰水利工程的保护与利用两类。

1. 基本史料的整理与研究

1986 年，四川省水利电力厅、都江堰管理局组织编纂《都江堰》一书，系统全面总结了历代都江堰的治水经验和科学成果。同年，四川省文化厅文物处会同有关部门汇编《都江堰文物志》，整理了自汉代到1986年发现的有关都江堰的文物资料，包括金石、匾联资料。1987年，四川省水利厅、都江堰管理局编撰《都江堰史研究》，这是一本论文集，汇集了早期学界从历史地理学、考古学、地质学、水文学、工程学等方面对都江堰的研究成果及争论，具有重要价值。1991年，中国人民政治协商会议、都江堰市委员会文史资料工作委员会以内部资料方式先后编纂《都江堰文史资料》第八辑和第九辑，称为"都江堰水文化专辑"之一与之二，收集的主要是一些专题性的文章。

1993年，四川省地方志编纂委员会编纂《都江堰志》，全面系统地记述了都江堰建成2200年以来的发展历程，其中"大事记"有较重要的史料价值。2004年，谭徐明的《都江堰史》系统论述了都江堰的历史沿革、科学成就及传统水利工程技术、管理体系的历史演进、文化与宗教等，该书今已成为都江堰史研究的经典文献。2007年，冯广宏主编的《都江堰文献集成·历史文献卷（先秦至清代）》汇编了历代散佚在各类典籍中有关都江堰的记述，该书已成为都江堰研究的基础性必读文献。同年，苟子平、王国平合著的《都江堰：两个世纪的影像记录》出版，该书搜集和整理了都江堰从晚清到当代的许多珍贵照片，对考察都江堰近代的演变有重要参考价值。2013年，吴会蓉、冯广宏主编的《都江堰文献集成·历史文献卷（近代卷）》是前述"先秦至清代卷"的后续，该丛书由此得以完成。2014年，冯广宏著的《都江堰创建史》对李冰时期都江堰的兴建做了详实的史料爬梳。同年，刘星辉著的《都江堰工程现状和历史问题》出版，该书在梳理都江堰发展历程的基础上，选择了学界有争议的7个话题展开剖析。2017年，罗健勇主编出版了《都江堰档案遗珍》，从档案史料的视角展现了都江堰的发展历程，具有一定的史料价值。2018年，都江堰市文物局编纂了《都江堰市考古资料集》，汇总了自1974年起文物考古工作者在都江堰市的考古发掘简报及相关学术研究，是都江堰研究的重要参考资料。2019年，都江堰市文物局编著了《都江堰市文物志》，对都江堰市出土的文物分门别类进行介绍，丰富和拓展了1986年出版的《都江堰文物志》的内容。

2. 保护与利用

在2000年都江堰入选《世界遗产名录》前后，涌现了一批讨论如何保护与发展都江堰水利工程的研究。吴敏良、张华松在《都江堰渠首工程的保护与发展》

Chinese Heritage of
Pre-modern
Science and
Technology

113

农田水利

（2000年）指出，都江堰三大渠首工程是水利基础设施，不能完全按照旅游景区进行规划布局。李映发在《科学地保护和发展都江堰水利工程》（2000年）认为，自都江堰兴建之后，历代都出于经济发展的目标践行着"古为今用"的保护与发展原则，在保护中求发展，在发展中求完善，并提出了"一堰两制"的管理体系。其后，李映发又发表《世界文化遗产保护应充分考虑都江堰工程的独特性》（2002年）一文，提出都江堰保护的总体原则：保护第一，利用第二；分清对象，依法保护，落实管理。

2003—2004年，四川省水利部门提出要在都江堰鱼嘴上游1310余米处修建杨柳湖水库，由此引发关于如何保护都江堰的讨论和争鸣。温成拙在《修建杨柳湖水库，保护都江堰水利工程》（2003年）文中指出，修建杨柳湖水库，就可以拆除外江闸，恢复渠首工程的生态环境与古貌。李映发在《尊重历史　面对现实——修建杨柳湖对都江堰文化遗产影响的对策》（2003年）文中认为，修建杨柳湖水库，有利于保护都江堰，同时指出在水库选址与建设过程中可以做到"兴利"与"守约"兼顾。2004年，郭发明和吴平勇分别撰文《都江堰的保护和发展是辩证的统一》《都江堰发展与保护中的若干问题探讨》，总体上也是支持兴建杨柳湖水库，同时提出了都江堰可持续发展和保护的方案。然而，由于社会上反对的声音强烈，杨柳湖水库终究没有落地。

2008年汶川大地震，都江堰水利工程主体也受到影响，如鱼嘴处出现裂缝、二王庙因山体滑坡而出现建筑毁损等。于是出现了一批针对灾后修复、重建的研究和建议。2010年，朱宇华、徐溯凯发表《都江堰伏龙观古建筑群灾后重建》一文，总结了维修伏龙观古建筑群的工程技术、修复原则等。这期间，北京清华城市规划设计研究院、清华大学建筑设计研究院等单位编著《都江堰二王庙——震后抢险保护勘察报告》，是一项翔实的文化遗产保护案例研究。

2015年以来，部分学者尝试从文化景观或生态水利的视角审视都江堰的保护与利用，如张敏、韩锋的《都江堰水系历史景观保护与发展——基于文化景观的视角》（2016年）、胡云的《都江堰——生态水利工程的光辉典范》（2020年）；也有学者从更开阔的视角考察、总结了都江堰的保护和利用问题，如旷良波的《都江堰灌溉工程遗产体系、价值及其保护研究》（2018年）、邢琳的《浅谈都江堰的保护与利用》（2019年）、王瑞芳的《人水和谐的典范——都江堰的当代价值与保护》（2020年）等。

五、遗产价值

都江堰是世界上现存的兴建历史最悠久，同时巧妙地融古代技术传统与现代工程科技为一体的大型水利灌溉工程。都江堰渠首枢纽三大件"鱼嘴""飞沙堰""宝瓶口"是一个系统工程，三者相互配合、协调运作，起到了自动运行、趋利避害、分洪灌溉的作用。

都江堰传统作业中使用的杩槎、竹笼、羊圈等水工构件技术，是都江堰传统水工技术的核心载体，具有珍贵的技术史价值。

根据长期治水经验总结的各种都江堰运行技术口诀和方略，是都江堰传统水工技术的附属载体，具有独特的技术史价值。

1974年建成的都江堰外江闸、1982年新增的沙黑总河进水闸是对新时期都江堰水利工程必要而有益的补充，使分洪和灌溉更为有效，为古老的都江堰注入了新鲜的技术血液。

1982年，都江堰被国务院公布为第二批全国重点文物保护单位。2018年，都江堰水利工程被列入世界灌溉工程遗产名录。2000年，联合国教科文组织第二十四届世界遗产委员会将"青城山—都江堰"列入《世界遗产名录》。这是对都江堰兼具历史传统文化意蕴与现代科技特征的肯定。

参考文献

［1］冯广宏.都江堰创建史［M］.成都：巴蜀书社，2014.

［2］谭徐明.都江堰史［M］.北京：科学出版社，2004.

［3］四川省地方志编纂委员会.都江堰志［M］.成都：四川辞书出版社，1993.

［4］苟子平，王国平.都江堰：两个世纪的影像记录［M］.济南：山东画报出版社，2007.

［5］周魁一.中国科学技术史·水利卷［M］.北京：科学出版社，2002.

［6］灌县县志编委会.灌县都江堰水利志［Z］.内部发行，1983.

（史晓雷）

广西灵渠

——世界上最古老的运河之一

　　灵渠（又名湘桂运河、兴安运河），位于广西桂林市兴安县境内。灵渠是中国古代著名水利工程之一，修建于公元前219—214年，主体工程由渠首、南渠和北渠三部分组成，全长36.4千米。灵渠沟通了长江水系与珠江水系，连接起岭南地区与中原地区，是世界上最古老的运河之一。不仅如此，灵渠后来也起到灌溉的重要作用。2018年，灵渠被国际灌溉排水委员会列入世界灌溉工程遗产名录。

图1　鸟瞰灵渠渠首，前端形似铧嘴

注：图像源自《广西画报》2020年第10期（黄俊　摄）。

科技遗产　古代　中国

116

Chinese Heritage of
Pre-modern
Science and
Technology

一、历史沿革

　　公元前219年起，秦始皇发动"秦攻百越之战"，遭到西瓯、骆越部族的反抗。秦军南下，因五岭形成的地理阻隔，陆路坎坷崎岖；水路湘江和漓江不相连接，部队行军、粮饷补给遇到严重困难。秦始皇于是"使监禄凿灵渠运粮"。监御史禄与同僚翻山越岭，察勘地形，决定在今湘江上游海洋河（古称海阳江）分水塘村河段处修建渠道，由此奠定了灵渠的基础。灵渠的开凿使秦军得到粮草补给和兵源补充，推动了秦军统一岭南的进程。

　　东汉建武十八年（42年），光武帝派伏波将军马援南征，并修缮灵渠。为解决海洋河枯水期流量不足影响通航的难题，马援创造性地做成搭拼式节陡门，并修建拦河坝，扩建灵渠，从而实现了南北航运的贯通。

　　唐宝历元年（825年），灵渠渠道崩坏，桂管都防御观察使李渤探明形势，组织在铧嘴下游建成拦河坝（即今所见大小天平位置），使来水分流入左右两旁之河，达到"以扼旁流"的目的，又在南、北渠道上修复利于通航的陡门。先前灵渠的工程设施，只能从通航的可能性来判断拦河坝的存在，而经过李渤的改建，灵渠始有拦河坝和陡门的明确记载。

　　唐咸通九年（868年），灵渠陡防等部位损坏，渠道通航困难。自黔南调任桂州刺史的鱼孟威甚为关切，组织民力，沿河40里用石块砌堤岸，用大木做成木桩植立为陡门，陡门增至18座。鱼孟威撰写《桂州重修灵渠记》，记录了这次重要修建工程。

　　宋代有7次修葺灵渠的记录，其中最重要的记录是北宋嘉祐三年（1058年），由时任提点广西刑狱兼领河渠事李师中主持，征调民夫上千人，采用"燎石以攻，既导既辟"之法，清除渠内碍舟礁石，并将陡门数目增至36座。

　　元代有3次修葺灵渠的记录，其中最后一次有详细维修记载：至正十四年（1354年），岭南广西道肃政廉访副使乜儿吉尼主持修灵渠，修复了铧堤及陡门的溃坏处，舟楫以通，后来又建造了灵济庙，这就是今日四贤祠的由来。

　　明代有6次修葺灵渠的记录，其中重要的修渠教训发生在洪武二十九年（1396年）。监察御史严震直主持修灵渠，由于违背治水规律，加高了大小天平坝体，导致洪水暴涨时尽流向北渠。北渠洪水无处宣泄，冲垮堤岸，而南渠缺水，既不能通航，也不能灌溉。在百姓呼喊之下，于永乐二年（1404年）二月，灵渠修复如旧。同年勒石《兴安渠陡记》，记下这次深刻的教训。明代另一次重要的灵渠维修是成化二十一年至二十三年（1485—1487年），由全州知府单渭主持，见孔镛《重修灵渠记》："用巨石以戗铧嘴，措鱼鳞，缮渠岸，构陡门。"这是有关大小天平坝上采用鱼鳞石护砌的最早记载。万历十七年（1589年），兴安县县令梁梦雷于龙王山山脚建分水龙王庙，在分水塘村前建伏波祠，并立"伏波遗迹"石碑，今存于铧嘴分水亭内。

清朝是灵渠运行的黄金时代，自康熙年始，有多次修缮灵渠工程的记载。康熙五十三年（1714年），广西巡抚陈元龙率通省官员捐俸修治，重修被毁的大小天平坝，将大小天平坝顶由原来的巨石平铺坝，改砌成龟背形，将鱼鳞形石改用长石直竖，同时修整多座陡门。

乾隆十九年（1754年），两广总督杨应琚奉旨修灵渠，后来在他所撰《修复兴安陡河碑记》中，详细记载了灵渠的诸多功能，包括水上交通、水利灌溉、商品贸易、湘米南运，此外还有"运铅重载"。

光绪十一年（1885年），洪水冲毁分水坝及南北陡堤，广西护理抚院李秉衡请旨奉准修渠。现今所见灵渠，大致就是这次维修后的面貌。

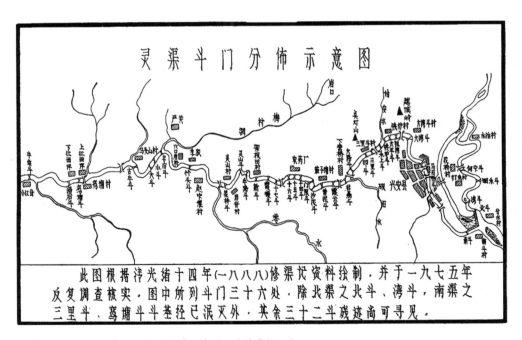

图2　历代灵渠斗门（又称陡门）分布示意图。灵渠博物院存

注：图中"三十六陡"的数目是北宋李师中修渠时定下的。

二、遗产看点

灵渠自身工程结构极具特点，且周边风景秀丽，适宜观光。如今的灵渠已被整体打造为灵渠公园。园内的天下第一陡、大小天平坝、铧嘴、泄水天平以及沿渠道散布的亭台楼阁，都是景点。此外，位于南渠与漓江汇合处的秦城遗址，也是认识灵渠历史意义的重要景观。

1. 天下第一陡

走进灵渠公园，最先映入眼帘的渠首景观是南渠闸门，即南陡，又称"天下第一陡"。陡门通常设置在南北两渠渠道较浅、水流湍急之处，为提高水位、蓄水通舟而设。古时灵渠通行的是窄体木船，故陡门并不宽大。如今，所见南陡尚存半圆形陡盘，两岸陡盘和河底均用条石砌筑，陡盘上架有人行木桥。

图 3　灵渠南渠进水口——南陡（张学渝　摄）

2. 大小天平坝

过人行木桥即到大小天平坝。坝体为折线式人字形，夹角108度，因"称水高下，恰如其分"而被称为"天平"。大小天平坝的坝基由2米长的松木桩打成排桩筑成，内部由长条石和鱼鳞石砌筑而成，多余的河水会漫过坝面而下。坝体表面呈鱼鳞状，增加了溢流面的粗糙度，同时也起到了消能作用。

图4 小天平坝（张学渝 摄）

科技遗产 古代 中国

120

Chinese Heritage of
Pre-modern
Science and
Technology

3. 古代水平测量仪

在大小天平坝交汇处，有一个古代水平测量仪，是历史上修建大小天平坝时测量坝体水平高度的仪器，1975年在附近出土。据水利专家分析，其使用原理与现代测量仪器基本相同。石柱顶部凿有凹口，柱身凿有一方形穿孔，其测量方法是：在大小天平坝同等距离的地方各立一根标杆，在石柱下方穿孔插入木杠转动石柱，通过石柱上方穿孔凹槽，找到相等的水平点即可施工，使大小天平坝基本上保持在同一水平高度。

图5　古代水平测量仪（戴吾三　摄）

4. 铧嘴

铧嘴实际上是一个古人为分流江水而筑的小岛，由于前锐后钝，形如犁铧之嘴，故得名。铧嘴把海洋河水劈分为二：一支流向南渠后汇合于漓江，一支流向北渠回归至湘江。堤上建有小亭，有宋人书写的楹联"逆水而来顺水去，卸帆仍是挂帆时"，横联"天下奇观"，形象地道出了铧嘴的分水奇景。

5. 四贤祠

四贤祠因纪念对开凿和完善灵渠有功的秦监御史禄、汉伏波将军马援、唐桂管都防御观察使李渤与刺史鱼孟威而得名。清代太平军攻占兴安，祠庙被毁，如今所见的四贤祠是1985年重建的。四贤祠灰瓦白墙，保留了桂北传统的建筑风格。祠旁立有清乾隆五十六年（1791年）桂林知府查淳榜书"湘漓分派"碑。正门口有一棵重阳树，将靠在树身一旁的石碑横吞入1/3，呈现出"古树吞碑"的奇景。

图6　四贤祠（戴吾三　摄）

图7　"湘漓分派"碑（戴吾三　摄）

6. 泄水天平

泄水天平是灵渠的一种溢流设施，主要起排洪作用。南北渠共有泄水天平三处，其中南渠两处，北渠一处。南渠第一处泄水天平位于南陡以下约900米处的秦堤。当洪水暴涨，大小天平坝的泄洪能力不足时，洪水涌进渠道；当渠中水位超过泄水天平坝顶时，就自然再次分洪，泄入湘江故道，使兴安县城免受洪灾。

图8 泄水天平（戴吾三 摄）

三、科技特点

自古以来，灵渠的修建和维护体现了古人的智慧和技巧，也蕴含着科学原理，主要体现在3个方面。

1. 科学选址

兴安县位于长江水系支流湘江和珠江水系支流漓江间分水岭的最低处。湘江上源的海洋河与漓江支流的始安水距离最近处只有1600多米。从工程量考虑，选择始安水以沟通湘漓水系是比较理想的。然而实际情况是，始安水流量甚小，需以海洋河为源水，而海洋河距始安水最近处的高程比始安水水位低很多，水无法形成自流，必须另外拦河筑坝抬高水位，由此分析，始安水不是最优开渠位置。沿海洋河上溯2.3千米，即今渠首位置，此处虽比始安水水位低，但只需在此修筑一处较低矮的拦河坝，就可将河水水位适当抬高，顺利引湘水入漓江。因此，灵渠的选址是水源、地势、工程量等多因素综合考虑的结果。科学选址使灵渠成为连接两个不同水系、不同地区的杰出实例。

图9　灵渠水系总览图。灵渠博物院存

2. 弯道代闸

以弯道代闸是中国古代运河工程中的一个杰出创造，这一原理在灵渠的航道设计上有充分体现。以北渠为例，经大小天平坝拦截湘江之水后可以把水位抬高4米左右，虽然水位在高程上与漓江相同，但却与湘江故道产生了一个较大的高度差，若令北渠与湘江故道等长或用距离最短的直线河道连接，则会因为坡度过大导致水

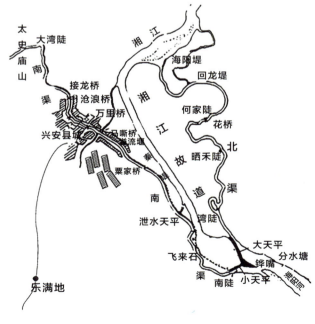

图10　灵渠北渠弯道示意图。灵渠博物院存

科技遗产 古代 中国

124

Chinese Heritage of
Pre-modern
Science and
Technology

流过快，这不仅不能满足航运之需，也会使引入南渠的流量变小甚至断流。因此，古人在北渠渠线设计了两个180度的大弯，渠道增加长度3500多米，这样能有效地平缓坡降，也使水流速度大大减缓，使河道适合航运。这一原理在南渠的许多地段也有使用。在船闸系统尚未发明之前，人们便已有利用弯道来降低流速的构思，使得运河在高度差较大的山区也能正常运转。而灵渠则成为世界上运用这一概念并全方位实践的最早实例，也是世界上古代运河至今仍实存的孤例。

3. 陡门

陡门又称斗门，是建于灵渠的南渠、北渠，用于壅高水位、蓄水行舟、控制渠水蓄泄，具有船闸作用的建筑物。陡是用加工后的巨型条石在渠道水浅流急处的两侧砌筑的两个墩台，形状有半圆形、半椭圆形、圆角长方形、梯形、蚌壳形、月牙形、扇形等，其中以半圆形居多。陡门的过水宽度为5.5~5.9米，两陡之间距离视渠段情况而定，近的约60米，远的达2000多米。

目前，大多数研究者认为陡门是由李渤创建的。据唐代鱼孟威《桂州重修灵渠记》所载"陡防尽坏""仍增旧迹"等文字判断，灵渠在李渤修渠之前就已经设有陡门，李渤只是重建了陡门。李渤创造了著名的"陡其门以级直注"的治理陡渠理论，用陡门蓄积水流，创造阶梯形的深厚水体，使浅水变为深水，满足过

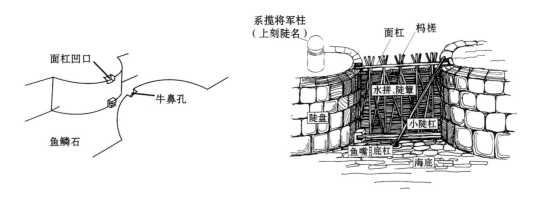

图11　陡门结构与功能示意图。灵渠博物院存

注：陡门的使用方法如下。关陡时先将小陡杠的下端插入陡门一侧石孔内，上端倾斜地嵌入陡门另一侧石墩的槽口中；再以底杠的一端置于陡盘下方的鱼嘴上，另一端架在小陡杠下端；再架上面杠，然后将枊槎置于陡杠上，最后铺上水拼、陡簟，即堵塞了陡门。当水位增高过船时，将小陡杠敲出槽口，堵陡各物即借水力自行打开。

往船只吃水深度的要求。同时，陡门使陡斜的水面转变为阶状水面，把急流变为缓流，以利船舶上下航行。

伍镇基在《解读古灵渠之谜》一书中，详细论述了东汉马援"节陡门"的妙用。马援注意到湘江上源的海洋河在枯水期时流量不能满足两渠之用，因此要节约航船用水，等距离布置渠道的节点，等距离设陡，使上节渠水供下节渠段使用，一节渠段之水，节节可依次应用，达到一水重复利用。"节陡门"的创造不仅解决了海洋河枯水期流量不足导致两渠无法通航的难题，也解决了北渠流速过快影响航运的难题。

陡门的出现使灵渠实现季节性平稳航运和灌溉所需的用水平衡，满足了人们顺利航行之需，恢复了中国南北水系通航运输，对当时社会的经济繁荣、物流畅通、民众往来都起到了重要作用。

四、研究保护

进入20世纪，灵渠逐渐受到国内外学者和有关组织的关注。1911年，法国的拉丕克在《兴安运河记》中记载了法国神父雷诺氏根据中国有关书籍考证的灵渠建造历史，并以短文的形式发表在《中国文回声》上。

1938年，扬子江水利委员会为开发湘桂运河，组织水工、水文、航运等领域的专家对湘江、灵渠、漓江进行大规模的科学考察，制定了灵渠扩建方案，编写的《灵渠测勘报告》刊于《扬子江水利委员会季刊》第三卷。

中华人民共和国成立后，对灵渠的保护进入新阶段。1953年冬，兴安县水利局组织疏通了南渠南陡至大湾陡一段渠道，重修了飞来石旁秦堤一道，长约30米，大小天平坝下增砌消力坎一道，长约470米，同时砌直了大小天平坝跌水线。

1985年，广西壮族自治区水利厅组织桂林水利电力设计院、桂林水电建筑工程处考察灵渠，勘探了灵渠枢纽工程、测量渠道纵横断面和流量。同年8月，广西壮族自治区水利厅、广西水利学会水利史研究会组织区内地质、水文、水工、航运、历史、考古、文学等方面专家组成综合考察队，多学科综合考察灵渠，后来汇编成《灵渠考察文集》。

1988年7月，广西壮族自治区水利电力厅委托广西大学土木系、桂林地区水电局和兴安县水电局共同承担灵渠枢纽水流状况模型试验研究工作，形成科研成果《灵渠枢纽水流状况试验研究报告》。

进入21世纪，灵渠迎来了保护和开发的新时代。2007年6月，国际古迹遗址理事会世界遗产评估报告员、保护规划与建筑师尤嘎·尤基莱托博士和时任国际古迹遗址理事会副主席郭旗到灵渠考察，灵渠申请世界文化遗产之路就此拉开序幕。2007年6月，兴安县灵渠历史文化研究会成立，标志着灵渠研究从此进入了有组织、有计划、有目标、有阵地的新阶段。2018年4月，由中国水利学会水利史研究会主办的全国"灵渠保护与申遗暨水利遗产保护利用学术论坛"在兴安县召开。

近几十年来，关于灵渠研究与保护已形成诸多成果，主要集中在以下三方面。

1. 相关历史资料整理

1982年，唐兆民著《灵渠文献粹编》，从源流、凿渠、修渠与用渠等多个角度入手，将先秦至民国时期的灵渠资料进行了汇编与考订。2008年，伍镇基著《解读古灵渠之谜》，对沟通中国南北水系的灵渠工程做了详细论证，从灵渠始建到不断完善和最终成形做了详细记载。2010年，刘建新著《灵渠》，系统介绍了灵渠开凿背景、工程概貌、风景名胜、历史作用和文化。2014年，刘仲桂、刘建新、蒋官员等编著《灵渠》，通过严谨的考据，从工程、功用、文化、人物、审美等方面全方位地解读灵渠。

2. 水利工程研究

1985年，广西壮族自治区水利电力厅和广西水利学会水利史研究会组织对灵渠进行考察，编撰了《灵渠考察文集》。1985年，工程师郑连第发表《灵渠工程及其演进》一文，从渠首、渠道、工程建筑、灵渠的古代形态等方面对灵渠工程进行描述，并按时间顺序将水利工程分为三个阶段。2003年，燕柳斌、刘仲桂等人发表《灵渠工程的功能分析与研究》一文，利用工程价值原理对灵渠的历史、现状、未来进行功能分析与研究。2014年，刁树广发表《灵渠水利工程技术探索》一文，揭示了其隐蔽的工程技术以及规划、坝址选择合理等技术特点。

3. 修缮与管理

1986年，黄继聪发表《今日灵渠》，介绍了中华人民共和国成立以来灵渠的整修情况，对中华人民共和国成立后到20世纪80年代水利水电部门、文物部门、城建部门向灵渠的投资情况进行了汇总。2013年，李都安在《科学理解运河文化内涵 合理推进灵渠遗址保护》文中，分析灵渠尚存的问题，提出保护灵渠遗址应从政府投入、推进堤堰还原等方面解决。2014年，刘立志等人在《我国灵渠工程秦堤段病害现状及原因研究》文中，通过对灵渠工程秦堤段的现状进行调查，对各结构的病害现象进行原因分析，为灵渠秦堤的修复、防护设计提供了详细的理论依据。

五、遗产价值

灵渠是世界上首个山区越岭运河，是全世界现存早期运河的珍贵实例，是人类历史上较早使用人工运河连接两个不同水系的实践之一。灵渠的开凿从选址、

图12　今日灵渠已不再通航，但渠水仍为当地民众所用（戴吾三　摄）

规划、设计上都反映出即使在自然地形、水文条件限制的状况下，古代先民在运河修建方面也取得了一定的技术成就，是中国古代运河水利工程的代表作。

灵渠古老的闸门结构使灵渠的陡门成为现代船闸的鼻祖；弯道代闸原理体现了古人在航运技术方面创造性的智慧；科学的选址用最小的工程体量，完成了人类历史上最早使用人工运河连接两个不同水系的实践。1986年，世界大坝委员会组织全球60多位专家学者到灵渠考察，称赞"灵渠是世界古代水利建筑的明珠，陡门是世界船闸之父"。2018年，桂林兴安灵渠被国际灌溉排水委员会列入世界灌溉工程遗产名录。

1988年，灵渠被国务院公布为第三批全国重点文物保护单位；2006年，秦城遗址被列为第六批全国重点文物保护单位，灵渠的历史人文价值得到进一步提升。

2017年，灵渠水利风景区被列入第十七批国家水利风景区名单。灵渠景观在经历了两千多年的风雨岁月后依旧散发着无穷的魅力。

参考文献

［1］唐兆民.灵渠文献粹编［M］.北京：中华书局，1982.

［2］郑连第.灵渠工程史略［M］.北京：水利电力出版社，1986.

［3］伍镇基.解读古灵渠之谜［M］.北京：中国水利水电出版社，2008.

［4］兴安县地方志编纂委员会.灵渠志［M］.南宁：广西人民出版社，2010.

［5］刘仲贵.灵渠［M］.南宁：广西科学技术出版社，2014.

（李德馨　张学渝）

新疆吐鲁番坎儿井

——井渠结合的地下自流灌溉工程

坎儿井是中国历史悠久且极具地域特色的水利灌溉系统，在新疆尤以吐鲁番地区分布最为集中。现有考古研究证实，吐鲁番坎儿井至少拥有600年以上的历史，这是新疆各族人民为适应极度干旱和高蒸发量条件而创建的引出浅层地下水进行灌溉的古代水利工程。

吐鲁番人民对坎儿井有着深厚的情感，在长期发展中也逐渐形成了独特的坎儿井文化习俗，其中有的成为国家级非物质文化遗产代表性项目。

图1　新疆坎儿井构建起纵横千里的地下水渠，是新疆绿洲农业的生命线（张学渝　摄）

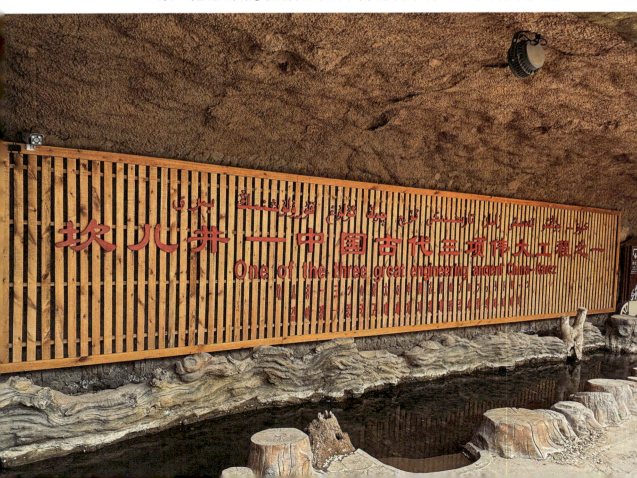

科 古 中
技 代 国
遗
产

130

Chinese Heritage of
Pre-modern
Science and
Technology

一、历史沿革

汉代，西北地区已出现井渠灌溉田地。汉司马迁《史记·河渠书》记载，汉武帝元朔、元狩年间（公元前128—前117年）派万余人穿凿了从地下穿过七里宽的商颜山的龙首渠，这是中国历史上第一条地下水渠。"发卒万人穿渠，自征引洛水至商颜下。岸善崩，乃凿井，深者四十余丈，往往为井，井下相通行水。水隤以绝商颜，东至山领十余里间。""作之十余岁，渠颇通，犹未得其饶。"《汉书·西域传》载，汉昭帝年间羌将军辛武贤率兵万余人在敦煌穿凿卑鞮侯井。有学者认为，龙首渠和卑鞮侯井是新疆坎儿井的雏形。《史记·大宛列传》云："宛（今乌兹别克斯坦费尔干纳盆地）王城中无井，皆汲城外流水。"又云："闻宛城新得秦人（汉人），知穿井。"表明穿井之法为汉人所掌握，西域未得其法。

唐代时，西北地区出现坎儿井的记载。唐代杜佑《通典》描述了当时人们利

图2　吐鲁番是古今丝绸之路上的重要交通枢纽，复原的唐代交河驿马帮再现了历史的繁华（张学渝　摄）

用"潜通"的井来御敌的办法。唐光启元年（885年）《沙州伊州地志残卷》纳职县条：
"城北泉，去县廿里，在坎下涌出，成湍流入蒲昌海也。"文中的"坎"即坎儿井。
另外，后世在吐鲁番出土的唐代汉文和回鹘文文书中，有一些专门用于挖坎儿井
的工具的名称。在唐代文书中，还有"水窗""掏拓所"等与坎儿井有关的名称。

元代王祯《农书》也有类似关于"潜通"工程的描述："大可下润于千顷，高
可飞流于百尺；架之则远达，穴之则潜通。世间无不救之田。"他也清楚地提到
坎儿井："凡临坎井或积水渊潭，可用（卫转筒车）浇灌园圃，胜于人力汲引。"

至明代，新疆坎儿井已有实物留存。我国现存最古老的坎儿井位于吐鲁番市
恰特卡勒乡庄子村的吐尔坎儿孜，于正德十五年（1520年）挖成，全长3.5千米，
日水量可浇地20亩。

清代是新疆坎儿井发展的重要时期，我国现存坎儿井多为清代以来所修建。
林则徐与左宗棠是清代大规模兴修坎儿井的两位重要人物。道光二十二年（1842
年），林则徐被贬新疆，协办垦务。道光二十五年（1845年），林则徐亲历南疆库
车、阿克苏、叶尔羌等地勘察，所至之处，倡导水利，辟土屯田。林则徐在吐
鲁番发现当地的"卡井"能引水横流，由南至北，渐引渐高，使水从地下穿穴而
行。经过研究和改造，将其更名为"坎井"，并推而广之。自此，坎儿井数量猛
增，把吐鲁番、伊拉里克地区等大片荒野浇灌成沃土。光绪六年（1880年），左
宗棠平定新疆阿古柏叛乱后，组织军民大兴水利，在吐鲁番掏挖坎儿井近200处，
在鄯善、库车、哈密等都新建了坎儿井，并进一步将水利工程扩展到天山北的奇
台、阜康、巴里坤和昆仑山北麓皮山等地。光绪三十一年（1905年），哈密回王
雇吐鲁番坎匠在自己的领地掏挖坎儿井。

民国初，新疆水利会勘察全疆水利，重点对吐鲁番、鄯善等地进行规划，提
出掏挖新井和改造旧井的计划。吐鲁番的坎儿井普查结果为"河水居其三，坎水
居其七"。

中华人民共和国成立后，新疆又新建多处坎儿井。特别是1957—1958年，
当时各公社（乡）均有挖坎专业队，全面对坎儿井进行捞泥、维修、延伸，保证
坎儿井出水量逐年增加。

1962年，新疆共有坎儿井约1700条，总流量约为26立方米/秒，灌溉面积
约50万亩。大多数坎儿井分布在吐鲁番地区和哈密盆地。

20世纪70年代后，吐鲁番大规模、有组织的坎儿井开挖活动因机井技术的
推广而基本停止，仅部分村镇仍在开凿，但坎儿井仍在农业灌溉和生态维护方面
发挥着巨大作用。

二、遗产看点

坎儿井由竖井、暗渠、明渠和涝坝4个部分组成，属于线性文化遗产。为了更好地提升公众对坎儿井地下引水灌溉工程的认知，自1993年以来，吐鲁番先后建立了5个坎儿井主题旅游景区，集中展示坎儿井的历史、结构及文化。分别是：坎儿井乐园（AAAA级），位于高昌区亚尔镇亚尔村，是吐鲁番年代最久远的坎儿井景区，于1993年5月正式对外开放，有英坎儿井、米依木·巴依坎儿井和珀斯泰克坎儿井流过；坎儿井民俗园（AAAA级），位于高昌区亚尔镇新城西门村，建于2000年，有新城西门坎儿井流过；交河驿·坎儿井源景区（AAA级），位于高昌区坎儿井北路8号，建于2017年，有可其克坎儿井流过；坎儿井传承区（AAA级），位于高昌区亚尔镇上湖村五道林，建于2017年，有五道林坎儿井和嘎斯勒·阿吉坎儿井流过；尚林苑坎儿井生态园，距离坎儿井传承区90米，原名尚林苑旅游生态园，建于2019年，有五道林坎儿井流过。

1. 坎儿井竖井

坎儿井竖井是坎儿井地面与地下暗渠的连接通道，而并非普通水井的提水通道。交河驿·坎儿井源景区内清晰展示了坎儿井竖井的内外结构。该井名为可其克坎儿井，又称小坎儿井，距今已有300多年历史，全长4千米，是吐鲁番最深的坎儿井，景区内有电梯供参观者下达地下60米深处参观。地

图3 维护良好的古坎儿井竖井口，辘轳是掏挖竖井时的运输工具。竖井口在大漠风沙中被淹没在茫茫戈壁滩上（张学渝 摄）

下空间展示了坎儿井掏挖、竖井口、暗渠、明渠、涝坝、定向技术等场景。参观者经过地面竖井口，向下步行到电梯厅，再由电梯径直到达坎儿井地下空间，仿佛经历了坎儿井从地面逐渐向地下掏挖的过程。

2. 坎儿井暗渠

暗渠是坎儿井的主体，为输水通道。坎儿井乐园内有坎儿井原址暗渠展示区。参观者从园中的坎儿井博物馆进入，沿着博物馆大厅内的一个螺旋式下降通道，来到地下约10米深的坎儿井暗渠展示区。这里属于米依木·巴依坎儿井下游段暗渠。米依木·巴依坎儿井开挖于1720年，竖井总数440眼，首部井深75米，总长1.1千米，属吐鲁番最长的有水坎儿井，出水量约为549.35万立方米／每秒，控灌面积3684亩（2022年）。展示区的暗渠长100米，有钢化玻璃覆盖的暗渠段、未覆盖的原貌段、四个竖井与暗渠断面体验点和暗渠出水口——龙口。参观者可走在透明的钢化玻璃上，暗渠凉爽舒适，脚下流水潺潺，感受地面与地下的"水火两重天"。

(a)　　　　　　　　　　　　　　　　　　　　　　(b)

图4　米依木·巴依坎儿井暗渠的水缓缓流淌，过了龙口就是明渠段（张学渝　摄）

3. 坎儿井明渠

从龙口出来的输水道叫作明渠，井水顺着明渠输入灌溉地、供水地或涝坝。坎儿井民俗园新城西门坎儿井、坎儿井传承区五道林坎儿井和嘎斯勒·阿吉坎儿井的明渠于林间穿过。

图5　两旁种有树木的坎儿井明渠（张学渝　摄）

中国 古代 科技 遗产

134

Chinese Heritage of
Pre-modern
Science and
Technology

4. 坎儿井涝坝

涝坝，又称蓄水池，用以调节灌溉水量，缩短灌溉时间，减少输水损失。涝坝面积不等，以600~1300平方米为多，水深在1.5~2米。涝坝一般建在村庄或农田附近。

图6　坎儿井涝坝形成凉爽宜人的小气候（张学渝　摄）

5. 葡萄园及晾房

吐鲁番盆地优越的光热条件、独特的气候以及坎儿井持续稳定的供水，为瓜果蔬菜提供了得天独厚的生长条件，让吐鲁番成为名副其实的"瓜果之乡"。吐鲁番是中国重点葡萄生产基地，全国95%的葡萄干出自这里。家家户户房前屋后都搭有葡萄架。景区内均建有葡萄园，炎炎夏日，葡萄长势旺盛，沙漠上热浪滚滚，明渠涝坝边上凉风习习，葡萄藤下绿荫宜人，呈现出一幅别样的绿洲灌溉农业风景图。

图7　吐鲁番地区专用于葡萄干晾晒的晾房（张学渝　摄）

三、科技特点

吐鲁番属于典型的温带大陆性气候，年降水量只有16毫米，年蒸发量却可达3000毫米，被誉为中国的"干极"；全年高于35℃的炎热日在100天以上，夏季地表温度最高有过82.3℃的纪录，且大风频繁，有"火洲""风库"之称。这种气候使得吐鲁番地面径流极度缺乏。当地人对水的追寻由地面转向了地下，坎儿井灌溉出了古今吐鲁番的绿洲农业文明。

1. 选址因势利导

坎儿井集水出水的原理，体现出中国古人因势利导的选址智慧。

吐鲁番盆地是新疆天山东部南坡的一个北高南低、西宽东窄的不对称盆地。吐鲁番市位于盆地西部中央，北部博格达山和西部喀拉乌成山终年积雪、冰川覆盖，盆地内最高点博格达峰和最低点艾丁湖的海拔落差达5599米。来自西北部高山的冰川融水和降雨补给所形成的14条河流流出山口后，进入深厚的砾石戈壁层时大多数渗入地下，形成地下水。

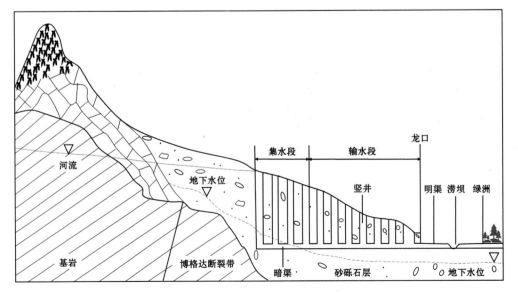

图8 坎儿井纵剖面示意图

注：图像源自邢义川等《坎儿井地下水资源涵养与保护技术》，黄河水利出版社，2015年。

科技遗产 古代 中国

136

Chinese Heritage of
Pre-modern
Science and
Technology

吐鲁番盆地北高南低的地势和丰富的地下水，让坎儿井能够利用地形高差形成自流井。因此，坎儿井开挖的第一件事就是反向利用这种地势，找到集水源头。通常来说，山脉南麓含水的砾石层是坎儿井最理想的集水源头。工匠根据经验判断地下水流向的方向，寻找集水源头。接着开挖试验井，以确定水源的深度和富含水层的范围，从而确定暗渠的坡度和深度。这口井被称为"母井"。

2. 掏挖科学合理

古代掏挖坎儿井全凭人力和畜力，利用工具和简单机械完成，遵循"先明后暗"或"先井后渠"的掏挖顺序。

首先，定井口挖竖井。以"母井"为参照，沿水线走向从上游向下游，以三点为一线的原理定位和挖其他竖井口，竖井与竖井间距一般为30~70米。一条坎儿井暗渠有一个到几百个竖井。竖井口的形状有长方形、圆形、椭圆形三种，绝大多数采用长方形，长110~130厘米，宽50~60厘米。根据暗渠的坡度和深度决定竖井的井深，最后一个竖井井深1米左右。

接着，根据灌溉地和人们居住地的位置确定龙口、涝坝和明渠。

最后，掏挖暗渠。由明渠向上游第一口竖井开始掏挖暗渠，直到跟"母井"挖通为止。这些作业是在无水情况下进行的，所以称"旱活"；挖到最后一眼竖井"母井"后，就与"水活"相接通。掏挖暗渠最辛苦，通常暗渠高只有1~1.5

(a)   (b)

图9　坎儿井的掏挖十分艰辛，工匠在黝黑狭窄的空间里跪着掏挖暗渠（张学渝　摄）

米，宽1米左右，工匠只能弯着腰或蹲着，无法站起来。一条长3~5千米的坎儿井，工期短则3~5年，长则5~8年。由于"旱活"所在地层的土质为钙质黏性土，非常坚硬，因此暗渠能长时间不坍塌。但"水活"经常发生事故，且是在寒冷的冰川融水中工作，十分危险与艰苦。

3. 定向简单有效

掏挖坎儿井时多个地方需用到定向技术，如竖井口定向、竖井井深定向、暗渠定向等。在没有现代仪器的辅助下，工匠们灵活运用三点一线的原理进行定向。

地面竖井口定位技术。"母井"不仅确定了水源的位置和井深，还确定了其他竖井井口的方向。长方形长边方向与水线一致，表示南北，短边则表示东西。寻找新竖井口的工匠以"母井"为基准，在适当距离用目测或拉绳的方式，与站在"母井"的工匠以手势确认位置后，再按照"母井"井口的尺寸确定新井口即可。

地下暗渠定向技术。如何确保两条竖井相向开挖的暗渠尽量直且能相通？工匠会用木棍和油灯定向。木棍定向法即在相邻两个竖井的正中间，井口之上，各悬挂一条井绳，井绳上绑上一头削尖的横木棍，调整两个木棍的高度并相向而指；再按相同方法在竖井内悬上木棍，绳子的长度表示了掏挖井深，木棍的方向表明了掏挖方向，井内的工匠按木棍所指的方向掏挖就可以。油灯定向法即在相

(a)

(b)

图10　地面竖井口定向时工匠远距离的确认手势（张学渝　摄）

图 11　坎儿井传承区展示的木棍定向法剖面场景，木棍定向法能让两口竖井内作业的工匠相向平直掏挖（张学渝 摄）

邻的两个竖井内工作的工匠，各自将油灯放在身后悬挂，灯—工匠身体—身体影子3个点构成1条线，工匠一直沿着影子挖就可以挖通。

四、研究保护

自20世纪以来，新疆坎儿井不断受到国内外学者的关注，形成了有关新疆坎儿井研究的三大主题：新疆坎儿井技术来源、新疆坎儿井本体保护和利用、新疆坎儿井相关的文化研究与传承。

新疆坎儿井技术来源问题，先后形成有代表性的三种观点。一为"西来说"。20世纪初起，有西方学者将新疆坎儿井与伊朗（波斯）坎儿井对比，提出新疆坎儿井源于波斯。美国学者亨廷顿（Huntington E.）、法国学者伯希和（Paul Pelliot）、英国学者斯坦因（Marc Aurel Stein）和美国学者葛德石（Gressey G.B.）等人持这种观点。此后，有西方学者为波斯坎儿井技术向外传播和扩散寻找证据。在这个过程中，中外学者注意到不同国家和地区的坎儿井在技术事实上存在差别。二为"内地说"。王国维在《西域井渠考》中提出坎儿井源于汉代陕西关中井渠。后来，王鹤亭、黄文房、钱伯泉、钟兴麒、储怀贞、李久昌等人列举证据支持这一观点。三为"本地说"。钱云、张席儒、阿里木·尼亚孜、尼亚孜·克力木、何治民等人持这一观点，强调新疆当地人民对井渠的"用"，是特有的"用"催生了坎儿井。还有学者认为是新疆融合其他地区技术产生了坎儿井，这可视为"本地说"的一种衍生版。

有关新疆坎儿井本体保护和利用问题。1963年，韩承玉在《吐鲁番盆地的坎儿井》一文中从吐鲁番的环境气候论证了坎儿井存在的合理性。1993年，钟兴麒和储怀贞撰《吐鲁番坎儿井》，这是我国第一部研究吐鲁番坎儿井的学术性著作。2013年，肉克亚古丽·马合木提发表《谈吐鲁番坎儿井文化遗产的保护》，从文物保护角度提出对吐鲁番坎儿井的保护思考。2015年，邢义川等在《坎儿井地下水资源涵养与保护技术》中，详细讨论了新疆坎儿井的水资源保护问题。

有关新疆坎儿井的相关文化研究与保护传承问题。2006年，金善基在其硕士论文《新疆维吾尔族的坎儿井文化》中详细阐述了坎儿井的农耕文化。2012年，崔峰、王思明等在《新疆坎儿井的农业文化遗产价值及其保护利用》中提出新疆坎儿井的保护思路。2017年，翟源静在《新疆坎儿井传统技艺研究与传承》中，深入研究坎儿井传统技艺的各种价值，并提出传承的思路。

与此同时，各级政府也不断加大对新疆坎儿井的保护、研究和宣传力度。1991年，新疆维吾尔自治区坎儿井研究会成立。1993年，吐鲁番坎儿井乐园对外开放。2003年，新疆维吾尔自治区水利厅完成了对全疆坎儿井的系统普查，首次为每条坎儿井建立了翔实的档案。2006年9月，《新疆维吾尔自治区坎儿井保护条例》颁布，成为保护坎儿井的法律依据。2009年至今，国家文物保护专项资金先后投入约9537万元，在吐鲁番市实施7期坎儿井保护工程，加固维修坎儿井165条，加固竖井口15002个，掏捞明渠、暗渠近759.38千米。2021年10月，坎儿井地下水利工程被列入国家文物局的《大遗址保护利用"十四五"专项规划》。

五、遗产价值

新疆吐鲁番坎儿井是历代新疆劳动人民利用天时和地利所形成的井渠结合的地下自流灌溉工程，体现了一种利用自然、因地因势利导的生态观，孕育出灿烂的绿洲农业文化，是历代新疆劳动人民智慧的见证，蕴含了丰富的历史价值、科学价值、旅游价值和生产价值。

2006年，坎儿井地下水利工程被国务院公布为第六批全国重点文物保护单位。

2006年，传统音乐"新疆维吾尔木卡姆艺术（十二木卡姆）"入选第一批国家级非物质文化遗产代表性项目名录，其中第四部《恰尔朵木》以歌舞诵唱的形式完整地表现了戈壁滩上坎儿井的掏挖过程。

2006年，吐鲁番市坎儿井水利风景区被水利部公布为第六批国家水利风景区。

2012年，吐鲁番地区坎儿井入选《中国世界文化遗产预备名单》。

2014年，坎儿井开凿技艺被列入第四批国家级非物质文化遗产代表性项目名录。

2024年，吐鲁番坎儿井入选《世界灌溉工程遗产中国候选工程名单》。同年9月，第11批世界灌溉工程遗产名录公布，吐鲁番坎儿井成功入选。

参考文献

［1］钟兴麒，储怀贞.吐鲁番坎儿井［M］.乌鲁木齐：新疆大学出版社，1993.

［2］新疆维吾尔自治区文物局.新疆坎儿井［M］.北京：科学出版社，2006.

［3］邢义川，张爱军，王力，等.坎儿井地下水资源涵养与保护技术［M］.郑州：黄河水利出版社，2015.

［4］周魁一.中国科学技术史：水利卷［M］.北京：科学出版社，2016.

［5］翟源静.新疆坎儿井传统技艺研究与传承［M］.合肥：安徽科学技术出版社，2017.

（张学渝）

红河哈尼梯田

——哈尼族人世代留下的杰作

红河哈尼梯田主要分布在云南省红河哈尼族彝族自治州元阳、红河、绿春、金平四县，是红河南岸哀牢山脉以哈尼族为主，汉、苗、彝、壮、瑶、傣世居民族利用当地"一山分四季，十里不同天"的地理气候条件创造的农耕文明奇观。

2013年6月，位于元阳县的红河哈尼梯田文化景观入选《世界遗产名录》，成为中国第45处世界遗产。这是我国第一个以民族命名的世界遗产，也是我国第一个以农耕文化为主题的世界遗产。

图1　晨曦中的哈尼梯田（张学渝　摄）

一、历史沿革

　　学术界依据汉文史料、民族学田野调查、哈尼族古歌和植物学研究等多种材料，大致形成了对哈尼梯田开垦历史的共识：关于哈尼梯田的历史，有文献依据的记载出现在唐代，距今约1300年；有明确开垦记录的历史记载出现在明代，至今600余年。

　　汉代以前，汉文文献中有关西南耕田的描述，最早见《山海经》："西南黑水之间，有都广之野，后稷葬焉。"又据司马迁《史记》记载："自滇以北君长以什数，邛都最大，此皆魋结，耕田，有邑聚。"

　　唐代，樊绰在《蛮书》中明确记载了云南少数民族的水田、山田："从曲靖州已南，滇池已西，土俗唯业水田……每耕田用三尺犁，格长丈余，两牛相去七八尺，一佃人前牵牛，一佃人持按犁辕，一佃人秉耒。蛮治山田，殊为精好。"《蛮书》成为后人判断哈尼梯田形成有史记载的最早依据。

　　宋代，文献中正式出现"梯田"之名。范成大《骖鸾录》记载了袁州（今属江西）的梯田："出庙三十里至仰山，缘山腹，乔松之磴甚危，岭阪上皆禾田，层层而上至顶，名梯田。"如今，元阳县新街镇全福庄村还保留有一块巨大的分水石，据村中的哈尼族人的家谱记载，分水石已有1100多年历史。

　　元代时，文献中出现梯田的开垦方式。见王祯《农书》："梯田：谓梯山为田也……又有山势峻极，不可展足，播殖之际，人则伛偻蚁沿而上，耨土而种，蹑坎而耘。此山田不等，

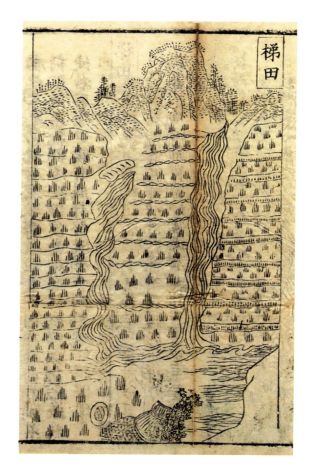

图2　元王祯《农书》中绘的梯田

自下登陟，俱若梯磴，故总日梯田。"

到明代，汉文文献中有了明确的哈尼梯田开垦记录。明洪武年间，有哈尼族人吴蚌颇"率众开辟荒山，众推为长，寻调御安南有功，即以开辟地为一甸，授左能长官司副长官世袭，隶临安"。左能土司衙署位于今红河县宝华镇，左能土司传17代，近600年。这是关于哈尼梯田开垦记录的最早文字记载。民族学调查也揭示了哈尼梯田开垦于明代的结论。1960年左右，关于哈尼族父子连名制的调查发现：当地开垦水田始于29代以前的祖先。以一代20年推算，他们开垦水田的年代大概为580年前，即明朝初期。

清代中期，《临安府志》描绘有哀牢山区哈尼族的梯田耕作情景："依山麓平旷处，开作田园，层层相间，远望如画。至山势峻极，蹑坎而登，有石梯蹬，名曰梯田。水源高者，通以略彴，数里不绝。"临安府治所在今云南建水县，今红河州属于其辖地。

上述文献记载反映了哈尼梯田的历史，可见哈尼族先辈开垦梯田的艰辛。

二、遗产看点

红河哈尼梯田有四个突出特性：

一是范围广。为了更好地保护世界遗产，红河州政府划定出"四域十片区"的梯田重点保护区，即元阳县坝达（箐口）、多依树、勐品（老虎嘴）、牛角寨片区，红河县甲寅、宝华片区，绿春县腊姑、桐株片区，金平县阿得博、马鞍底片区，遗产区内梯田多达4706公顷。二是活态性。红河哈尼梯田是活着的历史。三是立体性。红河哈尼梯田分布区域海拔跨度从200米到3012米，气候垂直变化明显，从低到高包含北热带、南亚热带、中亚热带、南温带、中温带6种气候类型。四是综合性。它是"四素同构"，即森林—村寨—梯田—水系，人工和自然高度和谐作用的结果。

游览红河哈尼梯田，在视野上可以选择全局或局部；在对象上可以选择景、人或物；在参与深度上可以是观看式或参与式。

科技遗产 中国古代

144

Chinese Heritage of
Pre-modern
Science and
Technology

1. 地理地貌的视角

　　将梯田视为一种地理地貌，则可全景式观看人工梯田与自然山体的多种起伏，感受光线、气候的无穷变化。每年12月至来年4月，正值旱季，空气通透，梯田放水后，大片梯田倒映出湛蓝天空；镜面反光现象，连同梯田中不同的微生物，让梯田变得五光十色。这是红河哈尼梯田最为游客称道的景观。

　　属于文化遗产区的梯田全部在元阳县境内。坝达梯田：总面积达1748公顷，

图3　哈尼梯田已成为一种特殊的地理地貌（罗涵　摄）

田块最大面积可达 4200 多平方米，有 3900 多级，海拔为 800~1980 米，以秀美见长，适宜观赏和拍摄云海梯田、日落。多依树梯田：总面积达 1477 公顷，田块最大面积可达 3500 平方米，海拔为 820~1960 米，气势壮美，适宜拍摄日出。勐品（老虎嘴）梯田：总面积达 1481 公顷，田块最大面积可达 2000 平方米，海拔为603~1996 米，地势险峻、气势恢宏，适宜观赏、拍摄日落。

属于缓冲区的梯田分布在元阳、红河、绿春、金平四县。元阳县的牛角寨梯田，总面积达 1178 公顷，海拔 800~2682 米，宜观红梯田和瀑布。红河县有他撒梯田、撒玛坝万亩梯田、杨柳梯田等，其中撒玛坝万亩梯田面积为 933 公顷，有4300 多级，海拔 600~1880 米，是世界上最大的集中连片梯田。站在鲁亏巴底观景台，可将万亩梯田尽收眼底。

2. 农业生产的视角

红河哈尼梯田是山地农耕文明的代表之一。与红河哈尼梯田有关的作物筛选、育种、种植、收获、贮藏，农具制造、使用与保养以及农副产品的加工等各个农业生产环节，都体现了以哈尼族人为代表的梯田开垦者的生产和生活智慧。其部分内容今天在当地的博物馆里展示，更多的体现在当地人的农业生产活动中。游人可以选择农忙时节，走进梯田近距离体验农耕文化，也可以参与农业生产，近距离感受春天嫩绿的秧苗、夏天扬花的稻秆、秋天金黄的稻田。

图 4　插秧时节（张学渝　摄）　　　　图 5　哈尼梯田也兼种其他农作物（张学渝　摄）

科技遗产 古代 中国

146

Chinese Heritage of
Pre-modern
Science and
Technology

3. 农业生活的视角

元阳县和红河县有许多典型的哈尼族传统村寨。可以选择哈尼族传统节日时分，到哈尼族传统村寨体验哈尼族的传统节日文化。例如，二月祭寨神（哈尼语"昂玛突"）、四月开秧门（哈尼语"康俄泼"）、五月关秧门（哈尼语"莫昂那"）、六月节（哈尼语"矻扎扎"）、八月新米节（哈尼语"车拾扎"）和十月年（哈尼语"扎勒特"），这些节日均与农事活动相关，表达农事指导、祈祷和庆祝。其中，二月祭寨神和六月节属于国家级非物质文化遗产代表性项目。

图 6　哈尼族人的新村寨（张学渝　摄）

图 7 哈尼族人对水的利用（张学渝 摄）

三、科技特点

从科技方面分析，哈尼梯田的生态系统蕴含着四大特点。

1. "四素同构"和谐共生

红河哈尼梯田形成了森林—村寨—梯田—水系"四素同构"空间格局。

海拔约 2000 米的阴冷高山区为森林。森林可分为水源林、寨神林、村寨林、用材林和薪炭林等，既可涵养水土为村寨居民提供生活用水，也可提供丰富的佐餐肉食、果蔬、用材、薪柴。

海拔 1400 ~ 2000 米的向阳坡地分布着大小不等的村寨。传统村寨由稻草顶，土木结构的蘑菇房组成，有属于自己村寨的饮用水源地、公共活动空间。

海拔 600 ~ 2000 米的半山区属于梯田区，成百上千级的梯田从村寨边一直延伸至山脚河谷，为居民生存发展提供食物来源。水系由泉水、溪流组成，并在林

科 古 中
技 代 国
遗
产

148

Chinese Heritage of
Pre-modern
Science and
Technology

区汇集，形成"山有多高、水有多高"的水系特征。

低海拔干热河谷区因高温使河水常年蒸发，巨量水汽随着热气团层层上升，到达高海拔的阴冷高山区，遇到冷气团而冷却、凝聚变成浓雾，再形成雨水降落。这种空间结构具有保持水土、调节气候、保障村寨安全、维持系统稳定和系统自净能力等生态功能，同时还具有高度的美学价值。

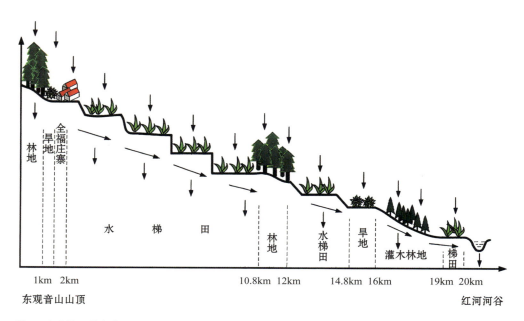

图8　哈尼梯田剖面图

注：图像源自哈尼稻作梯田系统全球重要农业文化遗产申报文本。

2. 新老品种水稻组合种植

现代农学理论认为水稻有两个亚型，即籼稻和粳稻，其特点是籼稻耐热，粳稻耐寒。因此，地方政府和农业科技人员在哈尼族地区引进和推广水稻品种时以粳稻为主。20世

图9　哈尼梯田的特色稻谷——红米（张学渝　摄）

纪50年代，红河县引入常规籼稻良种"南特号"，60年代引入粳稻良种"台北8号""台中31""加南2号"。1971年，上级下达70%的稻田推广粳稻的指令，最后在低海拔河谷区种植获得成功，而高海拔地区种植失败。

现代农学实验证明不少哈尼族传统的籼稻品种在耐寒或抗寒性上要强于一般的粳稻品种，如"月亮谷""红脚老粳""白脚老粳"。

新老水稻品种在耐寒性、产量及种植稳定性方面各有优势，因此目前在红河哈尼梯田实行的是不同品种水稻混合种植原则。

3. 活水粮食种植方法

哈尼梯田形成了独特的活水粮食种植方式，体现在水田种植和水田串灌两方面。

现代农学认为稻田不宜长期淹水，因为这会降低土温、破坏土壤结构、影响稻根深扎，造成土壤通气性差，增加病虫害的发生，最终影响水稻生长。

与之相反，红河哈尼梯田要求一年四季田里都有水。在水稻生育期，也不放干水晒田，只要把田水放浅一点，让阳光晒一下水稻便可。水稻收割以后，当地人迅速做好田埂，犁翻土地，然后迅速放满田水，几个月内不种任何庄稼，哈尼族称这个时期为"养田期"。哈尼族的经验也是吸取了历史教训得来的。

现代农学还认为水稻不宜串灌，理由是串灌不能单独放水、排水，无法满足水稻在不同时期的水层要求，会降低稻田温度，带走稻田养分，传播病虫草害，还会造成水资源浪费。与之相反，哈尼梯田不论级数是多少，长期实行稻田串灌，水从最上的田丘串灌到河谷。

哈尼梯田采用这种方式的原因是哈尼人有"以水为肥"的观念。雨水降到森林，从森林里流出，流经村寨。此时雨水包含了森林里大量的腐殖质等营养元素，又包含了村寨的各种牲畜粪便、生活污水等有机肥料。在一些哈尼族村寨，还有"赶沟"的习惯。每年雨水最多的6—7月，正是水稻拔节抽穗、梯田需肥较多的时候，村寨里的男女老少一起，把可以作为肥料的物质注入梯田，这被称为"赶沟"。

4. 坡地耕种保持水土

哈尼梯田大多分布于坡度超过26度的山坡上。从现代科技角度出发，为了保持水土，坡度超过6度即有发生土壤侵蚀的危险，低于15度的坡适宜耕地，15度至25度坡地常用来栽果树或经济林木，25度以上坡地为林、牧混合利用，35度以上则为难利用地。

　　哈尼族对梯田农业生产的基本经验为：房子盖了住百年，大田挖了吃千年。哈尼族的山坡可以从事水稻生产，也可以种植旱地荞子、玉米。千百年的基本事实是：哈尼族聚居地区长期保持了良好的生态环境，并没有造成明显的水土流失。

　　哈尼族的农业生产虽然大量利用山坡，但坡地改造成为梯田后，顺山坡而下的山水便成为梯田中的田水，平静而宽广的梯田大大削弱了水的流速，有效地降低了水力对土壤的侵蚀作用。此外，其将梯田出水口控制在水深的20厘米左右，有利于水中泥沙和有机质的沉淀。

图10　哈尼梯田田埂维护（罗涵　摄）

四、研究保护

　　从20世纪80年代起，红河哈尼梯田越来越受到海内外学界和媒体人的关注，90年代开始出现一些有影响力的摄影和影视作品，法国人阎雷（Yann Layma）是第一个拍摄哈尼梯田的西方摄影师。他拍摄的专题纪录片《山的雕刻家》，先后在五大洲38个国家热映。

哈尼族摄影师罗涵，30多年来一直把目光瞄准哈尼族的历史、文化和生态，累计拍摄了十余万张照片。他精选了600余张照片，于2021年出版《哈尼梯田记》，引起很大反响。

自2000年起，红河州政府把哈尼梯田申请世界遗产当作大事来做，哈尼梯田的保护工作也受到国家和国际组织的重视。学术界也逐渐将哈尼梯田作为研究对象，其研究集中在生态学、文学、哲学、民族学、经济学、管理学等多个领域。

哈尼梯田生态方面的研究有：王清华《梯田文化论：哈尼族生态农业》（1999年）、角媛梅《哈尼梯田自然与文化景观生态研究》（2009年）、闵庆文等主编的《云南红河哈尼稻作梯田系统》（2015年）、严火其《哈尼人的世界与哈尼人的农业知识》（2015年）、宋维峰等《哈尼梯田——历史现状、生态环境、持续发展》（2016年）。

哈尼梯田相关文学方面的研究有：张红榛《哈尼族四季生产调解读》（2010年）、黄绍文主编的《哈尼梯田民间传说故事集》（2016年）、赵玲《哈尼梯田与文学艺术》（2019年），以及史军超等人翻译整理的哈尼族迁徙史诗《哈尼阿培聪坡坡：哈尼族迁徙史诗》（2016年）。

相关民族学方面的研究有：马翀炜《哈尼梯田与旅游发展》（2019年）关注哈尼梯田成为文化遗产的领域发展问题，马翀炜与张明华合著的《风口箐口：一个哈尼村寨的主客二重奏》（2022年）从"我者"和"他者"的双重视角，揭示了第一批对外开放的哈尼梯田村寨箐口村面对世界文化遗产建设前后的各种问题的不同认识。

此外还有一些围绕哈尼梯田的经济论（张惠君）、婚姻问题（丁桂芳）、民间信仰（郑宇）、哲学思想（李少军，白玉宝）等主题开展的研究。

五、遗产价值

红河哈尼梯田是自然景观和人文景观结合，历史遗迹与当下生活叠加的典范。哈尼梯田充分反映了人对地合理利用、人与自然和谐共处、人与地相互支撑、人与地互为照应，充分体现了其生态价值、人文价值、旅游价值和生产价值。

红河哈尼梯田创造"四素同构"的生态环境，让自然水汽和人工养殖实现了大循环。红河哈尼梯田域内拥有多个自然保护区：金平县的分水岭国家级自然保护区、绿春县的黄连山国家级自然保护区、元阳县的观音山省级自然保护区和红河县的阿姆山省级自然保护区，展示了红河哈尼梯田巨大的生态价值。

衍生于红河哈尼梯田悠久历史的特色鲜明的少数民族文化和传统村落，体现了丰富的人文价值。迄今，红河哈尼梯田区内拥有传统音乐"哈尼族多声部民歌""哈尼哈吧""都玛简收"，民间文学"四季生产调"，传统舞蹈"乐作舞""棕扇舞"，民俗"祭寨神林""矻扎扎节"8项国家级非物质文化遗产代表性项目。红河县的朋洛村、龙车村、坝美村等，元阳县的阿者科村、箐口村、哑口村等，共计25个村寨被列入中国传统村落名录。

红河哈尼梯田也是一个活态遗产，有着重要的农业生产价值。2010年6月，哈尼稻作梯田系统由联合国粮农组织认定为全球重要农业文化遗产。2013年云南红河哈尼稻作梯田系统由农业农村部认定为首批中国重要农业文化遗产。2013年6月，哈尼梯田被列入联合国教科文组织《世界遗产名录》，成为全球第一个以民族命名、以农耕为主题的活态的世界遗产。

红河哈尼梯田也拥有重要的旅游价值。2013年，云南红河哈尼梯田通过国

图 11　世界文化遗产纪念碑石（张学渝　摄）

家试点验收，被国家林业局正式授予"国家湿地公园"称号。2014年，元阳哈尼梯田景区被全国旅游景区质量等级评定委员会评定为国家 AAAA 级旅游景区。2018年，元阳哈尼梯田被生态环境部列入第二批"绿水青山就是金山银山"实践创新基地。

参考文献

［1］严火其.哈尼人的世界与哈尼人的农业知识［M］.北京：科学出版社，2015.

［2］宋维峰，吴锦奎，马建刚.哈尼梯田：历史现状、生态环境、持续发展［M］.北京：科学出版社，2016.

［3］马翀炜，张明华，风口箐口：一个哈尼村寨的主客二重奏［M］.北京：人民出版社，2022.

［4］侯甬坚.红河哈尼梯田形成史调查和推测［J］.南开学报（哲学社会科学版），2007（3）：53-61.

［5］徐福荣.云南元阳哈尼梯田水稻地方品种的遗传多样性研究［D］.南京：南京农业大学，2010.

（张学渝）

湖州桑基鱼塘系统

——世界重要的农业文化遗产之一

　　桑基鱼塘是中国长三角、珠三角地区常见的农业生产模式，是人们为充分利用土地而创造的一种"塘基种桑、桑叶喂蚕、蚕沙养鱼、鱼粪肥塘、塘泥壅桑"高效人工生态系统。其中，"浙江湖州桑基鱼塘系统"是全球重要农业文化遗产之一，目前仍保留有约6万亩桑地和约15万亩鱼塘，是中国传统桑基鱼塘系统最集中、最大且保留最完整的区域，被联合国教科文组织评价为"世间少有美景，良性循环典范"。

图1　湖州市南浔区荻港村的桑基鱼塘，这里紧邻大运河浙东段，河网密布，水系发达（戴吾三　摄）

一、历史沿革

湖州地处太湖南岸，长江三角洲腹地。桑基鱼塘系统在这里兴起，与太湖流域的地理环境、经济条件密不可分。

春秋时期，太湖流域出现了吴国和越国两大强国。吴越相争，都要发展经济，势必要在涝洼之地开垦更多的农田。对多余的水，先疏通、再排出，最终导入太湖。疏通时开挖河渠，挖出的泥土培在河边筑成堤坝。而为了巩固堤坝又种植桑树，桑叶供养蚕之用。

战国时期，太湖流域的水利、围垦、养蚕和养鱼活动，都成为桑基鱼塘兴起的有利因素。

汉初，统治者主张休养生息、减免田租，推动了太湖流域的治水改土。魏晋时期，北方战乱，大量人口南迁，对耕地有了更大需求。太湖流域是三国吴的经济中心，其屯田离不开围田开垦。民众挖河渠、筑堤坝、栽桑护坝，促进了桑基鱼塘农业形成。

唐中期后，中国经济重心南移。此时期的两大水利工程都围绕着太湖地区进行。一是太湖东缘湖堤建成，使太湖的东岸和南岸冲积淤淀出大面积的可垦殖低洼地；二是东南海塘系统的完成，促进了太湖地区屯田的开发。北方战乱和经济重心南移，使沿江和湖滩低洼地成为移民的最佳去处。这一时期，分散的筑堤围田逐步发展成塘浦圩田，高处种桑、塘内养鱼的模式已普遍存在。当野生鱼类不能满足消费需求时，挖塘养鱼，用挖出的土培成基，基上种植、塘内养鱼的模式随之形成。

五代十国时期，吴越王钱镠统治太湖流域，他组织四路"撩浅军"，在原有河道的基础上，每隔五到七里开出南北走向的"纵浦"，每隔七到十里开出东西走向的"横塘"。"纵浦"也称"溇港"，其中，窄河（20米以下）为"溇"，宽河为"港"。当时的人用开挖的泥土，培出堤岸。如此，太湖流域的水网格局——棋盘形的"塘浦制"基本完善。

及至宋代，太湖流域一派桑麻遍野的景象，中国的"四大家鱼"（青鱼、草鱼、鳙鱼、鲢鱼）也都在这时期实现了池塘养殖。两宋时期，丝绸经杭州、宁波港外销，塘鱼的销售也由"鱼行"包揽。在桑和鱼需求量大增的刺激下，桑基鱼塘系统加快成熟。

明代后半叶到清代，随着西方工业革命兴起，资本主义市场在全球扩张。受

科技遗产 古代 中国

156

Chinese Heritage of
Pre-modern
Science and
Technology

海外需求的刺激，中国蚕丝品出口量大增，提升了太湖流域养蚕种桑的积极性。由于种桑养蚕的利润高于种稻，原有的稻田也逐步改建为桑基鱼塘，一时出现了"桑争稻田"的状况。

清代，湖州继续作为中国的产丝中心，也是桑基鱼塘最为集中的地方。

民国时期，国际市场的波动导致蚕桑业起伏。然而，太湖南岸的养鱼业仍旧繁盛。

中华人民共和国成立后，科研工作者于1958—1963年，先后解决了四大家鱼无法在静水中产卵的问题，由此结束了捕捞长江天然鱼苗的历史，为嘉湖平原上的桑基鱼塘带来新的发展活力。改革开放后，太湖沿岸的蚕桑和养鱼业得到新的发展，桑基鱼塘系统的影响力不断扩大。

二、遗产看点

湖州桑基鱼塘系统紧靠太湖南岸，其核心保护区在湖州市南浔区，其中又以和孚镇荻港村为代表。

荻港村因"倚港结村落，荻苇满溪生"而得名，自南宋建村至今，已有千年历史，自古就有"笤溪渔隐"之美名。如今，这里被打造为荻港景区，面积有0.54平方千米，集传统民居、连廊街巷、古堂古寺、石桥河埠、生态湿地、江南民俗和历史名人于一体。这里也保存有完好的桑基鱼塘系统，既可近前细看，也可登高远望。

1. 古村荻港景色美

江南水乡的住和行，与河网、湖荡、桑基鱼塘相融合。历史上，农家院落多以圩田和池塘等环境为核心形成小聚落。在院落数量不多的地方，聚落一般呈散点状分布；随着院落增多，聚落沿河边呈条带形分布；在院落特别多的地方，聚落呈团块形分布。如此自组织形式、由古代村民自主选择建成的村落中，以民居为主，间有商铺，配上古桥、码头，这就形成了江南水乡"小桥、流水、人家"的特有景色。作为江南水乡的典型，荻港村河网密布，石桥多达23座，且形态各异。

图2 获港村——小桥、流水、人家（戴吾三 摄）

图3 获港村小景（戴吾三 摄）

图4 获港村"南苕胜景"（戴吾三 摄）

　　注：南苕胜景建于乾隆年间（1769—1778年），由朱熹后裔朱春阳与章氏望族集资兴建。此处由两大格局组成：一为道教场所，即祖师堂，供奉吕纯阳祖师；二为儒学修业第，即积川书塾，是集儒道为一体的建筑群。1949年后这里一度作为小学。

科技遗产 古代 中国

158

Chinese Heritage of
Pre-modern
Science and
Technology

由于水网纵横，村民外出通常乘船或划自家小船。划船去采桑、赶圩市、走亲访友，就像传统的北方农村骑毛驴或坐马车一样平常。来往于河网、湖荡间的小船为江南水乡平添了韵味。

2. 桑基鱼塘登高看

在获港村水网堤岸的大背景下，绿油油的基上桑树与塘中绿水交错构成美丽的图画。走近看，塘基像一条条小路引向深处，基上两行桑树，桑叶大而油绿，两旁是鱼塘，鱼儿悠闲游水。这里的植物除了青桑，还有苇、荻、蒲、柳等。远看，不时有白鹭从塘边飞起，在蓝天上划出一道道白色弧线。水乡安宁，景色迷人，这样的生态环境，对于北方来客和久居城市的人们来说，很有吸引力。

近年，获港景区建起了一座观测塔，以便游客登高远望桑基鱼塘和古村风貌。塔高41米，造型如蚕茧，在平坦的太湖南岸，这里可谓一处亮眼的地标建筑。乘电梯到塔高处，极目远望，千亩桑基鱼塘铺展开来，如同巨大的绿绒毡上镶嵌了块块宝石，让人赞美不已。

图5　塘基似小路，两旁是鱼塘
（戴吾三　摄）

图6　登上观测塔高处，可眺望桑基鱼塘和大运河（戴吾三　摄）

3. 良习美俗遍蚕花

（a）

（b）

图7　蚕花工艺品（戴吾三　摄）

湖州农家祖祖辈辈以种桑养蚕、鱼稻为业，形成了独特的蚕乡民俗文化，其节庆与习俗更离不开对蚕神的崇拜和对"蚕花"的钟爱。

江南民间把刚出卵壳的幼蚕称作"蚕花"，也有称蚕茧为"蚕花"的。江南养蚕区另有一种妇女头饰也叫"蚕花"：用染成鲜艳颜色的纸、茧或帛做成，供节庆时佩戴。以"蚕花"命名的节庆活动有多种，如接蚕花：年初二，养蚕人家用彩纸做成小花，粘成一个花丛，中间再粘一个元宝，这也称作"蚕花"；轧蚕花：今称"蚕花节"，就是举办蚕花庙会，清明节后第三天进行；扫蚕花地：春节和清明前后，村民进行民间歌舞表演，表演者手持纸做的大桑叶、大蚕，有几分扭秧歌的样子。

蚕花也有多种多样的工艺品，惹人喜爱。

中国古代科技遗产

160

Chinese Heritage of
Pre-modern
Science and
Technology

三、科技特点

湖州桑基鱼塘系统是太湖流域人民利用自然、改造自然的传世杰作。从科技角度看，它的建成和使用体现了中华民族的智慧和巧思。

1. 水利之巧——变泽国为富饶之地

太湖地区是天然的水乡泽国，在人口不多的时代，因气候温暖，有稻鱼之利，先民靠"饭稻羹鱼"，生活并不难。然而随着人口增加，对农田的需求大增。为了应对现实，太湖地区的历代主政者都把水利放在重要的地位。正是一代代先民兴修水利、挖塘培基、栽桑固基，将不宜农业生产的涝洼地改造成基塘系统，才有了锦绣鱼米之乡。

及至明代，越来越多的桑基稻田或稻基鱼塘也改作桑基鱼塘，最终形成了中国面积最大的桑基鱼塘系统。

一个基要经过15年的长期维护才能成型。桑基鱼塘多呈长方形，水域面积

图8　一方桑基鱼塘，天光云影徘徊（戴吾三　摄）

一般在2~4亩不等，大的有十几亩。基的宽度一般为6~10米，基顶离水面1米左右。基上种桑树，塘内养鱼，旱涝保收。

2. 节能之巧——循环生态农业的典范

农家经营桑基鱼塘，首先要年年挖塘里的泥，培到基上。这样做的作用之一是将基和塘面积比例维持在较为合理的4∶6或3∶7。塘基种桑，桑树通过光合作用生产的桑叶再被农户摘来养蚕。蚕沙（蚕粪）和缫丝后留下的蚕蛹，再由农户喂塘内的鱼。基上的杂草也可作鱼饲料。鱼留在塘内的粪便沉在塘泥中，被微生物分解，形成肥力好的塘泥。农户每年挖塘泥培基，施肥于基上的桑树，如此形成一个循环系统。

如此，桑叶饲蚕—蚕沙蚕蛹喂鱼—鱼粪入塘—塘泥肥桑，就形成了良性循环，既节能又少污染，是可持续、种养结合的生态养殖系统，实现了食物链的综合利用。

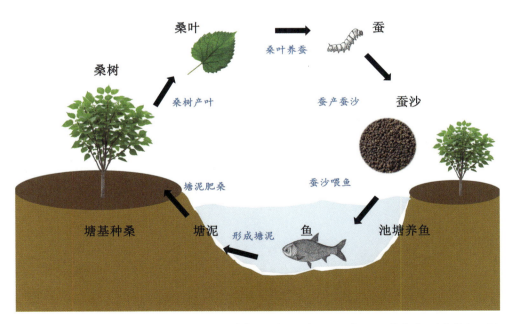

图9　桑基鱼塘系统是良性循环系统、可持续系统（张学渝　绘）

中国古代科技遗产

162

Chinese Heritage of
Pre-modern
Science and
Technology

3. 养桑之巧——桑基鱼塘的管理

桑基鱼塘集中的太湖南岸，是我国经济最为发达的地区之一，其人口密度也高，宋代时已有"浙间无寸土不耕"的说法。在这寸土寸金之地，农民种田像绣花一样，极尽精巧之功。

其一，品种选优。桑基上所种之桑，过去都是"湖桑"，系民间选择形成的地方良种。近几十年，逐步有"湖桑197号"和"农桑14号"。"湖桑197号"品种是原浙江省蚕桑试验场初选的单株，叶质优良。"农桑"系列主要使用湖桑杂交广东桑的方式选育，目的是利用这两个品系的优点育成发芽早、生长势强、叶质好、桑叶硬化迟的新品种。

其二，计划采叶。养春蚕时，蚕在三龄前采嫩桑叶。蚕长大后，一般先采中下部叶片，从下往上采，采叶不能过度，以免影响次年产量。养秋蚕时，9月采桑时保留8~9片叶，10月采桑要保留4~5片叶。采叶留叶柄，以免伤腋芽影响来年产量。

其三，有机熟肥。传统的桑基鱼塘，靠人工罱泥培基，这一过程同时起到施肥作用。近几十年，改用机械泵抽取塘泥培基。当今喂鱼已有专用饲料，蚕沙的用途由传统的喂鱼改为给桑树施肥。

图10　桑基鱼塘管理落实到人（戴吾三　摄）

其四，基上的田间管理。除草与春耕合二为一，深度要求以10厘米为宜。冬耕与施有机肥合二为一，深度以15~17厘米为宜。湖州农家非常勤劳惜时，他们将基上桑树的田间管理等劳作尽量归并，以提高效率。

四、研究保护

湖州的桑基鱼塘系统，在农业生产中一直发挥着重要的作用。近几十年来，其引起了水利史、生态环境史、文化旅游等领域的学者关注和研究。

1. 太湖水利史、圩田史研究

水利史是中国农史研究的重要组成部分，而太湖水利史是中国水利史中具有特色的部分，近几十年来有不少著作和论文。典型如1985年农史专家缪启愉所著《太湖塘浦圩田史研究》，书中主要研究太湖地区塘浦圩田的形成与发展历史，而塘浦圩田与桑基鱼塘的形成密不可分。

2. 生态农业与环境史研究

自20世纪80年代起，桑基鱼塘受到农业生态史、农业环境史和经济史学家的重视。钟功甫、蔡国雄的论文《我国基（田）塘系统生态经济模式——以珠江三角洲和长江三角洲为例》分析研究了桑基鱼塘的科学性，认为桑基鱼塘能够充分利用自然资源和食物链，是低污染、经济效益高的生态农业模式；李伯重在论文《十六、十七世纪江南的生态农业》中，以江南的谭氏农场为例，研究了江南农民将"洼芜"之地的最低处挖为塘，泥土围成高塍、围绕土地，塘中养鱼、地里种植的农业经营方式，结合分析杭、嘉、湖一带的桑基鱼塘，认为江南的基塘农业是时空结构和食物链结构的有机结合；王建革的论文《明代嘉湖地区的桑基鱼塘农业生境》，从人口、技术、动植物市场多种因素互动的角度研究明代嘉湖地区的桑基鱼塘，认为桑基鱼塘是具有世界意义的传统循环生态农业。此类成果还有朱冠楠、李群《明清时期太湖地区的生态养殖系统及其价值研究》等。

科技遗产 古代 中国

164

Chinese Heritage of
Pre-modern
Science and
Technology

3. 湖州桑基鱼塘形成与发展史研究

湖州桑基鱼塘受到国内外生态农业研究者关注，有些农业和农业史研究者开始关注其形成的历史和生态保护功能。这一时期的相关研究成果，有的探讨其起源、发展、兴盛，以及发生的变化和面临的问题，如顾兴国等《太湖南岸桑基鱼塘的起源与演变》、吴怀民等《浙江湖州桑基鱼塘的成因与特征》、李奕仁和沈兴家《桑基鱼塘的兴起与式微——从"处处倚蚕箔，家家下鱼笙"说起》等。叶明儿《湖州桑基鱼塘系统与儒家生态伦理思想》不仅介绍了桑基鱼塘的建成与生产功能，还阐述了其所蕴含的生态伦理思想以及对保护生态环境的作用。

4. 农业遗产、基塘保护与旅游资源开发

近年来，地方政府加大了对桑基鱼塘系统的重视和保护。一是科学规划。湖州市委托浙江大学编制了桑基鱼塘系统保护和发展规划，划定核心保护区、次保护区和一般保护区，并成立了两级政府保护利用领导小组，确保了保护与发展、保护与利用科学有序开展。二是立法保护。2013年10月，湖州市颁布了桑基鱼塘保护区管理办法，通过广泛宣传，为桑基鱼塘的保护利用营造社会环境和法治环境。三是修复保护。在对原生态桑基鱼塘进行修复性保护的同时，充分挖掘其生态循环农业模式的内涵，创建了"果基鱼塘""油基鱼塘""菜基鱼塘""池塘内循环水槽生态流水养殖"等新模式。四是开发生态旅游。如结合养殖、观赏、垂钓等，力求通过"一片鱼池，一片绿"的村庄特色风光，为村民及游客提供融生态景观、商业娱乐、农家乐等于一体的生态环境。

图11　打木桩保护桑基鱼塘（戴吾三　摄）

五、遗产价值

　　湖州桑基鱼塘系统具有丰富的历史价值、文化价值和生态价值。20世纪80年代末，湖州桑基鱼塘系统生态农业与循环经济意义引起联合国粮农组织重视。1992年，联合国教科文组织来华考察后评价湖州桑基鱼塘为"世间罕有美景、良性循环典范"。

　　如今，湖州桑基鱼塘系统已被视作中国乃至世界传统循环生态农业的典范。2014年，"湖州桑基鱼塘系统"入选第二批中国重要农业文化遗产。2017年11月，在意大利罗马举行的全球重要农业文化遗产国际论坛上，"浙江湖州桑基鱼塘系统"正式被联合国粮农组织认定为全球重要农业文化遗产。

图12　荻港景区内"浙江湖州桑基鱼塘系统"碑石（戴吾三　摄）

　　2022年7月，在湖州举行全球重要农业文化遗产大会湖州南浔系列活动。来自22个国家驻华使馆和国际组织驻华机构的33名外宾走进浙江省湖州市南浔区，实地领略"中国江南封面"南浔古镇及全球重要农业文化遗产"浙江湖州桑基鱼塘系统"的魅力。

科技遗产 古代 中国

166

Chinese Heritage of
Pre-modern
Science and
Technology

参考文献

[1] 吴怀民，金勤生，殷益民，等.浙江湖州桑基鱼塘系统的成因与特征[J].蚕业科学，2018，44（6）：947-951.

[2] 朱冠楠，李群.明清时期太湖地区的生态养殖系统及其价值研究[J].中国农史，2014，33（2）：133-141.

[3] 刘镜如，沈世伟.全球重要农业文化遗产湖州桑基鱼塘系统保护与旅游发展研究[J].现代农业，2020（11）：57-60.

[4] 李长健.湖州桑基鱼塘景观形态特征分析与保护利用策略研究[D].杭州：浙江农业大学，2020.

[5] 彭勇强，吴怀民，楼黎静，等.浙江湖州桑基鱼塘系统桑树栽培管理技术[J].蚕桑通报，2021，52（2）：37-38.

（魏露苓）

中国古代
科技遗产

Chinese Heritage of
Pre-modern
Science and
Technology

铜铁技艺

中国古代科技遗产

170

Chinese Heritage of
Pre-modern
Science and
Technology

铜绿山古铜矿遗址

——中国开采时间最早、生产时间最长的矿山

铜绿山古铜矿遗址，位于湖北省大冶市城西南3千米处，遗址规划保护区面积达5.6平方千米，主要包括采矿、冶炼遗址和墓葬区，是迄今我国发现的古铜矿遗址中开采和冶炼延续时间最长、开采规模最大、采冶链最完整、采冶水平最高、保存最完整的一处古铜矿遗址。

1982年，铜绿山古铜矿遗址被列为第二批国家文物重点保护单位。1984年，建成铜绿山古铜矿遗址博物馆。2023年6月，铜绿山古铜矿遗址博物馆新馆落成，新馆与旧馆巧妙连接在一起。

(a)　　　　　　　　　　　　　　　　　　　　　　　　(b)

图1　铜绿山古铜矿遗址博物馆的旧馆（a）与新馆（b）。从新馆入口进入大厅，向左沿台阶至最高处，来到出口，出口与旧馆的遗址大厅巧妙连接（戴吾三　摄）

一、历史沿革

距今3000多年前，商代大兴青铜器，推动了铜矿开采，铜绿山因矿藏丰富，开采兴盛。后来冶铁技术发展，青铜器式微。自汉代始，铜绿山铜矿走向衰败，最后湮没无闻。直到20世纪50年代，中国开展大规模工业化建设，这段隐秘的历史才在地质调查中被逐渐揭开。

1959年初，苏联地质及铜矿专家随地质勘探队来湖北铜绿山矿区调查，认为这里的地质结构属于"矽卡岩型无大矿"。时任湖北地质局总工程师的夏湘蓉坚持不同观点，力主到铜绿山一带进行勘查。地质队进入铜绿山，当钻探到地表下100米时，触及厚达60米的铜铁矿层。

此后几年勘探发现，铜绿山矿区不仅是一座大型铜矿、中型铁矿，也是一座特大型的金矿和中型银矿，矿产资源储量之大、品位之高，在同类金属矿中当属翘楚。

1971年，大冶有色金属公司铜绿山铜铁矿成立，正式投入开采。

1973年秋，工人们在露天开采过程中发现了一些铜矿渣，继续挖掘又发现了一批铜斧、铜锛以及陶罐、木槌、木铲等采矿遗物。最令人惊奇的是其中发掘出13柄铜斧，最大的一个重达3.5千克。这些古代生产工具的发现，让在场的人大为惊讶。随后，最大的铜斧被寄送到中国历史博物馆（国家博物馆前身），请专家鉴定，引起了国家文物部门的重视。很快，铜绿山古铜矿遗址正式进入考古学视野。

1974—1979年，在国家文物局支持下，考古工作者对铜绿山进行了两次大规模发掘，发现了一个面积达2平方千米的古矿区，巷道纵横交错，宛如地下迷宫，包括西周至汉代数百口竖井、斜井、盲井以及百余条平巷等采矿遗迹，还有一批不同时期的开采工具，发掘的炼铜矿渣估计超过40万吨。据专家估算，春秋战国时期，整个中国人口不到2000万，以每家5口人计算，全国约有400万户人家，铜绿山一地所生产的铜，可供当时每家拥有一件青铜器。如此庞大数量的青铜器，可想对当时社会生活的影响有多么巨大。

经同位素测定和相关方法检验，铜绿山古铜矿开采年代始于公元前13世纪的殷小乙时期，其中井巷开采技术大概始于商代中期或中晚期，再经西周、春秋战国，直到西汉，一直延续了1000多年。到西汉时期，伴随着青铜时代的终结，铜绿山古铜矿逐步停止了历时1000多年的开采活动，将耀眼的光芒埋进了历史长河中。

科技遗产 古代 中国

172

Chinese Heritage of
Pre-modern
Science and
Technology

二、遗产看点

铜绿山古铜矿遗址景区既包含博物馆新馆，又有旧馆和考古遗址公园。

1. 博物馆新馆

古铜矿遗址博物馆新馆由中国工程院院士崔恺主持设计，采用大地景观风格，为坡地建筑，新馆建筑上端与古铜矿遗址连为一体，错落起伏的景观视野给人以独特的艺术美感。展厅按"铜山有宝""找矿有方""采矿有道""炼铜有术""青铜有源"五个主题布展，详细记录了大冶青铜文化起源、发展、兴盛的历程，也集中展示了铜绿山古铜矿遗址发现、发掘、保护的过程。

（1）新馆大厅

进入新馆大厅，其空间之大，装饰之特色，让人眼前一亮。迎面是大型壁画，一幅由"炉火不灭""青铜故里""南铜北运""铜助楚兴"四部分组成的铜雕长卷徐徐展开。

图2 铜绿山古铜矿遗址博物馆新馆（戴吾三 摄）　图3 惊世发现——铜斧（戴吾三 摄）

五个展厅均安排在同一侧，层层台阶而上，间隔以平台，以矿道形式向上延伸，屋顶是裸露的钢架，人仿佛置身于巨大的井下巷道中。

（2）惊世发现——铜斧

那把有名的铜斧，论个头不算最大，外形也不特别。但正是1973年采矿时被发现，将它寄送到当时的中国历史博物馆，专家确定了它的身份，随后才有铜绿山古铜矿遗址的正式发掘。如今，这把铜斧从国家博物馆又回到它的出生地，令人多有感慨。

（3）古铜矿巷道复原

考古发掘使古铜矿巷道重现天日，但由于年代久远，巷道叠压，不易看清纵横关系。博物馆对其进行了复原，清楚显示出古铜矿的巷道，有助于人们了解古代采矿技术。

图4　铜绿山春秋时期采矿遗址局部复原（戴吾三　摄）

（4）鼓风炼铜竖炉

在"炼铜有方"展厅，有一件特殊的"国宝"：看上去只是黄泥筑起的一座土炉灶，却凝聚着古代矿冶工匠的智慧。

这是按出土的竖炉做的复原品，炉缸为椭圆形，缸底有"火沟"（防潮沟），炉缸前设有"金门"（排渣、出铜口），炉缸两侧有"鼓风口"。整体上已经基本符合现代鼓风炉的构造。

春秋早期发明和使用的鼓风炉炼铜法，不仅在中国是首次发现，在世界冶金史上也是独一无二的。

图5　工匠鼓风炉炼铜模拟（戴吾三　摄）

2. 博物馆旧馆

旧馆在铜绿山7号矿体发掘原址上，于1984年建成。大门上"铜绿山古铜矿遗址"几个字，系著名考古学家夏鼐题写。

进入大厅，便是当年的考古发掘现场，大约400平方米。只见井巷纵横交错，层层叠压。这是由竖井、斜巷、平巷、盲井所组成的开掘采矿体系，历经几千年的岁月，仍可见其原来的基本样貌。遗存在井巷中的各类生产遗物表明，中国古代先民已攻克了包括深井支护、通风、排水、照明、运输等系列技术难题。展厅一角，有依据出土文物复原的竖井和平巷，供今人亲身体验。

图6　铜绿山古铜矿遗址大厅（戴吾三　摄）

3. 考古遗址公园

博物馆外是考古遗址公园，分布有矿石林、古代矿渣堆积、冶炼遗址、铜草花、观景台、露天采矿坑等。

（1）矿石林

这是由铜绿山矿区各种各样的矿石堆积而成的人工石林，展示着铜绿山矿区丰富多样的矿石类型：氧化铁矿石、混合铁矿石、原生铁矿石、氧化铜铁矿石、混合铜铁矿石、铜矿石、铜硫矿石等。

图7　矿石林（戴吾三　摄）

图8　铜草花（戴吾三　摄）

（2）铜草花

长江中下游的铜矿带，生长着许多喜铜植物，铜含量越高的地方它们生长得越茂盛。其中的代表性的植物有铜草花、鸭跖草、蝇子草等。

铜草花学名叫海州香薷，俗名叫牙刷草。当地流传歌谣："牙刷草，开紫花，哪里有铜哪里就有它。"春夏之交，考古遗址公园内，遍地红茎绿叶的海州香薷，生机勃勃，在风中摇曳，构成美丽的风景。

（3）露天采矿坑

在博物馆的西边，有一个20世纪70年代因采掘铜铁矿石而形成的巨大露天采矿坑。为保护古铜矿遗址，该采矿区已停止作业。

图9　现代采掘铜铁矿石而形成的露天采矿坑，今已停止采掘（戴吾三　摄）

中国古代科技遗产

178

Chinese Heritage of
Pre-modern
Science and
Technology

三、科技特点

在科学技术尚不发达的古代，先民是怎么找矿的？又是怎么开采和冶炼的？

1. 找矿技术

中国古人除了通过喜铜植物找矿，还有以下两种方法。

（1）地质地貌找矿

据《大冶县志》记载："铜绿山……山顶高平，巨石对峙，每骤雨过，时有铜绿如雪花小豆点缀土石之上，故名。"这种点缀于土石之上的雪花小豆就是孔雀石粉末。孔雀石是一种碱式碳酸铜，其颜色碧绿亮丽，容易辨认。这种特有的自然景观，成为古人寻找矿床的指示。

（2）重砂选矿找矿

在地下开矿时，为了鉴别矿石含铜量的高低，矿工会将矿石捣细，再放入木斗用水淘洗。淘洗后木斗内留下的矿物愈多，证明矿石的品位愈高。这种方法在现代称为"重砂分析"。考古发掘证实，铜绿山遗址的古代井巷几乎都开在富矿带，说明这种找矿方法有效。

2. 采矿技术

铜绿山古铜矿遗址开采技术最显著的特点是采用竖井、平巷、盲井联合开拓法进行深井开采，最大井深达60米。其中深井开采需要解决井巷支护、井巷开拓、采矿方法、矿井提升、矿井排水、井下照明及深井通风等一系列技术问题。发掘资料证实，这是一套完整的自成体系的地下开采系统。

（1）井巷支护技术

古铜矿遗址发掘出土的井巷历经千年，但留存基本完好。所见商代井巷支护技术采用木质榫卯结构，西周时期井巷支护技术和春秋时期井巷支护技术均采用木质榫卯结构、鸭嘴和碗口结构。

图10　古铜矿井巷支护
模型（戴吾三　摄）

（2）井巷开拓的创新

考古发掘的铜绿山矿区2号、4号和7号矿体，属春秋时期古矿井遗存，其井巷开拓与支护沿袭前代经验，采用竖井（盲井）、平巷、斜井联合开拓法。商末至春秋时期，井巷开拓主要使用青铜工具来完成，主要有铜斧、铜锛、铜镬、铜凿等。到战国时期，出现了铁锤、铁斧、铁铝等，并广泛用于矿业生产。

战国时期的井巷开拓，发展出由多级浅井和多级短巷衔接而成的阶梯式斜井。由于铁制工具的使用，井巷断面和开采深度加大。延用以往"间隔式榫接方框"已不能确保井巷安全，这时出现了"密集式搭接方框"，亦称"垛盘结构"。平巷则用两根带杈的立柱、一根横梁、一根地柎和一根内撑木组成一组棚架，巷顶和两侧用木板或木棍护壁。

3. 提升技术

铜绿山采矿深度增加，井下排水就是大事。矿工用木槽将井巷的地下水引入设在竖井下的"井底水仓"，再用水桶装水，通过木绞车提升到地面，倒入水槽，将水排往沟壑。

提升技术用在两方面：一是将井下采到的矿石和地下水提升到地表；二是将

图11　木绞车（戴吾三　摄）

注：木绞车（又称木轳辘），
轴全长2.5米，直径0.26米，中国
最早的矿山提升机械。1974年发
现于铜绿山古铜矿遗址，由著名
文物专家王振铎先生复原。

地表加工好的支护构件及生产工具等物品送到井下。早期采用人工提升，后来到
战国时期发明了带制动装置的木绞车，给矿井排水和提取矿石都带来了便利。

4. 冶炼技术

具体分春秋和战国两个时期的冶炼技术。

（1）春秋早期的炼炉

铜绿山古铜矿遗址中发掘出土的春秋早期炼炉，是目前世界范围内已知时代
最早、保存最完好的鼓风炼铜竖炉。炼炉由炉基、炉缸、炉身三部分组成。炉基
设有风沟，用于防潮保温；炉缸下部前壁设有拱形门，主要用于开炉点火和排放
渣液及铜液，炉缸中心还原区两侧设有鼓风口；炉身用于装料，呈鼓腹形，向上
逐渐内收，便于保持炉温，也有利于物料在炉内反应。考古发现炼炉内壁有多层
挂渣，说明炼炉经修补后，可多次重复使用。

（2）战国时期的炼炉

铜绿山古铜矿遗址中发掘出土了2座战国时期的炼铜竖炉。炼炉近似腰鼓形，　、

由炉基、炉缸、炉身组成。炉体用带子母口的土砖砌筑在红色砂岩之上，内壁用黏土、石英砂、高岭土等耐火材料涂抹，用石板铺垫作为缸底。筑炉构造由早期的夯筑演变为砌筑，体现了古代冶金技术的进步。

对铜绿山遗存的炉渣检测分析结果显示当时已有两种冶炼工艺技术——"氧化矿—铜"工艺和"硫化矿—冰铜—铜"工艺，粗铜的纯度已达到93%，渣含铜量平均0.7%，这在当时世界范围内处于领先的地位。

四、研究保护

对铜绿山古铜矿的研究随着考古发掘的发展而不断深入，其保护则因涉及矿山开采的经济利益，导致文物部门与冶金部门长期争论，最终由国务院确定遗址原地保护方案。

自1973年起，铜绿山古铜矿遗址发掘历经近50年，先后经历了2个较大规模的多学科考古发掘阶段。

第一阶段为1974—1985年，为配合大冶有色金属公司铜绿山矿山的生产工作，考古工作者对采矿暴露的5个矿体上发现的6处古代采矿遗址和2处冶铜遗址进行了抢救性发掘，发掘总面积达4923平方米，发掘了商周、西汉至隋唐采矿竖（盲）井231个、平（斜）巷100多条、春秋战国时期的冶炼炉12座。同时调查发现，在5个矿体上遗存有7处古代露天采场，10个矿体上遗存有18处井下开采遗迹。已发现采矿井巷总长度约8千米，挖掘矿料和土石达100万立方米；古代采场内遗留的铜矿石达3~4万吨、废土石达70万立方米；出土矿冶文物千余件。矿区分布冶炼遗址50余处，推测冶铜炉渣达40万吨，冶炼出的粗铜总量超10万吨。

通过对采冶技术、矿冶遗物、生活用具等遗存进行科学研究，考古工作者获得一系列研究成果，铜绿山古铜矿遗址重要的历史、文化、科学和技术价值受到国内外广泛认可。其中，1974年春，铜绿山1号矿体12号勘探线和24号勘探线发掘出2处古矿井和1处地下迷宫，该迷宫面积约2平方千米，发现数百口竖井、斜井、盲井和众多采矿工具，一时震惊中外考古界。

1982年，铜绿山7号矿体采矿遗址被国务院批准为第二批全国重点文物保护单位。1984年铜绿山古铜矿遗址博物馆在7号矿体1号点发掘原址上建成。为解决矿山现有生产与遗址保护之间的矛盾，历经多次协调论证，1991年8月，国务院正式批复原地保护方案，停止矿山开采，从而使铜绿山古铜矿遗址得以被永久保护。

　　第二阶段源于2011年，"十二五"期间，国家将大遗址保护与遗址所在地的经济文化发展相结合，以150处大遗址为基础，启动国家考古遗址公园建设项目。在此背景下，铜绿山古铜矿遗址被划入规划建设之列。2011年冬，铜绿山保护区第二次考古调查发掘工作正式启动，这是继1985年铜绿山考古工作停顿26年后开展的新一轮考古工作。为推进铜绿山矿冶遗址保护区建成国家考古遗址公园暨新陈列馆选址建设，考古工作者将探寻矿冶产业链历史等学术课题贯穿其中。首先，对遗址区进行专题调查，发现不同时期的冶炼遗址有13处，为修编铜绿山考古遗址公园保护规划提供了新资料。经获准，2012年，首次试挖在7号矿体东北麓的岩阴山脚遗址进行，遗址南区发现春秋时期洗选矿和冶炼相关的尾砂遗迹1处，冶炼炉基础、和泥池、矿工足迹35处，工棚柱洞、选矿场1处等；遗址北区发现战国至西汉探矿井1座和灰沟等遗迹。2013年，四方塘遗址南区遗址发掘，发现早期文化堆积层春秋中期冶铜场的冶铜炉1座，工棚柱洞及灶，炼铜炉渣堆积170平方米，晚期地层发现宋明时期焙烧炉4座；2014—2015年在该遗址北区发掘出春秋晚期冶铜场和宋明时期焙烧炉3座。经重点发掘，在四方塘遗址东边山丘上发现铜矿管理与生产者的公共墓地，其中有西周晚期墓葬3座，春秋时期墓葬120座，近代墓葬12座，两周时期陶、铜、玉、矿石等质地的随葬品170件。其中，除选矿场、矿工足迹为新发现外，最为重要的是在四方塘遗址发现一处规模较大、保存较好，并与铜绿山矿冶生产密切相关的生产者的公共墓地，这是中国矿冶考古的首次发现，为解读两周时期铜绿山古铜矿的国属、民族、生产者身份及地位、文化内涵等学术问题提供了珍贵资料。

五、遗产价值

　　铜绿山古铜矿遗址是我国科学发掘的第一个矿冶遗址，考古研究成果证明该遗址是世界铜矿采冶遗址中开采规模最大、采冶时间最长、冶炼水平最高、文化内涵最丰富的一处科技遗产。从历史、科学、技术视角看，矿冶工业遗产具有突出普遍价值。根据《世界遗产公约》的突出普遍价值（OUV）标准，按照矿业工业遗址特性，铜绿山古铜矿工业遗产的价值特征可阐释如下：

其可为现存的或已消逝的文明或文化传统提供独特的或至少是特殊的见证。铜绿山古铜矿是中国古代矿冶生产技艺在青铜文明时期的稀有见证，对中国乃至东亚地区的矿冶工业发展具有重要作用。铜绿山古铜矿工业遗产所反映的中国古代矿冶生产传统及其独特的技艺，成为中国重要历史阶段支撑国家政治、军事需求的物质基础，不断推动着社会发展和进步，因而具有重要的历史、文化和社会价值。

铜绿山古铜矿工业遗产记录了中国青铜文化发展、鼎盛和繁荣的足迹，体现了我国古代矿冶技术水平日渐臻熟、开采工具先进、生产体系完整、规模宏大、影响广泛等特点，集中再现了我国青铜时代矿冶技术成就，是人类古代矿冶工业技术的典范。矿冶工业遗产类型多样、系统完整，保存的矿冶工业要素构成一个融合了时空的整体矿冶生产工艺流程，反映出古代传统矿冶工业和现代机械化矿冶工业持续演进的生产方式和先进的技术创造，发挥了启蒙性和先进性的突出作用。同时，铜绿山古铜矿遗址揭示的中国古代矿冶生产活动方式促进了矿冶经济发展和管理水平提升，成为我国青铜时期矿冶社会、经济可持续发展的独特例证。

参考文献

[1] 夏鼐.铜绿山古铜矿的发掘 [M] // 黄石市博物馆.铜绿山古矿冶遗址.北京：文物出版社，1999.

[2] 黄石市博物馆.铜绿山古矿冶遗址 [M].北京：文物出版社，1999.

[3] 大冶市铜绿山古铜矿遗址保护管理委员会.铜绿山古铜矿遗址考古发现与研究（二）[M].北京：科学出版社，2014.

[4] 李百浩，刘婕.从青铜文明到生态文明：大冶古铜矿遗址保护与再利用规划模式 [J].中国园林，2012，28（7）：19-25.

[5] 陈树祥.大冶铜绿山古矿冶遗址的科学价值解析 [J].中国文化遗产，2016（3）：52-60.

（冯书静　戴吾三）

侯马铸铜遗址

——春秋末至战国初的官营手工业作坊

侯马铸铜遗址位于山西省侯马市西北、牛村古城南，使用时间约为春秋晚期至战国初期（约公元前600—前380年），即侯马（古称"新田"）作为晋国晚期都城期间。该遗址自1952年被发现，1955年开始发掘，至今共发掘遗址面积约5万平方米，出土数以万计的铸铜遗物，为了解中国古代青铜器制作的技术和艺术提供了丰富的研究材料。

图1　侯马铸铜遗址，静静诉说着一段中国先秦时期灿烂的手工业历史（戴吾三　摄）

一、历史沿革

中国古代的青铜器生产，不仅需要铜、锡、铅等重要的矿产资源，还需要冶炼、铸型制作、浇铸等复杂的工艺技术支持。因为中国古代铸造的礼器、兵器、钱币等属于国家管控产品，铸铜作坊一般位于都城之中，大多与制陶、骨、玉等作坊毗邻，侯马铸铜遗址也不例外。东周王室衰微，诸侯国逐渐强大。晋国自献公起（？—公元前651年），继文公、襄公之后，一跃成为中原霸主。出于经济和军事发展的需要，铸铜业在晋国兴盛。晋景公十五年（公元前585年），从故绛（今山西襄汾）迁都于新田，大兴铸铜业，因而有侯马铸铜遗址。

侯马铸铜作坊的产品，习称为侯马铜器，其器形多样，数量众多，自宋代以降便受到关注和研究。由于此类铜器上大多没有铭文，金石学家难以准确判断其年代和产地，往往沿用《西清古鉴》的说法。其中多数铜器被认为是秦国器物，年代则多定于周代或汉代。进入20世纪后，容庚等学者逐渐认识到侯马铜器的共性，推测其年代应在东周，但由于铜器出土地点遍布晋、燕、齐、楚等地，仍然无法确定具体地点。

1957—1960年春，考古学者发现牛村、平望两座古城，同时发掘出著名的2号铸铜遗址，出土数以千计的陶范，大多为铸造钟、鼎类礼器所造，还有磨石、鼓风管等铸铜遗物，从而确定此处为晋国的铸铜作坊。

图2　1963年侯马铸铜遗址发掘现场。山西省考古研究所侯马工作站存

　　1960年10月，国家文物局组成侯马考古工作队，从1960年10月至1961年6月，重点对2号铸铜遗址进行大规模的发掘，1961年下半年继续在牛村古城南平阳机械厂的25、26、29号等地点发掘，发掘面积超过2100平方米。1962年，为配合平阳机械厂的基建工程，铸铜作坊的另一重要地点开始发掘，即22号铸铜遗址。与2号铸铜遗址有所不同，22号遗址主要出土工具、车马器等陶范，并有熔炉、鼓风管等铸铜遗物。此处发掘面积约达2600平方米。

　　除上述两处大规模铸铜遗址外，临近地点也常伴随有铸铜遗物出土。1982—1984年，车軎、环、环首刀和带钩等陶范在北坞古城被发现。1992—2002年，在平阳机械厂下料车间、路南金属公司及平阳中学西面家属楼等地点，大量铸铜遗存又先后被发现。2003年，侯马市政府修筑大运高速路到侯马市区的连接线，抢救性发掘白店铸铜遗址，出土大量陶范、鼓风管等铸铜遗物。

　　经过长达半个世纪的考古发掘和研究，发掘出土成千上万的铸铜遗物，考古学者确定了侯马铸铜遗址的大致范围。研究者将这些遗物（尤其是陶范花纹）与各地出土的青铜器纹饰做比较，终于可以确认大量铜器的产地就是晋国的新田，即今侯马市。考古工作者对侯马铸铜遗址的发掘，使侯马铜器的研究进入了历史上最活跃的时期。

二、遗产看点

　　铸铜遗址所在的侯马市，在历史上的地理位置非常重要。其北邻汾河，西有浍河；中条山余脉延伸至城南，东临紫金山，西靠峨嵋岭；平均海拔为400~430米，面积近40平方千米。

1. 晋国铸铜遗址

　　铸铜遗址位于侯马市的平阳路旁，如今这里是平阳机械厂和工厂宿舍区。铸铜遗址南边有一条东南向的街，称"模范

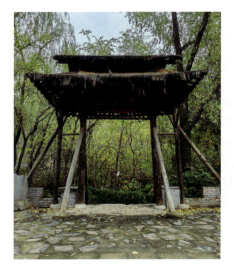

图3　晋国铸铜遗址入口（戴吾三　摄）

街"，因铸铜遗址而得名（取古代铸造模范原意）。铸铜遗址发掘于20世纪50年代末60年代初，当时国家正遭遇经济困难，遗址未得到及时保护，人们将发掘坑回填后，此地一度荒废，后来这里建成公园。随着近年国家对文化遗产的重视，地方政府在公园东边仿建晋国铸铜遗址。沿石砌小路进入园中，可看到古代铸铜所需的取土、和泥、刻模、浇铸、揭范等工序的人物雕塑，古时晋国铸铜手工业的兴盛浮现于眼前。

图4　取当地富有韧性的马兰土，以备制模和制范（戴吾三　摄）

图5　铜、锡、铅按一定比例混合在坩埚内熔化，将铜液倒入所铸器物的范口（戴吾三　摄）

2. 晋国古都博物馆

晋国铸铜作坊已成往昔，考古发掘出的遗物，一部分被保存在晋国古都博物馆，另一部分被保存在山西博物院等机构。铜锭、陶模、陶范、制模工具、鼓风管、各式各样的铸铜遗物，蕴藏着丰富的历史信息。

晋国古都博物馆位于侯马市府西路的晋博园，该馆于2003年落成，占地2公顷，大门仿古牌坊上有"晋博园"三个大字。

博物馆分东西展厅共四个展区，有晋国兴衰的历史介绍，也展陈出土的大量陶模、陶范与青铜器。馆藏陶模、陶范上的纹饰，形式繁复，刻划精细，"晋味"十足。

科 古 中
技 代 国
遗
产

188

Chinese Heritage of
Pre-modern
Science and
Technology

图6　晋博园（戴吾三　摄）

图7　饕餮衔凤模（戴吾三　摄）

图8　蟠螭纹范（戴吾三　摄）

馆内展陈的器物有鼎、钟、豆、莲瓣纹壶等类型，显示出晋国铸铜作坊的精湛技艺。另外，馆内还有关于铸铜流程复原的实物模型，做工细腻，步骤清晰，能直观地展示出侯马铸铜工艺的独特之处。

博物馆内不仅有侯马出土的铜器，也有少量晋侯墓地出土的器物。此外还有陶器、玉器、骨器等器物，以及侯马盟书的展示，可使观众对晋国的经济、社会和文化有更全面的了解。

图9　莲瓣纹铜壶，细看可见花瓣上的花纹（戴吾三　摄）

图10　铸铜流程复原的实物模型（戴吾三　摄）

注：从右到左为器物制模、器物制范、分范与芯（其空隙即铜器厚度）、揭范器成。

三、科技特点

侯马铸铜遗址的发掘，极大地丰富了中国古代冶金和铸造史的内容。与世界上其他古代文明使用的锻造或失蜡技术铸造青铜器不同，中国古代采用泥范块范法，因而铸造出的器物不仅造型别具一格，且纹饰精美细腻。侯马铸铜遗址正好提供了块范法发展至成熟时期的诸多遗物，遗迹本身也提供了关于铸铜作坊分工及工匠的诸多信息。

1. 大规模生产和精细分工

关于侯马铸铜作坊，虽然文献缺乏记载，但铸铜遗址的各类遗迹分布和出土遗物，反映出当时生产规模的庞大和分工的细致。

出土遗物中，以铸造青铜器的铸型工具（即泥模范）为主。研究者将之与侯马铜器对照，发现其铸造流程采用类似西方工业革命之后才出现的流水线生产方式，比殷商和西周时期的青铜器生产更为复杂。从器形到纹饰的制作，有一整套繁复的工序，而每一种工序均需专门的工匠完成，从中体现出中国古人丰富的经验和精湛的技艺。此外，当时还有负责组织大量人力、物力的管理者。

作坊区遗迹，已发现有建筑、水井、灰坑、窖穴、活动硬面、道路、墓葬及灰坑等。其中2号和22号遗址范围内，已发现68座房子，其中2号遗址18座，22号遗址50座。这些建筑遗迹一部分应是工作场所，一部分是工匠居住所用。此外，还有完整的道路痕迹，位于22号遗址偏东部，呈卜字形，南北总长87米，东西长60米，路面宽3~4米。另有窖穴56个，用于储物等。制作泥模范，需要水、泥料、烘范窑。目前发现水井38个，不仅用于取水，也用于取泥。窑址遗迹中，有些是烘范窑，堆积物有大量经过烘烤过的草泥质土坯残块和陶范碎块。通过这些遗迹可推测彼时侯马铸铜作坊忙碌、繁荣而高产的景象。

2. 一模多范的纹饰翻制工艺

自二里头文化至侯马铸铜作坊，泥范块范法的青铜器制作工艺发展了上千年，演变出更为成熟多样的制作工序，其最为集中的体现，就是一模多范的纹饰翻制工艺。

侯马铜器上的纹饰需单独雕刻。最先雕刻的祖模上仅有一个纹饰单元，后经多次翻制，使其形成一段连续的纹饰范。纹饰范可再次翻制成范片，将其镶嵌或拼贴于一扇完整的外范上，连接成为器物上环绕一周的纹饰，用以制作完整器物模，由此翻制出铸造所用外范。如此制作纹饰，在青铜器上可见两段纹饰范片连接处的细小接缝。这一独特的纹饰制作工艺，使得细密繁缛的纹饰图案得以铸造，形成春秋中晚期至战国中期青铜器纹饰的主要风格。若不采用纹饰的翻制，将会浪费刻工的大量时间，一些精细繁复的纹饰也无法大批量铸造。

图11　侯马遗址出土的蟠虺纹模。祖模上雕刻出一个单元（见红色框），便可翻制出模上细密繁缛的纹饰面

注：图像源自山西省考古研究所《侯马白店铸铜遗址》，科学出版社，2012年。

　　在侯马铸铜遗址中，出土了大量与纹饰翻制技术对应的遗物。首先是众多的分模块，即2号和22号遗址中出土的钟、鼎、兵器、车马器、带钩、铜镜等纹饰模范，它们是用祖模翻制而来的二代模，已形成一小段纹饰带，有二方连续和四方连续两种。另有供翻制素面外范和设计纹饰带的原始模，如鼎、盘类样模。也有已经装饰好纹饰范的完整铸型。除纹饰的原始祖模外，关于纹饰翻制过程的大多遗物皆有出土。

3. 精湛的分铸技术

　　分铸是古代青铜器铸造重要的工艺发明，主要用于铸造器物的附件，如耳、足、鋬、器钮等。相对于器身主体，器物附件可分先铸和后铸两种方式。从二里头文化晚期开始，分铸技术便已有铸造运用。至侯马铸铜作坊时期，这一技术发展成熟，工匠不仅将其灵活运用于附件铸接，而且还将其运用于装饰。

　　侯马铜器中联裆鼎足的岔口铸接，便是此时分铸技艺的极致之作。工匠将鼎足下端分铸，连接处为锯齿形（或花瓣形），因上下青铜合金的成分不同，导致上下颜色不同，从而形成独特的视觉效果。据学者研究，目前已发现几十件鼎足为岔口铸接的联裆鼎。而侯马铸铜遗址中，也正好出土了用以岔口铸接的陶模，证实并填补了这一特殊分铸工艺的相关流程。

科技遗产 古代 中国

192

Chinese Heritage of
Pre-modern
Science and
Technology

（a）   （b）

图 12　赵卿墓出土联裆鼎足的岔口铸接（a 苏荣誉　摄，b 苟欢　摄）

四、研究保护

　　侯马铸铜遗址出土遗物现分藏于国内外多家研究机构及博物馆，除晋国古都博物馆外，侯马考古工作站也保存有大量陶范。此外，山西博物院青铜博物馆、临汾市博物馆等，都展出有陶范等铸铜遗物。

　　关于侯马铸铜遗址的研究，可分为国外、国内两个方面。

　　国外方面，19 世纪 20—70 年代的研究者，主要以典型的侯马铜器为研究对象，关注其年代和地域的问题。此后，冶金史家史密斯（Cyril Stanley Smith）较先观察到侯马铜器上纹饰的重复现象，继而推测其制作工艺。韦伯（George W. Weber）也指出东周时期青铜器上的纹饰均为重复形成，且他此前已花了 20 年的时间来划分这时期青铜器上的纹饰重复单元。随后，凯斯纳（Barbara Keyser）和贝格利（Robert W. Bagley）等对侯马铜器的纹饰翻制这一关键工艺进行了深入研究，并提出了纹饰块（Pattern Block）的概念。日本学者如梅原末治对李峪铜器上纹饰单元的划分，丹羽崇史等对侯马铸铜遗址出土鼓风管等问题的研究，都加深了后人对侯马铸铜遗址的理解。

　　国内方面，1993 年由山西省考古研究所编撰的《侯马铸铜遗址》出版，该书既是发掘成果的报告，也是研究成果的体现。书中关于侯马铜器纹饰的分类细致而合理，是有关东周青铜器纹饰最为系统的研究。此外，编著者还探索了该作坊铜器制作的主要工艺，包括材料、模范芯的制作、纹饰翻制、合范、浇铸、铸后加工等，其分析论述至今发人深思。此外，书后附有出土炼渣、铅锭、泥范及泥范上的黑色物质、原始瓷器的化学成分及物理性能的鉴定表。由于该书的学术价值突出，1995年荣获夏鼐考古学研究成果一等奖。

在《侯马铸铜遗址》出版前后，陶正刚、张万钟、李夏廷、侯毅、谭德睿、李京华等学者，均对侯马铜器的完整制作工艺有深入研究，使得后人对中国古代纹饰翻制的基本工艺流程达成共识，但具体的工艺细节今人仍有所分歧。苏荣誉提出铸铜作坊式大工业、批量化生产的基本模式，并深入研究岔口铸接等遗址使用的一些关键工艺。常怀颖对作坊内的窑址、水井等遗迹加以深入分析，提醒研究者需关注作坊内完整的遗迹。李建生提出的模翻制工艺，具有重要的启发意义。

1996年，美国普林斯顿大学出版社出版《侯马陶范艺术》，弥补了原报告中图片较小的不足，版面增大后，陶范上的纹饰等信息更为清晰。书前的引言及导论部分，分别由贝格利及许杰撰写，陈述了两位作者对于侯马铸铜工艺的最新研究成果。

2012年国内出版《侯马白店铸铜遗址》，该书沿用《侯马铸铜遗址》一书的主要体例及纹饰、工艺名称，并比较白店铸铜遗址出土遗物与其他铸铜遗址出土遗物的不同之处。

概而言之，早在侯马铸铜遗址发掘之前，研究者就已经开始了对侯马铜器及作坊工艺的研究。因为该作坊生产的产品早已流布到世界各地，根据这些产品，学者不断探索其产地和工艺问题。而侯马铸铜遗址的发掘，无疑大大丰富和开拓了他们的材料和视野。将侯马铜器与遗址、出土遗物进行对比研究成为主流，从而大大加深了后人对同时期青铜器铸造工艺的认识。

关于侯马铸铜遗址的保护。1961年，国务院公布第一批全国重点文物保护单位，侯马晋国遗址入选，而其中的铸铜遗址是重要的组成部分。

2003年，根据《晋国遗址保护规划》的要求，侯马市平阳机械厂生活区修建了铸铜遗址公园。公园除一般的绿化外，还根据考古研究的资料，结合冶金学和工艺美术史等方面的研究成果，复原了铸铜作坊遗址和铸铜工艺流程，通过8组人物塑像，展现了先民从选土、和泥、刻范、浇铸、打磨到器物成型等制作陶范和铸造铜器的全过程，同时用长廊的形式展示了具有代表性的陶范和晋式铜器，并对铸铜工艺流程进行了形象的说明。

五、遗产价值

　　侯马铸铜遗址是目前中国发现的规模最大、出土遗物最多的东周铸铜作坊遗址。该遗址揭示出当时发达的铸铜手工业，在考古学、冶金史、艺术史、社会学等研究领域都占有十分重要的地位，其出土文物具有重要的文物和历史价值。

　　在先秦众多风格各异的青铜器之中，侯马铜器因其纹饰精细、装饰多样而独具特色，是此时期青铜艺术的重要代表。

　　侯马铸铜遗址中出土的铸铜遗物数量庞大、种类丰富，目前仍有大量遗物以及关键的铸铜工艺需要整理分析，对出土材料的研究和认识也需要继续深入。

参考文献

　［1］山西省考古研究所.侯马铸铜作坊［M］.北京：文物出版社，1993.

　［2］山西省考古研究所.侯马陶范艺术［M］.普林斯顿：普林斯顿大学出版社，1996.

　［3］山西省考古研究所侯马工作站.晋都新田：纪念山西省考古所侯马工作站建站四十周年
　　　　［M］.太原：山西人民出版社，1996.

　［4］山西省考古研究所.侯马白店铸铜遗址［M］.北京：科学出版社，2012.

　［5］苏荣誉.侯马铸铜业与晋国铸铜业［G］//武力.产业与科技史研究：第一辑.北京：科学
　　　　出版社，2017.

（苟欢　戴吾三）

曾侯乙编钟

——中国先秦礼乐文明与青铜铸造技术的卓越成就

1978年，曾侯乙编钟出土于湖北省随县（今随州市）擂鼓墩曾侯乙墓，是战国早期曾国国君的一套大型礼乐重器，现藏于湖北省博物馆。

曾侯乙编钟是迄今世界上规模最大、最重、音乐性能最好的青铜礼乐器，至今仍可以演奏，2023年入选第五批中国档案文献遗产名录。

曾侯乙编钟体现了先秦时期中国在青铜冶铸、音乐声学和乐器制造方面的极高成就。

图1　展陈中的曾侯乙编钟（戴吾三　摄）

一、历史沿革

1977年9月，武汉军区空军雷达修理所在湖北随县城郊一个叫擂鼓墩的地方扩建厂房。施工中发现一大片松软的褐色泥土，很像是古代墓葬封土。监管施工的雷达修理所副所长王家贵报告给所长郑国贤，他们两人都是文物爱好者，出于责任感和好奇心，他们向县文化馆报告此事，请求派人来现场勘测。

1978年3月19日，时任湖北省博物馆副馆长的谭维四带领考古人员赶到现场，开始探查墓葬。经勘察，该墓坑呈不规则多边形，东西长21米，南北宽16.58米，总面积达220平方米，埋深13米以上，这样大的木椁面积，在当时的中国尚属首例。

在前期施工爆破中，墓葬的地面原状和坑口被破坏，在墓坑中部偏北发现1个盗洞，从盗洞中可见木椁受损。综合这些情况，勘探小组认为应上报国家文物主管部门申请发掘。很快，申请得到了国家文物局批准。

1978年5月11日，曾侯乙墓发掘工作正式开始。随着墓坑的残存填土被清除，覆盖坟墓的47块巨型石板完全显露出来。考古工作者动用大型吊车揭开石板，发现石板之下是厚约250厘米的夯土，夯土下又有一层10~30厘米厚的青膏泥，青膏泥下又是一层厚厚的木炭。

慢慢抽取积水，显出墓室，再显出主棺。经专家鉴定，棺内装殓的正是此墓的主人，结合出土于主棺旁的一件短戈，其上刻有"曾侯乙之寝戈"铭文，可断定棺内之人是战国时期曾国的诸侯，名"乙"，因而称之为"曾侯乙"。而此件短戈，就是曾侯乙寝宫守卫所使用的兵器。

在墓的中室放置有随葬的青铜礼器和乐器。最开始，在积水面上发现3个木架，上面分别挂着3组编钟。木架下面还有几层，水下面是否有更多更大的编钟？谭维四透过水面的波

图2　曾侯乙编钟出土

注：图像源自谭维四《曾侯乙墓》，文物出版社，2001年。

光，隐约看到巨大的影子。他下令放慢抽水的速度。时间慢慢地流逝，众人焦急而专注地注视着逐渐下降的水面。5月24日，多件甬钟出土，第二层居中钟架上有20多件，南架上有9件，西架上有15件。5月25日，第三层编钟架上露出大型甬钟，而西北架上的托举铜人也从泥中被挖出。至此，一套规模宏大、气势磅礴的编钟终于全部露出真面目。

最终，墓中共出土礼器、乐器、漆木用具、金玉器、兵器、车马器和竹简15000余件，其中，青铜器6239件。曾侯乙编钟一套65件，是迄今中国发现的最完整最大的一套青铜编钟。

追溯编钟，其前身是陶钟。湖北天门石家河青龙泉三期文化遗址曾出土一件陶钟（距今约4400年），由红陶细泥制成，器体呈椭圆形，可穿绳悬挂，是目前可溯编钟最早的"祖先"。根据出土器物可知，商代时有3~5枚成组的青铜编钟，到周朝增到9~13枚，战国时已发展成60余枚。古人按钟的大小、音律、音高把钟编成组，可演奏大雅之乐。迄今，中国考古发掘中共有40多套编钟出土，而就数量最多、保存最好、音质最优来说，则以曾侯乙编钟称绝。

二、遗产看点

走进湖北省博物馆"金声玉振"厅，室内光线幽暗，而体量宏大的曾侯乙编钟，被穹顶灿如星河的小灯照亮，格外引人注目。轻轻走近，屏神静气，从上到下，从左到右，从前到后，细细观赏这套举世闻名的编钟。

1. 全套编钟

曾侯乙编钟大小钟共65件，分三层八组悬挂在铜木结构的钟架上，钟架整体呈曲尺形。悬钟横梁有7根，木质髹漆彩绘，两端有浮雕或透雕铜套装饰。钟架上以6个佩剑青铜武士和2根铜立柱支撑。

全套编钟的钟按形体特征，分为钮钟、甬钟、镈钟三类。钟架最上层3根横梁悬挂的是钮钟，其特征是钟顶部有钮，体积较小、音色清脆悦耳，共19件。钟架中层和下层横梁侧悬挂的为甬钟，其特征是顶部有长柄的"甬"，其大小差别有序、音色圆润明亮，共45件。钟架下层横梁最显著位置是镈钟，其特征为

中国古代科技遗产

198

Chinese Heritage of
Pre-modern
Science and
Technology

钟上部有钮、下端口沿为水平，仅1件。镈钟原本不在此套编钟之列，是曾侯乙去世后临下葬添加的。

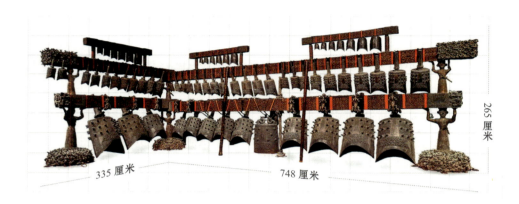

265 厘米

335 厘米   748 厘米

图3　曾侯乙编钟的整体尺寸及分层架构。湖北省博物馆存

　　在钟、钟架、挂钩上共发现有3755字的铭文，专家解读为编号、记事、标音以及记录诸如音名、阶名、八度组等方面的乐律理论。全套编钟音域宽广，十二律俱全，跨五个八度又一大二度，结合仪器检测结果和对照铭文，发现其是以"姑洗律"（即现代乐理的 C 调）为标准设计制作的。这表明在战国早期，中国已存在绝对高音和相对高音概念，打破了过去部分西方学者认为中国的相对高音是在战国晚期受西方影响才出现的偏见。

2. 甬钟部位专名

　　曾侯乙编钟以甬钟为代表，其大小有序，以形成不同的音调，可见中国古代制钟的精细。

　　甬钟上有十几个部位，各有专名（见图5），参见先秦手工业技术典籍《周礼·考工记》"凫氏为钟"篇的文字，可知古籍所记载的甬钟部位名称、尺度比值、钟的特征，特别是调音的部位。

　　"凫氏"是先秦专门制钟的工匠，"凫氏为钟"原文：

图4　甬钟（戴吾三　摄）

　　两栾谓之铣，铣间谓之于，于上谓之鼓，鼓上谓之钲，钲上谓之
舞，舞上谓之甬，甬上谓之衡，钟县谓之旋，旋虫谓之干，钟带谓之
篆，篆间谓之枚，枚谓之景，于上之攠，谓之隧。

　　甬钟的部位专名，基本按从下到上的顺序来命名。"两栾谓之铣"是指钟口
的两角。"篆间谓之枚"，枚也称钟乳，一般钟上有36枚。枚不仅是一种装饰，
它的存在也对高频音有加速衰减的作用，可使音色优美。"于上之攠谓之隧"，
"攠"是"摩"的假借字，即"摩锉"的意思。这句话曾长期存在争议，到底是
在哪里摩锉调音？直到曾侯乙编钟出土，才解开了谜团。原来在钟的正鼓、侧鼓
处的内部有一处，名曰"隧"，专用来摩锉调音。

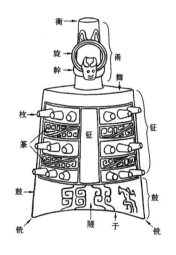

注：两图像源自戴
吾三《考工记图说》，
山东画报出版社，2020
年。

图5　甬钟各部位名称

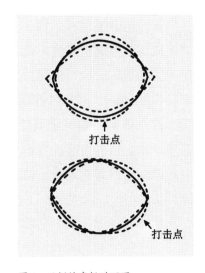

图6　正侧鼓音振动不同

3. 楚王镈钟

　　全套编钟的下层中间有一件形体貌特殊的钟，称镈钟（"専"意为"展示花
样"，"金"与"専"合之表示"铸刻有花纹图案的钟"）。其通高92.5厘米，重
134.8千克，腔体呈扁椭圆形，与其他64件钟明显不同。其钟口平整，钟体顶部
由上下两对对称蟠龙组成，上面一对蟠龙形体较小，下面一对蟠龙形体较大，回
首卷尾，生动传神。

科技遗产 古代 中国

200

Chinese Heritage of
Pre-modern
Science and
Technology

注：图像源自裘锡圭《谈谈
随县曾侯乙墓的文字资料》，《文
物》1979年第7期。

图7　楚王镈钟。湖北省博物馆存　　　图8　楚王镈钟铭文摹写

该钟正中铸有31字铭文，经古文字专家释读："隹王五十又六祀，返自西阳，楚王熊章作曾侯乙宗彝，奠之于西阳，其永持用享"。意思是楚王熊章（即楚惠王）在楚惠王五十六年（公元前433年），从曾国的"西阳"（可能是曾国都城）回来后，专门制作了这个钟赠给曾侯乙，陈列在曾国的宗庙。

看完曾侯乙编钟和其他重要展陈，可去欣赏用复制的曾侯乙编钟演奏的音乐。湖北省博物馆新馆专门打造了"编钟演奏厅"，建筑外形是编钟造型，室内有靠背椅、幕布舞台，和剧院有类似的体验。当身穿古装的乐手缓缓敲响编钟，乐音在大厅内回荡，让人恍如有穿越历史之感。

三、科技特点

曾侯乙编钟的科技特点主要体现在三方面：高超的铸造技术，精妙的"一钟双音"，坚固精美的钟架。

1. 高超的铸造技术

过去人们一度认为曾侯乙编钟铸造完美，非用失蜡法不能铸就。而华觉明等冶金史专家的实证研究表明，在不使用失蜡法的条件下，完全能获得形制复杂、尺寸相当精确的乐钟，其关键在于"分范合铸"的娴熟使用。这种技艺最早出现于商代中期，由于既能得到复杂的器形又可保持其整体性，特别是后一特点，适于乐钟的声学性能要求，因而被用于铸钟工艺，并得到充分发展。

为使音质纯正、和谐，先秦的钟体不管形制如何繁复多变，都采用浑铸，而不用分铸或焊接。曾侯乙墓编钟更是娴熟地使用了"分范合铸"、复印花纹等技艺，把古老的浑铸法提升到一个新的水平。以曾侯乙编钟中层三组第1号甬钟为例，其铸型由甬部铸范、泥芯和钟体铸范、泥芯组成，为保证装配准确，钟体泥芯正中划有十字线，铸后在钟腔留有相应的铸痕。整个铸型分2段、4个层次，使用范芯136块，一次浇注成形，在制型过程中，总共用到12种器具。

曾侯乙编钟铸制精良、花纹细致清晰，富有立体感，钟体内外很少出现铸造缺陷。形制的精确，保证了音律的准确，这在现代技术条件下也不是轻易能做到的。

2. 精妙的"一钟双音"

"一钟双音"是中国先秦钟的声学特征，指敲击钟的鼓部的正面和侧面，可以各发出一个音（即双音）。具备这种声学特征的钟，外形通常都是合瓦形（即从底部看似两块瓦片合起），纽钟和甬钟的截面都是上下合瓦形。"一钟双音"最早由中央音乐学院教师黄翔鹏在研究古代音乐理论时提出，曾侯乙编钟出土后，发现在鼓部正面和侧面标示着不同音高的铭文，由此证实了他的观点。

"一钟双音"是中国乐器的伟大发明。曾侯乙编钟的每件钟都经过精细打磨，钟上两音呈三度和谐关系。这是古人历经两千多年不断探寻钟铃乐器发音规律，磨炼铸钟技术的结果。

从物理学角度分析，合瓦形钟的敲击点不同，其振动模式也不同。由图5可看出，正侧鼓音的波节位置不同，波节不产生振动，在两波节之间是波腹，波腹的振动能量很大，从而产生一个相应的频率，这种钟也称为双音钟，敲击后声音会很快停止，不会有那种余音袅袅的现象，这与欧洲带有钟舌的圆形钟完全不同。

由于双音钟的结构特点，用曾侯乙编钟演奏时，不会出现要敲下一个钟了，上一个钟的声音还没停止而造成的"叠音"现象。

科技遗产
古代
中国

202

Chinese Heritage of
Pre-modern
Science and
Technology

3. 坚固精美的钟架

曾侯乙编钟的钟架整体呈曲尺形，长段中间有铜立柱支撑，具有很好的稳定性。钟架在古代称作"簨虡"(sǔn jù)，横木为簨，立柱为虡。簨用木制，截面矩形，表面髹饰黑漆并彩绘花纹。上层分为三列，由带铜饰的木虡支撑；中、下层的簨各用两根长方木搭接构成。虡由青铜铸造，作佩剑武士形象，下层武士足蹬圆丘形铜跗座。

在簨虡构架中，最引人注目的是钟虡武士，它和编钟构成了一个完美的整体，可谓珠联璧合。经 X 射线和超声波探测，知武士的体腔中空，它的形体由复合陶范铸造成形，两端接装方形截面的铜榫，分别插入虡和跗座中。跗座遍饰高浮雕型的变体龙纹，繁缛而精细。附饰是预先铸就的，在浇注跗座时与它铸接一体。

图9　钟虡武士（戴吾三　摄）

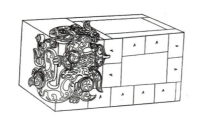

图10　曾侯乙编钟钟架下层横木端头铜饰

注：图片源自湖北省博物馆、北京工艺美术研究所编《战国曾侯乙墓出土文物图案选》，长江文艺出版社，1984年。

图11　曾侯乙编钟钟架

注：图片源自湖北省博物馆、北京工艺美术研究所编《战国曾侯乙墓出土文物图案选》，长江文艺出版社，1984年。

四、研究保护

　　1978年曾侯乙大型编钟出土后，在国内外产生了重大影响。为保护和继承这一优秀的科技遗产，国家文物局和湖北省政府决定对编钟进行复制研究。1979年3月，由湖北省博物馆、中国科学院自然科学史研究所、武汉机械工艺研究所、佛山球墨铸铁研究所、武汉工学院联合组成了编钟复制研究组，在对原件作全面分析研究的基础上，于同年6月和9月试制出上层钮钟和中层甬钟各2件。其后，又邀请哈尔滨工业大学参加协作，用激光全息干涉技术测定编钟及试制作的音频和振动模式。到1982年夏季，研究组复制出大、中、小型编钟共32件，形制、纹饰、音频、音色和振型均与原件基本一致，实现了复制研究的预定目标。1984年，完成全套65件编钟及钟架的复制，通过了国家文物局组织的专家组验收。

　　第一套复制的编钟获得成功后，经国家文物局批准，湖北省博物馆又先后和武汉机械工艺研究所、武汉工学院、武汉精密铸造有限公司合作，复制了两套编钟。复制成功的这三套编钟，分别存放在随州市博物馆、湖北省博物馆编钟演奏厅和台湾鸿禧美术馆。

　　曾侯乙编钟复制是一个难度和工作量都相当大的任务。这一任务能在较短期间取得成功，是多学科协作攻关的结果。

　　20世纪90年代，以湖北省博物馆为首的编钟复制研究组，完成了与曾侯乙编钟形似音似、技术水准相当的编钟复制项目，其后，又复制了多套曾侯乙编钟。这些复制的编钟分别安放在北京大钟寺古钟博物馆、台湾孙中山纪念馆、珠海圆明园、荆州博物馆、武汉黄鹤楼、武汉东湖风景区等地。在这之后，由随州文物仿制公司仿制的曾侯乙编钟则多达五十余套，分别在湖南、广东、河南、河北、陕西、安徽、江苏、海南等十余个省（市）的著名旅游景点陈列。

　　曾侯乙编钟的出土，也促进了冶金史、机械史、物理学史、音乐史等多学科的研究。华觉明、刘克明等学者发表了有关曾侯乙编钟铸造、复原和机械分析的多篇研究论文；黄翔鹏就曾侯乙编钟铭文的乐律分析，发表了数篇重要论文。2007年，美国著名华裔物理学家程贞一撰《黄钟大吕》一书，他在书中指出：“曾侯乙生于毕达哥拉斯死后的近20年，毕达哥拉斯被看作是发现音乐和声学、音律学的学者，因此被誉为‘声学之父’。曾侯乙编钟的发现修正了我们对声学史的看法，这一编钟排列超过几个八度，并铸刻有音（半音）阶，还有音名和音乐相同调号关系的铭文。”

1979年9月，曾侯乙编钟离开随县，迁居湖北省博物馆，即成为湖北省博物馆最受瞩目的明星。不久，湖北省博物馆专设编钟演奏厅，用复制的编钟为参观者演奏古乐和新曲。

20世纪80年代至今，美国前国务卿基辛格、新加坡前总理李光耀、英国前首相希思、德国前总理科尔都曾来湖北省博物馆参观曾侯乙编钟、欣赏演奏。

五、遗产价值

曾侯乙编钟是中国迄今发现最大、最重、音律最全、气势最宏伟的一套编钟，代表了中国先秦礼乐文明与青铜器铸造技术的最高成就，在考古、文物、科技史、音乐史等多个领域产生了重大影响，其遗产价值表现在以下方面。

1. 技术工艺价值

古埃及、古巴比伦、古印度这几大文明古国都铸造有铜钟，所铸的钟口均为圆形，敲击只能产生一个基音，且余音长，很难形成音律。相较之下，曾侯乙编钟是能敲的乐钟，可形成音律。其造型截面是合瓦形，加之钟鼓部腔内的凹槽设置（摩锉调音用），形成了双音区。

在技术上，曾侯乙编钟的65件铜钟都是用陶范分范合铸而成，花纹用模具翻制，采用合理的铜、铅、锡成分配比；在工艺上，编钟采用预热铸型、延期脱范利用铸型并进行均匀退火处理，金属组织得以改善，从而获得优美的音响效果。

2. 音乐艺术价值

经专家演奏测试，曾侯乙编钟的音域自大字组的 C 至小字组的 d，跨越了5个八度。其中，中心音区的3个八度可以构成完整的12个半音，并可以转调，这意味着曾侯乙编钟可以演奏任何五声、六声、七声音阶的乐曲，由此明确春秋时中国不仅有五声音阶，也有七声音阶。公元前5世纪的乐器，具有如此高的水平和性能，堪称世界音乐史上的一大奇迹。

曾侯乙编钟在音乐理论方面的价值在于它的铭文，有关乐律的铭文标明了各种发音属于何律的阶名，为人们认识春秋乐律学的发展状况及其演变提供了可靠的依据。

3. 历史文化价值

曾侯乙编钟拥有迄今所知最为完整的周代乐音系列及其乐律的称谓体系。同时，作为礼乐之器，它还蕴含着丰富的礼乐文化思想，是公元前5世纪中国文明的一个缩影，是中国先秦社会的文化符号，是人类历史文化宝库中的珍贵遗产。

参考文献

［1］湖北随县曾侯乙墓发掘简报［J］.文物，1979（7）：1-24，98-105.

［2］裘锡圭.谈谈随县曾侯乙墓的文字资料［J］.文物，1979（7）：25-33.

［3］石泉.古代曾国—随国地望初探［J］.武汉大学学报（人文科学版），1979，33（1）：60-69.

［4］黄翔鹏.复制曾侯乙钟的调律问题刍议［J］.江汉考古，1983（2）：81-84.

［5］华觉明.中国古代金属技术：铜和铁创造的文明［M］.郑州：大象出版社，1999.

［6］谭维四.曾侯乙墓［M］.北京：生活·读书·新知三联书店，2003.

（黄鹰航　戴吾三）

中国古代科技遗产

206

Chinese Heritage of
Pre-modern
Science and
Technology

秦始皇帝陵铜车马

——体形宏大、结构复杂、系驾关系清晰的古代铜车马

　　秦始皇帝陵铜车马安置于2021年建成的下沉式博物馆中，新馆的名称是秦始皇帝陵铜车马博物馆，位置在西安市临潼区秦始皇帝陵封土的西侧。

　　秦始皇帝陵铜车马是迄今中国发现的体形宏大、装饰最华丽，结构和驾引关系清晰、造型逼真的古代铜车马，被誉为"青铜之冠"。

图1　秦始皇帝陵铜车马博物馆，利用现有地形5~6米的高差，采取下沉式设计，在视觉景观上对原有地形地貌基本没有改变（戴吾三　摄）

一、历史沿革

1980 年 12 月，考古工作者在秦始皇帝陵封土西侧 20 米，发掘出土了两乘大型彩绘铜车马。

一号车通长 225 厘米，高 152 厘米。车轮较大，车舆高，御者站立在车上，车的正中有一柄竖杆圆盖的车伞。据《晋书·舆服志》记载："坐乘车谓之安车，倚乘车谓之立车，亦谓之高车。"因此，考古工作者将它定为立车。

二号车通长 317 厘米，通高 106 厘米。车舆分为前后两室，前室很小，仅容御手就座，后室是供主人乘坐的主舆。二号车辔绳末端有朱书"安车第一"四字，由此可认定其为古代安车。在秦代，安车又称辒辌车，曾作为秦始皇出巡乘舆。《史记·秦始皇本纪》关于秦始皇第五次出巡的记载，多次提到辒辌车。出土的二号车让今人清楚认识了古代安车的形制结构，更对秦代卤簿制度和马车陪葬制度有了进一步了解。

铜车马为陪葬明器，原型为木车和马。木车最早什么时候发明？对此，文献记载不一，有说"黄帝造车"，也有说"奚仲造车"。说法有别，但都可追溯制车起源于夏代。

随着制车技术的发展，同时也因乘车可以表征身份和地位，从商代起，马车成为贵族墓葬的陪葬品。至周代，礼制又对马车陪葬进一步规范，其逐渐成为墓葬制度的一部分。

春秋战国时期，车是重要的交通运输工具和作战装备，也是诸侯的身份和地位象征，制车成为当时各国手工业生产中的重要部门。制车工种细分，技术臻于纯熟，青铜铸造技术炉火纯青，成就了秦始皇銮驾的豪华。

据文献记载，秦始皇生前驾车出游是其政治生活的重要部分，他曾专门为此创设了卤簿制度。所谓卤簿，本意是记录帝王出行时护卫、随员及仪仗、服饰等的册籍，后也常用来称呼仪仗卫队本身。

从规模上看，皇帝的卤簿主要分大驾、法驾、小驾三种。重要的出行用大驾，有属车 81 乘；其次是法驾，有属车 36 乘；最小是小驾，属车 9 乘。在秦始皇帝陵西侧发掘的车马坑中，随葬还有 5 组 10 辆御用木车，被认为是法驾卤簿中用的属车，称之为"五时副车"，包括"五色安车，五色立车"，这是常用的车辆之一。遥想当年秦始皇銮驾出巡，车队浩浩荡荡，威风凛凛，老百姓聚在路边观看，惊于君威；而有帝王梦的刘邦和项羽，看了则心中不平，激励大志。

秦始皇帝陵铜车马是先秦车马明器化的典型。由于木车不易保存，出土的铜车马就为今人深入了解先秦古车形制、制作工艺、驾引方式提供了非常宝贵的资料，同时也为今人认识秦代的冶金、铸造、机械加工技术提供了难得的实物证据。

二、遗产看点

秦始皇帝陵铜车马博物馆采用全覆土地下建筑设计，远远望去，整个建筑顶面仅是略微隆起，像一大片绿草坡，与周边环境协调。从展馆向东看，不远处就是秦始皇帝陵封土，呈现出历史时空的厚重感。

沿着两个直角弯的坡道，走向地下，像是进入神秘的墓道。怀着好奇前行，迎面墙上是硕大的篆书"青铜之冠"。

序厅。这里通过文字、图片和影像资料，详细介绍了秦始皇帝陵铜车马（后文简称"铜马车"）的考古发掘和修复过程。

第一展厅。该厅设计成周边是平台、中间低处是铜车马玻璃展柜的样式。站在平台向下看，两乘铜车马全貌呈现在眼前。第一展厅是重点，铜车马是最大的看点，可从整体和细节分别关注。

图2　在历时3年的精心维护工作后，铜车马一号车于2024年4月18日迁入新馆（戴吾三　摄）

1. 铜车马整体

两乘铜车马，分别长2.25米和3.17米，高1米多，按照真人和车马1∶2的比例制作，造型写实生动。

一号车在前，称为"立车"；二号车在后，称为"安车"。

一号车的车舆平面呈横长方形，车舆三面围栏，后面敞开，以便上下。车舆内立有一把高杠铜伞，伞下有立姿的御官俑。车上配有铜弩、铜盾、铜箭镞等兵器。从装备看，这应是兵车。据文献记载，秦始皇的车马仪仗中，这种车专用来开道和警卫。

图3 铜车马二号车于2021年春新馆落成时迁入（戴吾三 摄）

二号车的车舆分为前室和后室。前室为驾车部分，有一个跪坐姿的御官俑；后室供主人乘坐，形同一个小房间，四周屏蔽，后面留门，门上装有可开闭的门板。前部和左右两侧开窗，左右窗以夹心的方式装有可推拉的菱格形镂空窗板。舆室的顶部有椭圆形的穹隆式车盖。车舆内铺有一面绘满几何纹的铜板，象征柔软的茵垫。据文献记载，秦始皇外出巡游，就乘坐这种车，车内冬暖夏凉，舒适惬意。

2. 服马和骖马

四马拉车，各有分工。中间两匹驾辕的马叫服马，两边两匹拉车的马叫骖马。服马因为驾辕，距离相对固定，骖马比较自由，为了保证四马各处其位，不会相互拥挤，在两匹服马胸部外侧，各装有一个胁驱（俗名马刺）。如果骖马过分靠近服马，胁驱的尖锥就会刺痛骖马，使它远离；但又为了不使骖马离得过远，在骖马和服马之间还系有一根缰绳，这样一来，缰绳就会牵住骖马，防止它过分远离。御者手里握着的绳子叫辔绳，用来控制马匹。

图4　铜车马的胁驱。秦始皇帝陵铜车马博物馆存

3. 铜车马细节

铜车马的不同部分，都有值得观察的细节。

（1）辔绳连接

辔是御者控马赶车的装具，真实的辔绳是用皮革制作的。辔的前端系在马勒的衔镳上，后端执握在御者手中。驾马左右各有一辔绳，如此，四马共计八辔。然而在《诗经》中多次提到"六辔在手""六辔如琴"。四马应该对应八辔，为何御者却是"六辔在手"？出土的铜车马清晰地显示了辔绳的连接，消除了困扰人们千年的疑问。

图5　立车服马内辔与觼环的连接。秦始皇帝陵铜车马博物馆存

图6　手执六辔的立车御官俑。秦始皇帝陵铜车马博物馆存

铜车马的辔绳分配方式为：八辔中的两根即两匹服马的内辔，插接在御者前面车轼下方的觖（jué）环上，其余六辔三三分开执握于御者的两手中。御者的右手执右骖马外辔、右服马外辔和左骖马内辔；左手执左骖马外辔、左服马外辔和右骖马内辔。

还有重要的细节。辔绳从马首到马尾的一段是圆形的，这是为避免磨损马的皮肤；辔绳从马尾到御者手中的一段是扁形的，这是为便于御者握持。细看辔绳，是一个个铜片或铜节用销钉连接而成的。

（2）铜车马的络头

在灯光的照耀下，铜车马最醒目的要数套在马头上的金银络头。络头是俗称，其古名叫勒（lè），是用来羁马、控马的重要鞍具，主要由勒带、当卢、节约、衔、镳等构成。两乘铜车八匹马的头部各戴一副络头，它们的形制和结构基本相同，但也小有差异。

真实的勒带是用皮条编结的，上面系缀或穿串海贝、铜管、石管等装饰。铜车马上的勒带是用许多短小、外面包裹着金管和银管的铜节连接而成，连接方式为子母口对接销钉插接。包裹在金银管中的铜条是勒带子母口连接的实体，象征编结络头的柔软皮条，外面的金银管起装饰作用。

图 7　铜车马的络头。秦始皇帝陵铜车马博物馆存　　图 8　安车御官俑。秦始皇帝陵铜车马博物馆存　　图 9　立车御官俑。秦始皇帝陵铜车马博物馆存

（3）御官俑的神态

两个御官俑堪称古代造型艺术的杰作，其形态既有几分恭谨和持重，又有几分作为"专车司机"而得意的微笑，体现在其眼弯和嘴角深处的细节。御官俑的

科 古 中
技 代 国
遗
产

212

Chinese Heritage of
Pre-modern
Science and
Technology

揽辔是其代表性动作，与表情相呼应，塑造得活灵活现，彰显了古代工匠的艺术功力。

（4）立车的伞盖

立车的伞盖可以根据车的用途、使用场合及天气情况安装或拆卸。伞杠由三节拼接而成，盖弓和盖斗采用可以插拔的榫卯装接，盖衣采用钩挂方式装在盖弓上。为便于安装，盖弓上还串联了一圈用来编序定位的细绳。这些细节都可在视频动画中清楚地看到。

可拆卸的伞盖、装饰精美的伞杠与巧妙锁闭的伞座组合，共同构建起立车的华美车盖。

图10　立车的伞盖（复原），
前面是伞杠（戴吾三　摄）

三、科技特点

铜车马的材料主要是铜合金，也含有金、银，另有特殊的颜料。从制作工艺看，两辆车各由3000多个零件组成，这些零件大都要预先铸造成型，有些铸造要用到复杂的模范，而后把各种零件通过不同的连接、焊接等方法组合起来。

1. 合金配比，范模多样

铜车马并不是纯铜，而是以铜为主，掺有锡、铅等元素的合金。经检测，铜安车的合金比例为：铜82%～86.05%，锡8.47%～13.57%，铅0.12%～3.67%。铜马的合金比例为：铜90%，锡6%～17%，铅0.1%～1%。

铜车马结构复杂，线、面、体变化多端，铸造并非实体，而是采取空腔造型，由此可大大节约材料，也有利于弯曲变形。

零部件铸造的型范有多种多样，以适应长短、大小、厚薄、空实、平曲的需要。铸造时，至少采用了"浑铸"（车藩、篷盖）、"嵌铸"（分两步：先单铸，后连接再铸，如铜马即先单独铸造四腿、两耳和尾巴等，然后将铸成的单件嵌在马体的范模内，接铸马头和体腔）、"熔化铸焊"（铜安车的车轵同栏板、弓同箱围、檩同箱围的连接）三种工艺手段。另外，还采用了两种焊接工艺，即低温焊和钎焊。

尤其令人惊叹的是，一次性铸成大面积安车的薄壳篷盖，长178厘米，宽129.5厘米，厚仅0.1～0.4厘米，表明秦代铸造技术在继承商周传统技术的基础上又有新的发展。

图11　御官俑的双手与袖管之间的连接，采用的是插接式焊接工艺。秦始皇帝陵铜车马博物馆存

2. 机械加工，精细成型

铜车马上没有发现刀具切削或切割的痕迹。推测在套合拼接中，不合规格的那部分材料，常根据不同情况，利用锡青铜的延展性和可塑性予以处理。这种方法概括起来是：不足者锤打，超过者锉磨，变形者矫正。

古代机械加工工艺包括锉磨、钻孔、镶嵌、铜丝拉拔、抛光等。马的缨穗由直径0.25~0.3毫米的细铜丝组成，至于其是采用冷拔技术还是热拔技术制成，至今仍是一个待解之谜。而用机械连接的部件，可见活页铰链、销钉与转轴、链条、子母扣方策、带扣等。

铜车马和御者的机械加工，采用了锉、钻一类工具，而参照秦俑坑出土的剑、铍、矛、戈、钺、殳、镞等青铜兵器，见其几何体对称，表面光洁，锋刃尖利，显然是经过切削加工的产品。这样看来，秦陵铜车马的加工也有多种加工机械参与。

3. 结构合理，符合力学

二号车（即安车）的篷盖像一个乌龟壳，其结构和形状与一般安车四角挑起的攒尖式盖顶不同，也和卷棚式盖顶有所区别。把篷盖做成壳体，不但外观好看，给人以美感，而且结构合理，节省用材。篷盖呈上凸的曲面，可把荷载和自身重量以压应力的形式更均匀地扩散到壳体的各部分，下垂重量只是平面的几十分之一，这种曲面受力最为合理，也节省材料。

安车的后室（车厢）是车子的主体，从高往下看截面呈凸字形，可分前后两部分。凸字的前部很小，宽35厘米，深36厘米，是专供驾车御者乘坐的座位。凸字的后部呈纵长方形（从马行进的方向看），宽78厘米，深88厘米，属于私密性空间。

值得注意的是，后室的重心不在凸字形的"空间"中心，而是垂直落在整个车厢底部的中线上，以车轴为支点，整个车子的重量大部分通过车轴、车轮传递到地面，少部分则通过轭压在马颈上。这样，服马就不会受车重的压力威胁，只需要克服来自两个方面的力，负轭举辀和拽车前行。而重心落在车轴到车厢的前部，最能维持车子的力矩平衡。重心与支点设计合理的安车，可以充分发挥驾马的能力，体现最大的速度。

4. 通体彩绘，防止氧化

铜车马通体彩绘，所用的颜色以蓝、绿、白三色居多。八匹马通体白色，只有鼻孔、口腔等处施以粉红色。御官俑的面部和手上有两层彩绘，内层为粉红色，外层为白色，更加突出了人物肌肤的质感，头发为蓝黑色，长襦为天蓝色。车身上的彩绘，以白色打底，绘以彩色纹样，色调素雅、清新。彩绘的纹样有变相的夔龙夔凤纹、流云纹以及各种菱花纹和多种多样的几何纹。

彩绘不仅使铜车马更显华丽，同时也掩饰了铜车马在铸造时难以避免的沙眼、修补痕迹等缺陷。经检测，铜车马的颜料厚0.1~0.4毫米，专家推测是先刷一层可溶性的树脂，再以矿物质的颜料彩绘，这样可有效防止青铜在地下发生氧化。

四、研究保护

因铜车马结构复杂，零部件众多，出土时破碎严重，不宜现场清理和提取。考古工作者采取整体切割法，将铜车马堆积层连同土遗迹一起整体从坑底切离，装箱打包后搬运到秦始皇兵马俑博物馆进行修复。

当时，一号车破碎为1325片，二号车破碎为1685片。而且大部分残件都有不同程度的变形，所有连接的关节和销锁的部位都已锈死。结构如此复杂、破碎极为严重且表面遍布彩绘纹饰的青铜器，在世界考古史上尚属首现。

从1981年初起，考古专家和文物工作者，围绕修复方案和具体修复方法的制订，进行了长达一年的准备。最终确定的修复原则为尽力保护好文物表面的彩绘，确保修复文物的牢固度和耐久性。修复方法是以粘接为主，焊接为辅，综合治理。

修复中遇到的最大难点是青铜残片的矫形。铜车马的车厢、车盖和大部分构件呈薄片状，遭受重压后，破碎的残片大都出现了不同程度的变形。

文物工作者观察并分析，发现造成铜车马构件变形的原因是铜车马在被坍塌的土层压碎后，破碎的残件相互叠压，叠压在一起的残件长期受到上部土层的重压。因此，文物工作者设计制作了一架以角钢为支架，以螺旋杆为压力柱，手动调节控制的专用矫形机。同时还加工了一系列型号不同的专用模具和卡具，用于矫形整理时的衬垫和固定。实验证明，利用矫形机做残片矫正，不仅能很好地

注：复原场景
模拟铜车马的出土
状况，采用三维模
型数据和多媒体技
术展示铜车马的考
古清理过程，使游
客感受铜车马的考
古发掘现场。

图12　秦始皇帝陵铜车马坑模拟复原（戴吾三　摄）

控制施压的强度和下压的尺寸，还能使压强长时间保持稳定的状态，逐步消除矫形件对变形势能的记忆。

粘接碎片是铜车马修复的重点。首要是选好黏结剂。修复人员经过试验，选用了铜质文物修复中常用的环氧树脂系胶结剂为主材，在双酚 A 型环氧树脂中加入适量线型脂肪族柔性环氧树脂，以提高材料的韧性和黏接强度。同时又在黏结剂中添加了适量的硅酸铝为填料。

焊接也是修复铜车马用到的重要方法。焊接以低温钎焊为主，少数部位采用中高温银焊。在低温焊接中，通过实验，对修复用的锡 – 铅钎料进行了改良，在锡、铅中加入了适量的铜和镉，配制成新合金钎料。

历时 8 年，各种技术难题被逐一攻克，两乘铜车马修复取得圆满成功。其中，"秦陵一号铜车马修复项目"荣获 1997 年年度国家科技进步奖二等奖。

修复的铜车马被移到秦始皇兵马俑博物馆旁的"秦始皇帝陵文物陈列厅"内展出，同时辅以秦始皇陵铜车马发掘现场照片、铜车马相关青铜制品等。这个展厅比较小，总面积约 600 平方米，节假日时非常拥挤。为此，秦始皇帝陵博物馆在 2017 年规划新的展馆。新馆于 2021 年初落成，铜车马迁入新家，于 2021 年 5 月 18 日"国际博物馆日"开放。新馆面积约有 8000 平方米，核心展区非常宽敞，观众可从近距、远距或俯视等多个角度观赏铜车马。

1998 年，《秦始皇陵铜车马发掘报告》和《秦始皇陵铜车马修复报告》出版，详细介绍了铜车马的考古发掘过程、铸造工艺、整体迁移和修整复原等内容。

随着铜车马修复，机械、冶金、焊接方面的专家也介入铜车马研究。西北农林科技大学的杨青、钱小康等人对铜车马的结构和机械性能展开研究，发表了多篇论文，主要成果收入中国科学院主编的《中国科学技术史·机械卷》。

五、遗产价值

铜车马是继兵马俑坑之后，秦始皇帝陵考古的又一重大发现。铜车马的人、马造型逼真，形象生动而传神。车的结构清晰，同时以塑形和彩绘双重手法极力表现出结构体本来的材质、构造、状态、表面装饰和皮条缠扎关系，将秦代马车的形制、结构和系驾方式，形象、具体地呈现出来，为古代车制研究领域长期争论不下的诸多学术问题提供了宝贵的实物资料，具有重要的历史价值。

铜车马以其巨大的青铜造型创造了古代冶金铸造的奇迹，它是古代艺术与技术的绝妙结合，在中国冶金史乃至世界冶金史上具有重要的科技价值。两个御官俑塑造得活灵活现，在中国艺术史和世界艺术史上也具有很高的艺术价值。

参考文献

［1］湖北省博物馆考古工作队.秦始皇陵铜车马发掘报告［M］.北京：文物出版社，1998.

［2］袁仲一.秦始皇陵考古发现与研究［M］.西安：陕西人民出版社，2002.

［3］张瑞芬，张天柱.震撼寰宇的"青铜之冠"：秦陵铜车马［J］.陕西画报，2021，（2）：56-61.

［4］陆敬严，华觉明.中国科学技术史·机械卷［M］.北京：科学出版社，2000.

［5］秦陵博物院社会教育部.秦俑百问微讲堂［EB/OL］.（2020-02-12）［2024-08-01］.https：//mp.weixin.qq.com/s/mrjJMO1QMsUnb7DEo1PQTQ.

（黄鹰航　戴吾三）

科技遗产 古代 中国
218
Chinese Heritage of
Pre-modern
Science and
Technology

古荥汉代冶铁遗址

——公元前1世纪至公元2世纪世界冶铁技术最高水平的代表

古荥汉代冶铁遗址位于河南郑州市惠济区古荥镇，是汉代"河一"铁官所在地，兴盛于西汉中期至东汉。

从20世纪60年代中期开始调查，到70年代正式挖掘，迄今该遗址的发掘面积达12万平方米，所发现的古荥汉代冶铁遗址1号炉炉容约50立方米，是已发现的中国古代最大单体冶铁竖炉之一。其采用椭圆炉型，单炉日产生铁0.5~1吨，代表了汉代乃至当时世界的最高冶铁技术水平。

2001年6月，古荥汉代冶铁遗址被列为第五批全国重点文物保护单位。2011年7月，在原古荥汉代冶铁遗址保护管理所的基础上，古荥汉代冶铁遗址博物馆正式成立。

图1 古荥汉代冶铁遗址博物馆（戴吾三 摄）

一、历史沿革

在甘肃临潭磨沟墓地出土的两件公元前14世纪的块炼铁和块炼渗碳钢制品，是中国目前发现的最早的人工冶铁制品；在新疆多地发现了公元前1000年前后的块炼铁和块炼渗碳钢制品；在河南三门峡虢国西周晚期墓出土了三件公元前9—前8世纪的块炼铁和块炼渗碳钢兵器。

春秋初期，位于黄河下游的齐国冶铁业勃兴，与此同时"官山海"政策推行，即对盐铁实行政府专卖，以据山海之利。从战国时期到西汉初，民间冶铁业快速发展，有靠经营冶铁业而富甲一方者。汉武帝时期，实行盐严格的盐铁专营政策，在全国设立49个铁官，由国家掌管钢铁产业。

从世界冶金史角度看，中国在冶铁技术领域的最大成就，是发明了生铁及生铁制钢技术体系。冶炼生铁使用的竖炉高达4米，在矿石中加入助熔剂，采用强力鼓风，炉温可达1400℃，炉渣和铁都变成液态，从炉门放出，由此可以连续、高效地产铁。借助早期积累的丰富的青铜铸造经验，工匠们将生铁铸造成各种农具、工具，再将其退火，或者脱碳，可以生产出价廉物美的钢铁制品。春秋战国时期的华北和中原地区，钢铁业已初步形成，中国社会由此开始进入铁器时代。随着炒钢、百炼钢、灌钢技术的出现，到汉代时，生铁及生铁制钢技术体系基本

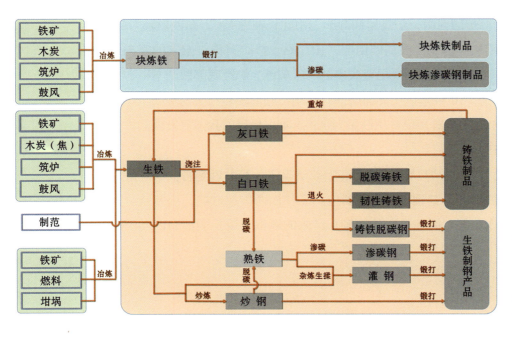

图2　中国古代生铁及生铁制钢技术体系

注：图像源自北京科技大学冶金与材料史研究所《铸铁中国——古代钢铁技术发明创造巡礼》，冶金工业出版社，2011年，第27页。

形成。中国古代冶铁制钢的效率和产品质量显著提高，极大地促进了当时农业、手工业、军事装备、交通等各领域的发展。东汉时期，中国社会全面进入铁器时代。

古荥汉代冶铁遗址是汉代"河一"铁官所在地，即河南郡铁官所辖第一冶铸作坊。1964年冬，郑州市公路段修公路时，一位姓赵的技术员在古荥镇发现了大量炼渣及一些铁器，他便向文物部门汇报。1965—1966年，郑州市博物馆在该遗址区进行调查和试掘，后因"文化大革命"工作告停。1975年起正式发掘，发现冶铁炉炉基2座，炉基周围清理出13块大积铁，矿石堆、炉渣堆积区，与冶炼有关的重要遗迹还有水井1口、水池1个、船形坑1个、四角柱坑1个、窑13座等，以及铁器318件、陶器380余件、石器8件。

二、遗产看点

古荥汉代冶铁遗址博物馆建于冶炼遗址之上，主要看点有：两座冶铁炉炉基、炉前坑、大型积铁块、复原的窑以及出土的铁制品。

1. 冶铁炉遗址

1号竖炉遗址：炉门向南，炉缸呈椭圆形，南北长轴为4米，东西短轴为2.7米。炉缸下部基础和炉前工作面基础相连，由红黏土掺矿石粉、炭末的黑褐色耐火土夯筑而成。炉缸经高温灼烧已变成坚硬的蓝灰色。炉缸底部凹凸不平，有残存的铁块。炉壁残高0.54米。工作面两侧有柱洞，底部填有石头为基础。经测算，1号炉容积约50立方米，日产生铁量为0.5~1吨，是目前我国已发现的古代容积最大的冶铁炉。

2号竖炉遗址：距1号炉14.5米，用高强玻璃罩住，可贴近观看。其炉缸已损坏，筑在早期炉基上。基础坑外夯筑黄土。工作面两侧挖方坑，内置铁块为基础，支撑炉前作业架木的柱子。坑底铺0.15米的厚黄土泥，表面有凹凸不平的夯窝。

图3　1号竖炉遗址
（黄兴　摄）

图4　2号竖炉遗址
（戴吾三　摄）

图5　1号竖炉前坑
内1号积铁（黄兴
摄）

2. 炉前坑与大积铁

在1号竖炉工作面南边有一不规则长方形坑，长6.1米，宽4~6米，最深处3.7米。考古人员从坑内挖出三块积铁。其中，1号积铁重约23吨，积铁的形状和1号炉底的形状大致吻合。由此可推断，1号积铁是1号炼炉冻炉后处理的炉底积铁，其边缘立着一块条状的炉内结瘤，铁瘤与积铁呈118°夹角，向外倾斜。在坑内和周围还有其他多块积铁。这些积铁成因不尽相同，或是炉内结瘤，或是停炉后炉底积铁。

3. 陶窑

在遗址区共发现陶窑13座，其建筑结构基本相同，一般是在生土地面挖出

图6　复原的11号陶窑（戴吾三　摄）

图7　古荥冶铁遗址出土的铸造陶模（戴吾三　摄）

窑的下部形状，再在地面上砌出窑膛。发掘时这些窑的上部都已残缺，现存部分前呈半圆形，后呈方形。陶窑分窑门、火池、窑膛、烟囱四部分。陶窑除烧瓦、砖、鼓风管、耐火材料外，还有烘范、铁器热处理、烧制陶器等用途。

陶窑的主要燃料是木柴，个别窑也用煤饼。

4. 铸造陶模

古荥汉代冶铁遗址出土的陶模大多是用来铸造铁范的"母范"。其表面有淡蓝色的烧灼痕迹，反映了汉代铸造造型工艺。遗址发现的铸模有犁、犁铧、铲、凹形臿、一字形臿、六角承等。一般分为上内模，上外模，下内模，下外模和范芯上、下模六种类型，可分别按器物种类搭配成套，多数上内模上刻有"河一"铭文。

5. 铸成产品

遗址出土了300多件铁器，其中有犁、犁铧、铲、臿、锛、镢等农具206件，均为铸制；有梯形铁板等型材；此外还有凿、齿轮、矛等。并且十余件铁器上有"河一"铭文，表明是在此铸造。

（a）铁犁　　　　　　　　（b）铁犁铧　　　　　　　　（c）铁一字臿

（d）铁铲　　　　　　　　（e）铁锛（1）　　　　　　　　（f）铁锛（2）

图8　古荥汉代冶铁遗址出土的部分铁器（戴吾三　摄）

中国古代科技遗产

224

Chinese Heritage of
Pre-modern
Science and
Technology

三、科技特点

汉代"河一"铁官采用了当时中国乃至世界上最先进的生铁冶炼和铸造技术，其科技特点集中体现在以下四个方面。

1. 炉型设计

古荥1号竖炉的炉容约50立方米，从物料平衡的角度计算，其单炉日产铁量达0.5~1吨。从横向比较，这一产能远远超出了西方同时期的块炼铁炉；从纵向比较，河南西平县酒店乡出土的赵庄战国时期冶铁竖炉的炉容不足7立方米。可见古荥1号竖炉是世界冶铁史上一个重大成就，是当时冶铁技术各个环节都处于世界前列的综合结果。

维持如此大的冶铁竖炉正常运行，最重要的是保障炉内供风。古荥1号竖炉的创新点在于，其将炉体的水平面建造成椭圆形，在长轴两侧各设两个鼓风口，缩短风口到炉心的距离，并用四个囊（皮囊）同时鼓风。在近代西方高炉发展历程中，也曾出现椭圆形高炉，直到19世纪中叶，随着鼓风能力的提高，这类高炉逐渐被淘汰。

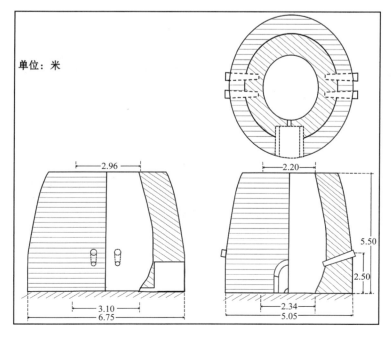

图9　古荥1号冶铁炉
炉型复原图（黄兴　绘）

应用计算流体力学对炉内气流场进行数值模拟，由速度流线图可以看出，多口对称鼓风使得炉体下部气流场呈对称分布，气流在中心区域汇聚，再向椭圆长轴两端流动，最后向上发展，在炉体内均匀分布，保证了炉腹以上各处温度、气氛均匀分布。

数值模拟还显示，多风口对称鼓风会在炉缸部位形成低压、低速区。此区域内木炭消耗速度较慢，会随着温度波动与矿石裹挟、熔合在一起，逐渐积累。这是炉内形成积铁的重要原因之一。每个冶炼周期（几十天或数月）结束之后，根据需要拆开炉体，将积铁移出，重新建炉、抹炉衬。

图 10 古荥 1 号竖炉气流场数值模拟速度流线图（侧视）（黄兴 模拟）

2. 鼓风技术

古荥汉代冶铁遗址虽没有发现鼓风器实物，但发现了陶制鼓风管。从历史文献可知，汉代已普遍使用大型鼓风皮囊。其进风口、出风口均安装了自动活门，推拉皮囊就能自动吸气和排气。山东滕州宏道院发现的汉画像石上有使用鼓风皮囊进行鼓风锻造

图 11 古荥汉代冶铁遗址出土的陶鼓风管（戴吾三 摄）

的图像，20世纪50年代王振铎先生据此做了复原。东汉冶铁已经使用马排或水排，即利用畜力或水力驱动鼓风器，以提高鼓风压强和供风量。冶铁史研究者依据现场柱洞和船形坑来判断，认为古荥"河一"铁官使用了马排鼓风。

3. 铁器产品

古荥"河一"铁官的生铁制品有以下三种：

（1）铸铁产品

古荥汉代冶铁遗址生产的产品有农具和日常生产工具。从类型看，最多的是铁锛和铁镬，均为尚未上市的产品。

（2）铁范

古荥汉代冶铁遗址中有大量铸造铁范的泥范和残片，但没有发现铁范，表明这里大规模制造铁范，并将其作为产品供应其他的铸铁作坊。

中国早期铸铁多用陶范，用铁范成批铸造铁器是战国时期冶铁术的重大技术创新，其代表器物是河北兴隆出土的铁范，有斧、锛、锄、双凿、双镰和车具等，为燕国官营冶坊"左廪"所铸。汉代以后，铁范被普遍使用，材质也得到改进，兴隆铁范为过共晶白口铁，西汉初期的莱芜铁范属麻口铁，而渑池铁范已大都为性能更好的灰口铁材质。

相较于陶范，铁范可以反复使用，节省重复制范所需的材料和人工成本，显著提高铸造效率。此外，铁范铸造可以使铸件快速降温，内部形成白口铁；经退火柔化处理，石墨析出后不会结成片状以致铸件报废，而是呈团絮状，甚至球状，具有一定的韧性。实物检测表明，战国、西汉铸铁农具半数以上经过柔化处理，足以证明这一技术对该时期经济发展起到巨大的推动作用。曾有国外学者质疑，在使用脆硬易折的生铁器件的情况下，中国怎么能在战国时期就进入了铁器时代？有关铁范铸造和铸铁柔化术的发现，很好地回答了这个问题。

（3）铸铁脱碳钢型材

古荥汉代冶铁遗址出土了数十块梯形铸铁板，长19厘米，宽7~10厘米，厚0.4厘米，总重数10千克。经鉴定，这是将铸铁板材经过脱碳而成的钢制品，含碳量为0.1%~0.2%。这类铁板在南阳瓦房庄等冶铸遗址屡有发现，一度被误认为是某种工具。

铸铁脱碳钢是中国古代最早的生铁制钢工艺，在公元前5世纪—公元6世纪一直发挥着重大作用。此工艺系将低硅白口生铁铸件在氧化气氛炉中进行退火，适当控制退火时间和温度，避免石墨的析出，再使铸件脱碳成为钢或熟铁制品，从而在没有铸钢条件下获得钢件。铸铁脱碳钢制品最早见于公元前5世纪的河南登封阳城战国早期遗址，汉代南阳铁生沟也出土了成批的板材、条材；北京大葆台西汉墓出土的环首刀、郑州东史马出土的铁剪，以及渑池窖藏出土的板材和钢质农具与工具都属于此类材质。

4. 煤的使用

古荥窑址中还发现了煤饼，而煤的发现和应用在我国煤炭史和冶金史上都具有重要意义。这是继巩义铁生沟之后中国考古第二次发现煤的应用。中国古代用煤炼铁的记载最早见于《水经注·河水》，当在魏晋时期。古荥汉代冶铁遗址的考古发现证明，至迟在东汉时期我国已经用煤作为冶铁燃料。

四、研究保护

古荥汉代冶铁遗址的发现，受到上级文物部门和冶金史研究者的高度重视。1975年，郑州市博物馆发现该遗址，首都钢铁公司、《中国冶金史》编写组、河南省冶金局、郑州机械研究所、河南省博物馆的研究者都参与其中。

古荥汉代冶铁遗址发掘后，国内冶铁史研究出现了一次高潮。《文物》杂志于1978年第2期一次性刊登了3篇关于古代冶铁史的重要文章。40多年来，围绕古荥汉代冶铁遗址炉型复原、冶铁场布局、炉内冶炼状态等已有多项研究成果发表。

特别是对古荥1号竖炉的复原研究，40多年来，先后有4篇（部）文献发表。1978年发表的文献首次提出了椭圆形、有炉腹角的炉型复原方案，从物料平衡的角度计算该炉日产铁0.5~1吨。1992年发表的文献，参考新发现的其他古代冶铁竖炉，提出将炉型由直筒型改为收口型、有炉身角。2004年发表的文献，复原了炉型外观结构、鼓风机械和冶铁场整体布局。2022年出版的论著对炉高做了修正，并首次应用计算流体力学方法模拟炉内气流场，分析炉型、鼓风对炉内冶炼的影响。

　　古荥汉代冶铁遗址对国际冶金史研究领域也有重要的影响。1986年10月，"金属的早期冶炼及其应用"第二届国际学术讨论会在郑州举行。有来自中国和美国、英国、加拿大、新西兰、澳大利亚、瑞典、意大利、日本、印度等11个国家和地区的专家学者共70余人参会，与会者参观了古荥汉代冶铁遗址并了解了相关研究成果。海外学者惊叹古荥汉代冶铁遗址的庞大规模和当时的先进技术，对我国的研究成果给予充分肯定。

　　古荥汉代冶铁遗址的保护工作一直在进行。1984年7月，郑州市古荥汉代冶铁遗址保护管理所成立。1986年，在省、市有关部门的资助下，遗址中心区炼铁炉及其他重要遗迹处修建了遗址保护陈列室和办公室等设施，保护陈列室举办了汉代冶铁专题展览，并于当年10月正式对外开放。2001年6月，国务院公布古荥汉代冶铁遗址为第五批全国重点文物保护单位。2006年，古荥汉代冶铁遗址合并于荥阳故城，纳入更大的保护范围。2011年7月，古荥汉代冶铁遗址更名为郑州市古荥汉代冶铁遗址博物馆。

　　2017—2019年，古荥汉代冶铁遗址博物馆实施陈展提升工程，将陈展面积扩大一倍，展线长度提升400%，通过遗迹展览、文物陈列、多媒体重现、VR（虚拟现实）互动等方式，全方位、多层次展现古荥汉代冶铁遗址的规模、价值和内涵。

　　2021年10月，古荥汉代冶铁遗址（荥阳故城）入选国家文物局《大遗址保护利用"十四五"专项规划》"十四五"时期大遗址名单。

五、遗产价值

　　考古发掘表明，古荥汉代冶铁遗址是汉代国家盐铁专营时期河南郡的第一冶铁工场，具有重要的历史价值。古荥汉代冶铁遗址的冶铁炉是目前发现的西汉中晚期容积最大的冶铁炉之一，是当时最先进的炼铁设备；一系列冶铁遗址、遗存反映出先民创造了一整套中国古代钢铁生产技术体系，在世界冶金史上是一个重大贡献。

　　古荥汉代冶铁遗址的冶铁竖炉是椭圆形的，表明汉代冶铁工匠对扩大炉体容积与对鼓风、炉径的相互关系已有深入的认识；竖炉断面由圆形到椭圆形，是冶铁史上的一个重要技术进步，于今仍具有重要的科技价值。直到1850年，美国才建成了两座椭圆形高炉。同一年，英国也建成了一座椭圆形高炉，而后不久，在当时的主要产铁国家瑞典和俄国，椭圆形高炉也相继建成。

古荥汉代冶铁遗址既是世界文化遗产中国大运河通济渠郑州段附属遗产，同时也是我国因黄河而生、依黄河而兴的重要手工业遗存，是古荥大运河文化片区的重要展示节点，具有重要的文化价值。

中华文明在铁器时代能够在世界上长期保持领先，生铁及生铁制钢技术体系功不可没。具有中原特色的钢铁技术一直在向周边传播，带动了整个东亚地区的发展。欧洲从13世纪开始冶炼生铁，在其后数百年的发展历程中，吸取了很多中国的经验和技术，最后发展为现代的高炉冶铁和炼钢技术。

时至今日，以古荥为代表的古代冶铁遗址及其技术已升华为中华民族的优秀科技文化遗产，持续发挥着当代价值。

参考文献

[1] 郑州市博物馆.郑州古荥镇汉代冶铁遗址发掘简报[J].文物，1978（2）：28–43.

[2] 刘云彩.古荥高炉复原的再研究[J].中原文物，1992（3）：117–119.

[3]《中国冶金史》编写组.从古荥遗址看汉代生铁冶炼技术[J].文物，1978（2）：44–47.

[4] 黄兴，潜伟.中国古代冶铁竖炉炉型研究[M].北京：科学出版社，2022.

[5] 韩汝玢，柯俊.中国科学技术史·矿冶卷[M].北京：科学出版社，2007.

[6] 华觉明.中国古代金属技术：铜和铁造就的文明[M].郑州：大象出版社，1999.

[7] 北京科技大学冶金与材料史研究所.铸铁中国：古代钢铁技术发明创造巡礼[M].北京：冶金工业出版社，2011.

（黄兴　李艳涵　孙旭东）

科技遗产 中国古代

230

Chinese Heritage of
Pre-modern
Science and
Technology

沧州铁狮子

——我国现存体积最大的铸铁文物

沧州铁狮子，坐落于河北省沧州市东南旧城遗址内，距沧州市中心约21千米。沧州铁狮子铸造于五代后周广顺三年（953年），重约40吨，距今已有1000余年，是我国现存单体最大的铸铁文物。铁狮子造型昂首阔步，雄浑壮美，彰显出中国古代高超的铸造工艺。

1961年，沧州铁狮子被国务院列为第一批全国重点文物保护单位。2019年10月，铁狮子所在位置，加上旧沧州城遗址，统一规划建成"沧州铁狮与旧城遗址公园"，向社会开放。

图1　铸造于五代后周时期的沧州铁狮子，是我国现存体积最大的铸铁文物。为对铁狮子加强保护，1995年加用钢架支撑，2023年建立保护大棚（孙旭东　摄）

一、历史沿革

中国在公元前8—前6世纪就发明了生铁冶炼技术，当时已能高效地冶炼液态铁，在此基础上又逐步形成了生铁及制钢技术体系，进而生产出物美价廉的铁器产品。至东汉，中国全面进入铁器时代。隋唐以后，随着生铁产量的持续增加，传统的铸造技术被用于制作大型铸件。唐《集异记》记载，隋开皇中，河东道晋阳(今山西汾西)僧人倾毕生心血，铸成大铁佛像，高35米，"佛像庄严端秒，毫发皆备"。《新唐书》记载，唐代武则天为铸造"大周万国颂德天枢"，用铜铁约二百万斤。有很多古代大型金属文物遗留至今，散布全国。

沧州铁狮子（以下简称"铁狮子"）是目前国内现存最大的单体铸铁文物。据狮身的铭文记载，铁狮子铸造于五代时期后周广顺三年（953年），时间很明确，然而铸造缘由却一直无定论，流传有"罚罪说""镇州城""壮寺观""镇海吼"等说法，这些在历史文献中都有记载。

"罚罪说""镇州城"说，见明万历三十一年（1603年）李梦熊修、顾震宇纂《沧州志》卷一《疆域志·古迹》："周世宗北征契丹驻跸沧州，有罪人善冶，输金铸狮，镇城赎罪。高一丈七尺，长一丈六尺。"又见康熙十三年（1674年）祖洋潜、李永纯修，王耀祖纂《沧州新志》卷二《疆域志·古迹》："（铁狮）在旧城开元寺，今寺废。相传周世宗北征，有罪人善冶，输金铸狮镇城赎罪。高一丈七尺，长一丈六尺，口吻腹尾俱残缺。我朝康熙八年（1669年）圣驾南旋驻跸临幸。"

"壮寺观"说，见民国二十二年（1933年）张凤瑞、徐国桓修，张坪纂《沧县志》卷十三《事实志·金石》，文中对铁狮子有详细描述："在旧州城内开元寺前，高一丈七尺，长一丈六尺。背负巨盆，头顶及项下各有'狮子王'字，右项及牙边皆有'大周广顺三年铸'七字。左胁有'山东李云造'五字。腹内、牙内外字迹甚多，然漫灭不全，后有识者谓是《金刚经》文。头内有窦田、郭宝玉字，曾见拓本，意系冶者姓名，字体为古隶。相传周世宗北征契丹，罚罪人铸此以镇州城。后有考据家辩云：罚罪人之说不足信，周世宗素不信佛。狮既在开元寺前，且背负巨盆，当即寺中物。或云李云捐造以壮寺观者，是说较近理。又云：背负之盆，作莲台形，或原有佛像未可知，然不可考。或以东光县之铁菩萨像，实之非是。"

铁狮子是何人所铸？历史文献没有记载，在狮身左胁的铭文"山东李云造"五字是唯一的线索。

铁狮子建造之初，矗立在经硬化处理的地面上。据民国《沧县志》记载，嘉庆八年（1803年），"有怪风自东北来，风过狮仆"。铁狮子摔倒后头部和背上莲花座脱落。1893年，铁狮子被重新立起，但下巴已缺失。铁狮子千百年来受风雨侵袭，锈蚀较重，尤其腿脚严重残缺。

中华人民共和国成立后，铁狮子受到国家和地方政府的重视，曾有几次保护和修复。然而，由于早期缺乏室外铁质文物保护的经验，未能制订科学的、周全的保护实施方案，没有达到预期效果，甚至在一定程度上造成了"保护性破坏"，这是文物界始料未及的。

二、遗产看点

在沧州铁狮子与旧城遗址公园内，分布有十几个景点，要看铁狮子，最重要的地点是铁狮子文化园和展览馆。

图2　沧州铁狮子与旧城遗址公园的牌坊（戴吾三　摄）

　　从铁狮子文化园南门（正门）进入，映入眼帘的是一面壁饰，上面镶有"沧州铁狮子"几个金属大字。一条铺砌的石板路通向铁狮子，地面隔不远就嵌有一块铜牌，按年代标出铁狮子的大事节点，浓缩了铁狮子的千年变迁史。路两边石柱上是一些小石狮，仿制全国各地有名的石狮（如卢沟桥狮子）。

　　铁狮子现身长约6米，体宽约3米，通高约5.5米，体腔中空。走近看铁狮子，其立于石台之上，通体因锈蚀呈棕褐色，狮首朝南，狮尾向北，面首偏西，身披障泥，背负莲花盆，前胸及臀部饰束带，鬃作波浪状披垂于项上，巨口大张，怒目昂首，四肢叉开，似正疾走乍停，又似阔步前行，雄浑壮美，是一件难得的艺术珍品。

图3　沧州铁狮子文化园入口，远处就是闻名于世的铁狮子（戴吾三　摄）

图4　铁狮子局部近景（孙旭东　摄）

中国 古代 科技遗产

234

Chinese Heritage of
Pre-modern
Science and
Technology

　　目前，铁狮子四足仅有左前脚尚存，惜已断裂，其余三只脚不存；狮身以多根钢管支撑；背部与腹部均有巨大的残洞；尾部缺失，下巴不存；狮身除背、腹的残洞以外，在左腿外侧、右臀、右腿根、项下、胸下、左腮等处，有十几个大小不等的孔洞；全身主要裂缝达二十多条，多集中在腿部。铁狮子全身锈蚀，狮身外表面锈层致密，与狮身铸铁结合紧密；内部锈蚀比外部严重，锈层疏松，部分锈层呈鱼鳞状。

　　欣赏铁狮子的同时，在东、西两面展墙上，还可以品读历代名人所作并由现代书法名家书写的铁狮子辞赋。北面展墙上则是根据史料还原的铸狮图。

　　移步到展览馆，通过文字介绍和实物展陈，可进一步加深对铁狮子的了解。沧州并不产铁，重约40吨的铁狮子需要大量的铁方可铸成。根据官方记载推算，后周广顺三年（953年）全国的采铁量为2500吨左右，距离沧州较近的磁州（今河北磁县）、邢州（今河北邢台）是铁矿产地，可以通过大运河运铁矿石到沧州，这为铁狮子的顺利铸成提供了便利的交通条件。

　　早期，在铁狮子上可见清晰的铭文字迹，如头顶及项下各有"狮子王"三字，项右"大周广顺三年铸"七字，左肋有"山东李云造"五字。而随岁月锈蚀，如今只能在展馆的拓片上看到了。

图5　铁狮子脱落的脚趾（孙旭东　摄）

图6　铁狮子项下"狮子王"的文字拓片（戴吾三　摄）

三、科技特点

铁狮子体态巨大、造型复杂。古代工匠能铸成如此壮美的庞然大物，在冶铸技术史上是一个奇迹。近几十年来，学者们从不同角度对铁狮子做了多方面研究。

1. 成分分析

铁狮子体腔中空，体壁最厚处35厘米，最薄处3厘米。1980年以来，为了配合保护工作，冶金史学者先后四次对铁狮子的不同部位进行采样分析。

由分析知，铁狮子的组成材质并不均匀：在腿中部和根部、右侧腹部、左前胸、颈部、背部、莲花盆底等处有铸铁脱碳现象，原因是后一次浇铸的高温铁水对前一次已经凝固的铁产生了退火脱碳作用；铁狮子右后腿、左前爪等较厚位置，铁水冷却较慢，各阶段石墨化较彻底，材质以灰口铁为主；右前胸、左侧腹部及背部等处相对略薄，第一阶段石墨化不完全，材质以麻口铁为主。各种含碳量不同的材质机械性能相差较大，导致其受应力产生的形变量不同，在材料交接处容易开裂。

铁狮子表面致密黑灰色锈层主要是具有较好的热力学稳定性的磁铁矿、赤铁矿，以及纤铁矿和石英，前者可转化为热力学稳定的针铁矿或磁铁矿，长时间沉淀形成致密保护膜，可以防止进一步锈蚀。黄褐色鳞片状锈蚀主要是赤铁矿、针铁矿、纤铁矿或正方针铁矿：正方针铁矿的晶粒是纵深方向伸长，易导致锈层破碎，且相对湿度升高时，正方针铁矿中的 Cl^- 易与潮湿环境中的 OH^- 发生交换而溶出，导致循环腐蚀，对铁狮子的保护非常不利。

2. 铸造工艺

泥范铸造、铁范铸造与熔模铸造（失蜡法）是中国古代三种主要的铸造工艺，出现年代很早，应用也普遍。直至近代砂型铸造成熟后，这三种方法才逐渐被取代。通过对铁狮子外观及结构的分析，可以推断出其铸造是通过泥范法塑形，采用顶注式和明浇式浇注完成。

铁狮子的外表面可以看到有横纵交叉的铸造披缝，即外范拼接后在铸件表面的范缝痕迹。从爪至头顶共有21条间距25厘米左右的横向披缝条，各横向披缝

科技遗产 古代 中国

236

Chinese Heritage of
Pre-modern
Science and
Technology

之间又有许多间距45厘米左右的纵向披缝，表明这些25厘米×40厘米左右的长方形范块拼合组成了铁狮子的外范。各段铸范共400余块，其背上莲花盆铸范65块，铸范总数近500块。狮身表面存在的圆头钉，能在制作内芯时作为测量标记点，同时在合范时能够支撑外范并控制浇注厚度。

图7　铁狮子表面的披缝（孙旭东　摄）

　　铁狮子体积庞大，造型结构复杂，合范与浇注都比较困难。在边合范边浇注过程中，若两次浇注时间间隔过长，先浇的铁水已凝固，后浇的铁水不能与之熔成一体，故而在铁狮子身体内外出现冷隔线，这是采用明浇法所产生的现象。铁狮子背部莲花座的顶部以及头顶部的气孔，实际上是浇冒口，当结构复杂的合范进行到顶部时，采用顶注法在浇冒口进行浇铸和排气。冷隔线中的浮渣很大程度降低了铁狮子的机械强度。

3. 铸造流程

　　根据上述观察和分析，推测铁狮子的铸造流程如下：

　　第一，塑造模型。先用木头等绑扎作骨架，用粗泥堆贴于骨架上，塑成狮子形。再在狮身外层用细泥贴塑，雕刻狮身各部的纹饰和文字，之后晾干。

　　第二，制作外范。在泥模型外涂抹泥料，依其外形特征，在外范上划出水平、垂直方向的披缝，将外范切割成若干不同形状的范块。在范块之间设榫卯，由上到下依次编号取下，自然晾干或入炉烘烤至陶状。

　　第三，制作内芯。将圆头钉均匀打入泥雕模型的周身，钉头平嵌在表面。以圆头钉作标尺，按预先设计的铸铁厚度，刮掉一层泥雕的外皮，同时在泥芯上阴刻出铁狮子内壁上的文字。

　　第四，合范与浇铸。将制成的外范按原来的部位和顺序从下到上一块块拼合。拼合时，要按编号顺序和留出的榫卯对接。铸造铁狮子时，数座化铁炉同时生火，将熔融的铁水通过管道汇聚于一处，灌入到合范时外范与内芯之间留出的空腔，即为明浇法。在浇铸到莲花座和狮子头顶部时，通过浇冒口进行顶注法浇铸。

第五，清理。浇铸完毕冷却后，去除加固措施，打掉外范，掏出内芯，并打磨使外观光滑。

4. 综合评价

沧州铁狮子采用泥范铸造，将体态巨大、造型复杂的外形分解为上百个长方形范块，这种执简驭繁、由小拼大的方法，是中国古代铸造大型复杂器物的典型工艺。在缺乏超大型熔炉及大型运输设备的前提下，用多个小炉并举铸成大器物，足见我国古代工匠的智慧。

四、研究保护

沧州铁狮子自铸成起，至清嘉庆八年（1803年）被大风吹倒之前的近千年，未见有维修保护的文献记载。对铁狮子首次维修的记载见1933年版《沧县志》："清嘉庆八年三月大风倒地，口吻、腹、尾俱残缺……光绪十九年署州事宫昱遣坊者扶起，以砖石补其残，然已失原状。"这是史书首次记载由官府组织的对沧州铁狮子的维修保护，但具体施工过程不明。

图8　沧州铁狮子腹部填充砖石支撑保护。沧州铁狮子与旧城文化展览馆存

中华人民共和国成立后，沧州铁狮子得到了政府文博部门、冶金史研究者的高度重视，1961年被国务院公布为第一批全国重点文物保护单位。此后，有关部门多次组织对铁狮子进行保护和修复，主要修复有以下方面。

1. 修亭（1957—1975年）

为使当时已经陷入土中近半的铁狮腿重新露出来，需要将其周围的土刨开并向外延伸，以在铁狮子周围形成一片洼地。同时在铁狮子四腿外围砌起矮砖墙，在狮足站立的地面抹上水泥。在矮砖墙上立起八根水泥柱，在上面盖八角亭。然而，下雨天很容易造成积水。亭子把铁狮子全身遮盖，狮身见不到阳光，坑中积水不能很快蒸发，水蒸气也不能很快扩散，在亭内形成高温高湿的小环境。狮腿浸泡，狮身受潮，致使损坏加重。在意识到问题严重性后，1975年八角亭被拆除，但水浸的问题却未得到解决。

图9　1957年修建八角亭后的铁狮子。沧州铁狮子与旧城文化展览馆存

2. 抬高移位（1980—1987年）

为解决拆除八角亭后铁狮子地处低洼、雨季泡水的问题，研究决定将其原

地移位到高台，同时对周围地基进行清理发掘。1980年对铁狮子基础状况进行了勘测；1983年修建基座；1984年实施吊装移位。先在狮腿与底盘的间隙及狮腿内部灌注了硫磺锚固混合液，以确保铁狮子在吊装过程中的安全并加强狮腿的强度；之后，以两台吊车同步起吊，先吊起1厘米，观察30秒，再吊起50厘米，观察30秒，没有出现任何异常后方正式起吊，继续吊起约4米时，开始向台座方向水平移动，然后准确落位；最后再把狮头、莲盆吊装到原位，吊装移位即完成。

3. 支架稳固（1994—1995年）

从1984年移位抬高至1994年的10年间，铁狮子的保养工作没有跟上，铁狮腿内的硫黄混合剂没有及时清除。因硫黄对铁质的腐蚀作用，铁狮子的四条腿都出现了裂纹。1994年，铁狮子腿内的硫黄混合剂被去除，铁狮子内部安装了支架，同时狮腿的残缺部分得以修补。1995年，因铁狮子腿部裂缝再次快速恶性发展，铁狮子开裂为20多块，故加急在其外部安装外支架。此次抢救维修后，铁狮子的腿部基本失去稳固站立的功能，需要靠多根钢管支撑才能站立。鉴于不

图10　1984年铁狮子吊装移位现场。沧州铁狮子与旧城文化展览馆存

当的保护措施造成了不可逆的破坏，铁狮子的外部支撑保持至今。

4. 铁质文物保护与数字化研究（2001—2010年）

进入21世纪，研究人员借助多种新方法对铁狮子做铁质文物保护与数字化研究。2006年，中国文化遗产研究院承接"十一五"国家科技支撑项目，以铁狮子为样本进行室外大型铁质文物保护技术研究。北京科技大学与河北省古建筑保护研究所联合建立铁狮子仿真模型，计算铁狮子重量、重心及稳定性，分析站立状态下铁狮子的应力及变形。2010年，王晓东等人应用逆向工程CAD建模技术建立铁狮子结构的力学仿真模型，对铁狮子在风荷载作用下的流场分布进行了研究，初步得出铁狮子尚处于安全状态的结论。范峰等人针对铁狮子结构的数据类型及特点，研制了沧州铁狮子健康监测数据管理及集成系统，为将来铁狮子结构的长期健康监测提供了重要支撑条件。

5. 修建保护大棚（2023年）

从2017年起，修建铁狮子保护大棚的呼声日渐高涨，最终经国家文物局批复同意。保护大棚方案由中国文化遗产研究院设计，2023年3月施工，6月建成。保护大棚将有效改善铁狮子的保护环境，减缓其锈蚀速度。同时大棚设有玻璃天窗，保留日光照射，可使铁狮子在白天吸收热量，夜间缓释热量，改善温度降低后的结露情况。

五、遗产价值

沧州铁狮子年逾千载，饱经风霜和战火洗劫，狮体内外伤痕累累，但仍巍然屹立，雄姿不减。铁狮子除自身所体现出的科技价值，反映我国古代劳动人民在铁器冶炼铸造技术方面高超的技艺之外，随着时代的发展，铁狮子所具有的历史价值和文化价值日益凸显。

后来，狮子的形象在中国古代人民心中开始成为神圣庄严的代名词之一，逐渐得到人们的信奉。沧州铁狮子的铸成无疑给当时的百姓以心理寄托，"镇州城""镇海吼"等沧州铁狮子铸造缘由的传说也相继流传，反映了民众对幸福、安宁生活的渴望。

沧州别称"狮城"，即来源于铁狮子的形象，最早见于万历三十一年（1603年）李梦熊修、顾震宇纂的《沧州志》卷一《疆域志·古迹》："卧牛城，又名狮城。"中华人民共和国成立后，人们将其内涵外延拓宽，沧州铁狮子的形象扩展到经济、政治、文化等各个领域，已然成为象征沧州的精神图腾之一。

沧州铁狮子体型庞大，工艺精湛，造型优美，是一件难得的艺术珍品，反映了唐后期的造型艺术水平，具有很高的文化艺术价值。

参考文献

［1］吴坤仪，李京华，王敏之.沧州铁狮的铸造工艺［J］.文物，1984（6）：81-85.

［2］王玉芳.沧州铁狮历次维修保护概述［J］.文物春秋，2008（3）：49-57.

［3］沧州市文物局编.沧州铁狮与旧城［M］.北京：科学出版社，2008.

［4］宋薇.沧州铁狮子制作技术和材质与腐蚀状况研究［C］// 中国文化遗产研究院.文物科技研究第六辑.北京：科学出版社，2009.

［5］王晓东，王伟，王林安，永昕群.沧州铁狮子结构现状数值模拟分析［J］.同济大学学报（自然科学版），2010（10）：1434-1438.

［6］范峰，陈明，金晓飞，等.沧州铁狮子结构健康监测数据管理及集成系统的研究与应用［J］.文物保护与考古科学，2010，22（2）：69-73.

（孙旭东　黄兴）

中国
古代
科技遗产

Chinese Heritage of
Pre-modern
Science and
Technology

手工业态

景德镇湖田古窑址
——景德镇烧瓷技术发展的典型窑址

　　湖田古窑址，位于今江西省景德镇市东南4公里的湖田村，面积逾40万平方米。湖田窑创烧于五代，兴盛于两宋至元代，在宋代成为青白瓷的主要产地，产品居于景德镇诸窑产品之冠，元代后持续发展，工艺高超，是著名的枢府器、青花瓷和釉里红的烧造中心。湖田窑在宋代生产的青白瓷和元代生产的青花瓷，烧制技术相当成熟。1982年，湖田古瓷窑址被国务院列为第二批全国重点文物保护单位。

图1　景德镇湖田窑遗址（王永健　摄）

一、历史沿革

景德镇拥有悠久的烧制陶瓷的历史，东晋时期始建镇，名为"新平"，唐武德四年（621年）更名为"昌南"镇。宋代以降，由于景德镇瓷器做工精良，"昌南"青白瓷闻名天下，宋真宗于景德元年（1004年）将年号"景德"御赐给景德镇，自此，景德镇之名沿用至后世。元代在景德镇设置浮梁瓷局，明代设御窑厂，延续至清代。

据考古发现，湖田窑所在地南山由钟山、旗山和鼓山等小山构成，海拔最高处约90米，是湖田窑制瓷木炭燃料的供应地之一。南河自东向西，沿湖田村北而过，在渡峰坑汇入昌江，是湖田窑历代的交通要道。

至宋代，景德镇"村村窑火，户户陶埏"，窑业成为当时景德镇官税的主要来源之一。湖田窑生产的青白瓷技艺成熟，其胎质坚致细腻，釉色晶莹剔透，并出现精美的刻花、划花和褐彩纹饰，引来我国江南地区数省纷纷仿效生产。

南宋初期，青白瓷成为外销瓷中的大宗产品，颇受海内外市场欢迎，湖田窑成为景德镇烧造青白瓷最著名、最有代表性的窑址。湖田窑系的青白瓷产品也成

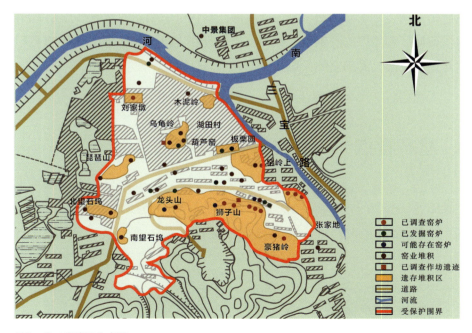

图2　湖田窑遗址分布图

注：图像源自何俊《湖田古窑》，科学出版社，2015年。

为了宋代青白瓷窑系中的杰出代表之一。

至南宋中后期，景德镇本地优质的上层瓷石资源几近枯竭，中下层瓷石烧制出的瓷器质量不佳，湖田窑面临严重的原料危机。一些中、小型窑场纷纷倒闭，几乎仅剩下湖田窑及城区极少的窑场因采用北方定窑覆烧工艺而勉强维持生产。

元代时，政府在景德镇设浮梁瓷局，专事皇室贡瓷烧造，由于贡瓷内壁印花与五爪龙纹间多印有"枢府"字样，故又称之为"枢府瓷"。在元代早、中期，南宋形成的原料危机未能阻止湖田窑及城区窑业生产的前进步伐。相反，随着元朝疆域的不断扩张和海外市场的日益拓展，青白釉芒口瓷的产量与日俱增。至元代中期，景德镇矿工在城东百里以外的瑶里麻仓山找到了一种新的优质制瓷原料——高岭土，并在世界上率先有意识地把高岭土与本地中、下层瓷石混合使用，发明了瓷石加高岭土的"二元配方"制胎法。高岭土的科学利用，不仅扩大了制瓷原料的来源，还提高了制品的烧成温度，降低了瓷器废品率，解决了原料危机，迎来了湖田窑制瓷业的再度繁荣。这是中国陶瓷工艺史上的一次重大革命，也是世界陶瓷发展史上的一座里程碑。元代中、后期，景德镇湖田等地窑场在烧制青白瓷的同时，还生产黑釉瓷、枢府瓷、青花瓷和釉里红瓷，为元朝宫廷及海外贸易服务。

明代初期，由于御器厂的设立以及官府对民窑生产中的原料、青料、品种及样式严格限制，导致湖田窑逐渐走向没落。明代中后期，随着散落在各乡村的民间窑场向城区御器厂周围聚集，湖田窑作坊也逐步向城区迁徙，最终在隆庆、万历之际走向衰败，湖田窑的火焰就此熄灭了。

二、遗产看点

湖田窑制瓷始于五代，经宋、元至明中后期，历经1000余年的历史。今天我们参观湖田窑古窑址，穿越这段历史，复现古代制瓷工匠劳作的重要场景。

1. 湖田古窑原料产地

湖田窑所用的瓷石多来源于附近的三宝蓬瓷石矿区，与湖田村相距3千米。

图3　三宝蓬水碓舂打瓷石作坊（王永健　摄）

这里的瓷石品质优良，既可以用于制胎，也可以用于制釉。由于距离湖田古窑较近，取材方便，节省了运输成本。三宝蓬传统的瓷石利用水流为动力对瓷土进行粉碎加工，工序包括矿石粉碎、挖碓、舀浆、掏泥上岸、揉泥、做不（dǔn）子，全部流程由手工完成。20世纪90年代之前，三宝蓬到处都能听到水碓舂瓷矿石的轰鸣声，特别是雨季水量充沛时，有"重重水碓夹江开，未雨殷传数里雷"的意境。

2. 湖田古窑群

　　湖田窑自五代至明代，延续不断，堆积丰富，出土文物众多。其中，一些窑口连续几个朝代烧造，窑址多分布在天门沟以南的豪猪岭、刘家坞、望石坞、龙头山和南河北岸。天门沟以北的窑岭上、乌泥岭、琵琶山、木鱼岭、何家墩等地，则以元明时代的窑址为多。宋代龙窑遗址位于湖田村乌鱼岭，依山坡砌筑，宛如一条火龙，故称"龙窑"。该窑残长13米，宽约2.9米，窑壁残高0.6~0.8米，坡度14.5°。窑尾烟道残长0.4米，宽0.4米，用山坡的自然坡度来增强窑内抽风力，升温快，冷却也快，且该窑用木柴作燃料，为南方盛行的窑炉。现今湖田窑遗址中经调查发现并保护展示的窑炉遗迹有宋代龙窑、元代刘家坞窑场、明代葫芦窑和明代马蹄窑等。

值得一提的是，位于南河北岸的印刷机械厂院内有一处元代窑址，该窑形制奇特，其平面图与现在景德镇保留的"镇式窑"有相似之处，可见景德镇著名的"镇窑"在元代已初具雏形。

图 4　湖田窑古窑址分布图（陈虹廷　绘）

3. 景德镇民窑博物馆

1972年前后，湖田窑窑场因基建遭到破坏，景德镇陶瓷历史博物馆的刘新园、白焜对窑址进行了抢救性发掘和系统考察。1982年湖田窑被国务院列为第二批全国重点文物保护单位，这是中华人民共和国成立以来第一个被国务院公布为全国重点文物保护单位的古瓷窑遗址。同年，湖田古瓷遗址陈列馆正式成立。2003年6月23日，湖田古瓷遗址陈列馆更名为景德镇民窑博物馆。

景德镇民窑博物馆自开馆以来，不仅收藏陈列了湖田窑各历史阶段生产的各类典型标准器物和历次考古发掘出来的珍贵文物及标本，还保护了宋、元、明各个重要历史时期弥足珍贵的窑炉、制瓷作坊等遗迹，较完整地保存了其历史原貌，向人们展示了古代制瓷场景。

4. 湖田书院

景德镇民窑博物馆附近有一处湖田书院，坐落于三宝路杨梅亭古窑址前，旨在述陶经，论瓷学，聚贤才，护三山文脉，传陶耕薪火。湖田书院的前身是景仰书院，创建于乾隆四十一年（1776年），当时的饶州府驻景德镇同知兴圣纪建景仰书院，并作记。清代龚鉽的《陶歌》中有记载："窑户陶成、陶庆二会创有书院，曰景仰书院。"因其坐落于湖田，又名湖田书院。

三、科技特点

明代宋应星在《天工开物》中写道，制瓷工序"共计一坯之力，过手七十二，方克成器。其中微细节目，尚不能尽也"。说明制作一件瓷器的工序复杂，也说明陶瓷工匠的分工精细，各专其技。湖田窑作为中国生产青白釉瓷和白釉瓷的著名窑厂，从原料加工、成型与施釉到窑业烧造，均有科技亮点。

1. 原料加工技术

在五代时期，景德镇都是用人力脚踏碓来粉碎瓷石，直至北宋才开始出现水碓，通过利用南河的水利，进而运用机械水碓来粉碎瓷石。因此该流域遍布水碓，仅湖田至三宝村口之间就有多处宋代水碓棚遗址。

现存的湖田窑陶瓷原料加工作坊遗址，包括淘洗池、陈腐池、练泥池、成型区、灰坑、水井、匣钵墙、辘轳车基座、拉坯、刹合坯、装坯和釉缸等作坊遗迹，前三项为主要的原料加工技术。将粉碎的瓷土粉末倒入淘洗池，进行全方位搅拌，然后进行沉淀；再将经过反复淘洗的瓷泥堆放进陈腐池，保持湿度，使其发酵、腐熟，增加瓷泥的黏性，这一过程需要半个月以上。进入练泥阶段，将陈腐池中的瓷泥取出，翻来覆去搅动数遍，在这过程中用力把瓷泥摔打成堆，边摔边拍打。用土量少或要制作精品时，则采用脚踩或手工揉捻法进行练泥。练泥是为使泥料均匀，提高泥料的致密度和可塑性。湖田窑作坊群还用匣钵垒成围挡以根据制瓷工序需要而精心布局。制坯作坊往往建造在窑场附近，尽量缩短和降低瓷器成型与烧炼的联动距离和成本，形成了"烧、做两行"的瓷业生产体系。

2. 成型与施釉

景德镇瓷器历来采用手塑成型，将泥料放在陶轮上旋转，用手拉制成各种形制。宋代轮制法的改良与辘轳车装配的成熟，对湖田窑制坯、利坯等工序都有极其深远的影响，使得瓷器制作时间大为减少，制作成本也大幅降低，器物更加规范。新技术的运用促使器物壁更加规整、轻薄透光，这种制作工艺在碗的制作上表现得特别明显。碗体轻薄如蛋壳，透光性极好，给人晶莹剔透的视觉效果。

在制胎工艺层面，湖田窑在元代采用了瓷石加高岭土的"二元配方"，将制瓷工艺水平提高到前所未有的高度。高岭土中的氧化铝成分使得瓷胎硬度和韧性大幅度提高，使烧制大件瓷器成为可能，减少了胎体烧制过程中的变形，提高了成品率，为各种高温颜色釉产品的创造提供了条件。

　　在施釉层面，根据不同的产品类型，有浸釉、荡釉、吹釉、涂釉等多种手法。从拉坯到施釉主要工艺流程：拉坯—晾晒—印坯—干燥—粗修—刷内水—荡内釉—精修外部—刷水浸外釉—剐底—施底釉。施釉是一个技术性要求极高的行业门类，要求工匠既能操作娴熟，又要掌握尺度，技术性要求很高，需要工匠经年累月的实践经验。

图5　宋代湖田窑瓷器装饰手法——刻花瓷片
（王永健　摄）

图6　宋代湖田窑瓷器装饰手法——镂空瓷片
（王永健　摄）

图8　宋代湖田窑印花盘（朱阳　摄）

图7　宋代湖田窑影青釉四耳罐（朱阳　摄）

图9　宋代湖田窑胭脂盒（朱阳　摄）

在装饰手法层面，湖田窑的胎体装饰手法主要有刻花、划花、篦纹、印花、镂空、捏塑、堆塑、剔花等方法。釉面装饰图案精美，刻线流畅，纹样丰富，釉下彩绘装饰类型有褐彩、青花、釉里红等。元明以降，首次制造大盘和大碗，釉下青花和釉里红的装饰都是从湖田窑开始的。常见的纹样有花卉、海水、飞凤、游鱼、婴戏等，其中花卉、瑞兽纹样最多，包括莲花纹、牡丹纹、松竹梅纹、菊花纹、龙纹、凤纹、麒麟纹等。

3. 窑业技术

湖田窑的窑炉设计、窑具使用、装烧工艺均经历了不断改进的过程，改进主要围绕着瓷器产量和质量的提高而开展。

五代至元末，湖田窑瓷器烧造所使用的窑炉是馒头窑和龙窑，明代中期以后出现了马蹄窑、葫芦窑，窑炉的革新代表着技术的进步和生产力的发展。龙窑往往依山而建，充分利用窑室纵向空间，使得器物在匣钵内受热均匀，降低了大火力直接冲击易倒窑的风险。釉面可避免落渣、吸烟，烧出的器物规整清洁，成品率高。元代以后窑炉结构有明显的变化，形态向着葫芦形窑发展，这

图 10 乌鱼岭龙窑遗址（王永健 摄）

在一定程度上反映出景德镇瓷器生产从追求最大产量向更为重视产品品质的变化。葫芦窑是在龙窑的基础上演变而来的，其特点是中间束腰，形成了前后两室；窑尾圆收，尾部不设排烟孔。湖田窑中葫芦窑的典型代表是南河北岸印刷机械厂发现的元末葫芦窑，其窑炉有明确的前室、后室之分，以及窑尾圆收的结构特征，是景德镇葫芦窑的雏形。湖田乌鱼岭东发现的明代中期葫芦窑，是较为成熟的葫芦窑形态。

湖田窑所使用的窑具可以说在历代的技术革新中均有所变化，与装烧工艺密切相关。窑具是瓷器坯件在窑炉内烧造过程中所使用的辅助工具，包括匣钵、匣钵盖、火照、支具、窑柱、间隔具、垫钵和支圈等。从五代的无匣钵支钉叠烧到

科技遗产
古代
中国

252

Chinese Heritage of
Pre-modern
Science and
Technology

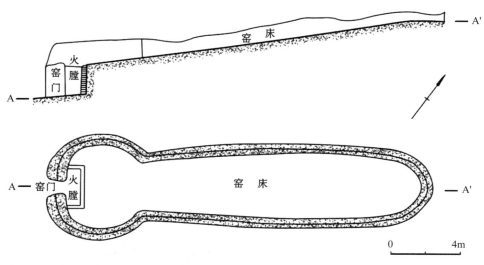

图11　湖田南河北岸印刷机械厂的元代葫芦窑结构示意图

注：图像源自冯晃《景德镇葫芦窑技术源流的考古学观察》，《东南文化》2021年第6期。

宋初的装匣钵烧造是景德镇装烧工艺的第一次突破性改进。

及至宋代中期，湖田窑在吸收定窑、繁昌窑装烧工艺的基础上，采用匣钵和支圈代匣钵覆烧工艺，避免了碗内留有支钉疤痕和瓷器直接与火焰接触带来的缺陷。这是景德镇装烧工艺的第二次突破性改进，对解决瓷器烧造过程中的变形问题发挥了重要的作用。

元代以后，采用的一匣一件、一匣多件的烧造工艺，以及从细砂垫底到瓷质垫饼是景德镇烧造工艺的第三次突破性改进，并一直沿用至今。湖田窑创造的一些装烧方法，不仅对历史上各窑口的装烧方法有影响，而且对现代制瓷业也有非常重要的借鉴意义。

四、研究保护

湖田窑是中国古代最大的民间窑场之一，是全国重点文物保护单位中最早的一处古瓷窑遗址。自20世纪60年代开始发掘至今，湖田窑所呈现出的古代窑业技术，作为历史长河中的重要物质遗存，越来越受到学界的关注。

1936年，江思清先生出版《景德镇瓷业史》，书中汇集了各类古代陶瓷文献，提出湖田窑作为早期窑业遗存所具有的历史价值。

1953年，资深陶瓷专家陈万里先生实地考察过湖田窑，并作了简略论述。1959年该窑场被列为江西省级文物保护单位。1966年后，遗址无人管理，某些部门和单位在这里任意盖房，夷平堆积约十万平方米。1972年为配合湖田基建，景德镇陶瓷考古研究所刘新园和白焜对窑址进行了清理、试掘，撰写了《景德镇湖田窑考察纪要》，并对五代至明代中期各期出土瓷器标本从造型、纹饰、装烧工艺等多方面进行综合性研究。其不仅对湖田窑从五代至明中期各期圆器类产品的时代特征及其形成原因作了全面系统的研究，还对各个不同时代圆器的装烧工艺作了深入探析，在文物考古界产生了巨大反响。

1982年，中国硅酸盐协会编著的《中国陶瓷史》分析指出景德镇湖田窑在五代至宋期间所烧造青白瓷的独特风格。同年，湖田古瓷窑址被国务院列为第二批全国重点文物保护单位。其保护范围为：北起南河南岸，东至张家地东侧断崖，东南至豪猪岭南侧山脚，西南至竹坞里南侧山脚，西至北望石坞西侧山脚，面积约26万平方米。1984年建有"湖田古瓷窑遗址陈列馆"。遗址保存的遗物非常丰富，历代古窑遍地，有宋末的"马蹄窑"、明早中期的"葫芦窑"等。

从20世纪80年代中期以后，江西省文物考古研究所会同景德镇市文物考古工作者在1989—1999年10年间，进行了10次，共计13个基建项目的抢救性考古发掘，发掘面积达6000平方米，基本摸清了整个湖田窑各个时代窑业遗存分布的基本规律，即北宋遗存遍布全区，堆积最厚。

五代至元代的分布多在天门沟以南的豪猪岭、刘家坞、望石坞、龙头山和南河北岸的印刷机械厂院内；而天门沟以北的窑岭上、乌泥岭、琵琶山、木鱼岭、何家墩等地则以元、明代的为多。窑业堆积分布区域的界定，为以后的文物保护和考古发掘起到了指导性作用。在此基础上，江西省文物考古研究所和景德镇湖田窑遗址陈列馆编纂了《景德镇湖田窑址1988—1999年考古发掘报告》上、下两卷。

1995年，江西省政府划定12处重点保护区和一般保护区，对堆积丰富的刘家坞、望石坞、乌泥岭、琵琶山采取了围圈保护措施。直到今天湖田窑古遗址仍是景德镇瓷器发展史中重要的地标。

2010年，黄义军出版《宋代青白瓷的历史地理研究》，阐述了北宋的青白瓷分布的地理情况，指出景德镇在宋代是重要的技术中转站之一。经过近些年的持续挖掘，赵自强编著的《柴窑与湖田窑》与耿宝昌、涂华主编《中国古代名窑·湖田窑》分别于2014年和2016年出版。这些著作详细介绍了湖田窑的发展历程，展示了发掘至今的典型器，并利用第一手的考古发掘资料，更为细致具体地梳理了景德镇湖田窑自发掘开始至今出土的瓷器、窑具、遗迹等，厘清了各个朝代湖田窑主要烧造的瓷器类型以及其所呈现的技术变迁史。

2018年，景德镇市政协文史和学习委员会编纂的《景德镇古窑址》，系统地记述了景德镇古瓷窑遗址的历史与当前保护现状，以及古代瓷窑形制的变化、各窑场的专业分工、窑场起源及迁聚。

五、遗产价值

湖田窑遗址是研究中国陶瓷发展史、陶瓷工艺史和陶瓷外销史的一处重要文化遗存，也是中国古代科技发展水平的代表性遗产地，具有重要的科技价值。湖田窑持续烧造长达六百余年，聚集了十几代上万名的工匠，深刻影响了景德镇乃至江南地区的经济与社会发展，因而也具有一定的历史价值。随着明代在景德镇市中心珠山设置御窑厂，景德镇的瓷业逐渐向市中心转移和集聚，湖田窑的制瓷业也日趋衰微，其产品不仅不如御窑的产品精美，甚至也不如市区的其他民窑，至隆庆、万历时期已完全衰落。回看历史，湖田窑丰富的遗迹与遗物堆积，为深刻剖析当时景德镇瓷业生产体系之全景提供了非常翔实的历史证据。

湖田遗址沉寂了百年，在这里烧造出的瓷器曾经在世界上独领风骚。这些土与火的艺术是古人给我们留下的文化工业品，既是商品也是艺术品，更是技术经典。如果说景德镇是"瓷器之国"的核心，湖田窑则是这之中最早的驱动力。

参考文献

[1]江思清.景德镇瓷业史[M].北京：中华书局，1936.

[2]方李莉.中国陶瓷史[M].济南：齐鲁书社，2013.

[3]彭涛，彭适凡.中国古代名窑：湖田窑[M].南昌：江西美术出版社，2016.

[4]江西省文物考古研究所，景德镇湖田窑遗址陈列馆.景德镇湖田窑址：1988—1999年考古
发掘报告（上、下）[M].北京：文物出版社，2007.

[5]景德镇市政协文史和学习委员会.景德镇古窑址[M].南昌：江西高校出版社，2018.

（王永健）

自贡燊海井

——世界上第一口超千米深井

燊（shēn）海井，位于四川省自贡市大安区阮家坝山下，历时3年，于清道光十五年（1835年）凿成，井深1001.42米，是世界上第一口超千米的深井，也是世界钻井技术史上的重要里程碑。

燊海井是中国古代钻井技术成熟的标志，所采用的冲击式顿钻凿井技术被誉为中国"第五大发明"，也被认为开创了东方近代绳式顿钻钻井方法的先河。

图1　自贡燊海井景区，由近及远：车房、灶房、井房和井架（张学渝　摄）

科技遗产 古代 中国

256

Chinese Heritage of
Pre-modern
Science and
Technology

一、历史沿革

中国井盐凿井技术源远流长。广都盐井（今四川成都境内）是中国历史上最早的盐井，为大口径浅井，公元前255—前251年，由蜀地太守李冰组织开凿。

北宋庆历年间（1041—1048年），四川南部地区出现了一种新型盐井——卓筒井，标志着中国古代盐井凿井技术进入小口径深井阶段。至明代，出现了以木质套管替代卓筒井的竹制套管。清代道光年间，开凿自贡燊海井，小口径深井凿井技术突破千米大关。

1833年，燊海井开凿，至1835年完工。建工初期曾出现井喷，日产天然气8500立方米，黑卤14立方米，烧盐锅80余口，日产盐15吨，占地数千平方米。燊海井井身结构分为三段：地面井口至64.21米的木制套管井段为上段，以防岩层垮塌及地表淡水渗入；64.21米至125米深的裸眼井段为中段，井径11.4厘米；125米至1001.42米深的井底为下段，井径10.7厘米。井下800米至900米深是天然气层，到了1000米才是卤水层。

燊海井气产量到1878年开始降低，烧盐锅20余口，日产盐约3000斤。1944年，气产量有所回升，日产气3200立方米，烧盐锅30口。1948年，气层被水淹，气产量降至日产1200立方米。1966年，井深凿至1346米，日产气1500立方米，到1985年仍产少量天然气。

1983—1985年，国家文物局划拨专款，自贡市修复领导小组本着"整旧复旧"的原则，结合现存的清代井灶，制订修复方案。参加修复燊海井的有工程技术人员，还有一些经验丰富的老工匠。修复后的燊海井占地面积约1500平方米，全

图2　石刻壁画《井盐图说之锉小口》（张学渝　摄）

注：景区井房东侧的小广场墙壁上刻有《清代井盐生产图说》壁画，源自清代丁宝桢等纂修《四川盐法志》卷二《井盐图说》，反映了从开井口、牛车汲卤到井火煮盐的全过程。

面再现了清末钻井、采气、汲卤、煎盐的典型井盐生产现场。

据统计，1835—1985年的150年间，燊海井累计气产量达1.6297亿立方米。采气方式在1978年以前为廒盆采气，1978年以后改为抽吸式采气，是自流井构造最早揭开三叠系（嘉四 TC⁴）地层的天然气井，对研究三叠系赋存、钻井工艺、开采工艺具有重要价值。

二、遗产看点

燊海井是中国古代井盐钻井技术成熟的标志，也是全国仅存的手工制盐作坊。参观燊海井可以体会井盐深钻汲制技术的精妙，重温古代井盐工业的辉煌。

燊海井景区呈南北布局，景区出入口分别位于南北两端。主要参观路线为南北向，可以井盐生产工序为核心，从东面开始参观各栋建筑。

第一站到朝门。双开漆黑大门，上挂"燊海井"匾额，黑漆底红字。朝门内有影壁，上书"燊海井"三个大字。"燊"，指火在木上烧，寓意天然气源源不断，有生意兴旺之意；"海"，寓意盐井如海水一般汲取不完，财源滚滚。燊海井既产卤，又产气，完全解决了煮盐燃料的问题，也正呼应了这样的寓意。

第二站大车房。大车是凿井或汲卤时的动力装置，也叫盘篾绞车、地车，直

图3 "燊海井"影壁（张学渝 摄）

科技遗产 古代 中国

258

Chinese Heritage of
Pre-modern
Science and
Technology

径约4.5米，高2.5米，是一个竹木质的大型轮盘，由硬木轴心、硬木车盘、竹篾刹车、底杠四部分组成。其原理是将竹篾的一端固定在大车上，绕过大车盘，经地辊、天辊转向后，拉动另一端位于井架上的凿井工具或汲卤筒，由人或牛推动底杠旋转，实现凿井或汲卤。最早的大车用人力，需要8~10个工人推动，后改用畜力，用4头牛拉动。大车房外的牛滚凼就是水牛拉车的配套。如今大车已停用，汲卤动力来自大车房旁边库房的电动卷扬机。

第三站井房，这里是燊海井井口所在地。井房内有天车、碓架和钻治井工具。天车设于井口，是汲卤、淘井和治井时的木质井架，高18.3米，由上百根圆杉木从下而上捆成4只脚，组合成"A"形结构，并由12辊风篾稳固，顶上和地上分别设置起定滑轮作用的天辊和地辊。天车是自贡井盐工业的标志，被誉为四川自贡盐场奇观之一。

与高大的天车、庞大的碓架相比，只有碗口大小的井口很容易被忽略，但井口弥漫的天然气气味会促使人寻找源头。今天还能看到天车从千米深的井下汲取卤水的全过程。电动卷扬机带动悬挂在天车上的一根长11米的汲卤筒深入井中，筒底设有单向阀，汲卤筒一上一下的汲卤过程中，单向阀可以实现自动汲卤。汲卤筒升起后，用铁钩钩开阀门，卤水倒入地樌桶中，再通过管道直接流向储卤池，最后到达灶房。过去风篾为竹篾，汲卤筒为楠竹筒，现在分别改为钢绳和镔铁筒。

第四站晒卤台，位于景区北端。过去卤水从盐井到达灶房的方式有三种：人工提卤、笕管输卤、龙骨水车输卤。卤水通过笕管和笕窝组成的运输系统输送至

图4　大车（张学渝　摄）　　　　　　　图5　井房（张学渝　摄）

图6　井口（张学渝　摄）

图7　晒卤台（张学渝　摄）

晒卤台，以蒸发水分和初步过滤卤水，再由运输系统输送至灶房。

第五站灶房，位于景区西侧的一座二层木石建筑。一楼有两间屋，一间为烟巷，全长30米，既是天然气从燊盆输送到灶房的通道，又是工匠维护的通道；另一间为库房，由一条盐滑道与二楼的房间连通。二楼为灶房和柜房，灶房即熬盐的场所，柜房是管理人员的办公场所。柜房的布局十分巧妙，从柜房门可观看灶房，从柜房窗可观看井房，便于柜房管理者监管各路工人。

燊海井采用低压火花圆锅制盐，制盐主要原料为黑卤、黄卤、盐岩卤，燃料为燊海井自产的低压天然气。四川井盐用天然气熬盐的历史可追溯到汉代。目前

图8　雕塑《司称》(张学渝　摄)

灶房架有8口熬盐大铁锅，平底敞口，直径约1.8米，锅壁厚有一指宽，宛如湖水中的王莲叶片。灶房不定时有卤水熬盐工作，可供参观。

历史上燊海井灶几度更名，先后有元昌灶、荣华灶、乾元灶、四义灶、益记德新灶、新记同森灶、君记同森灶等多个灶名。今天灶房的门匾为"元昌竈"。

最后到雕塑《司称》。从灶房西门出来看到的房屋是盐仓和盐学堂，盐仓前有雕塑，取名"司称"，体现盐晒好、检验分装好称重的场景。

游览之后，游客可以择地品尝自贡盐帮菜。民谣有"食在四川，味在自贡"，指的就是与盐场息息相关的自贡盐帮菜。自贡盐帮菜是小河帮川菜的翘楚。

三、科技特点

燊海井采用冲击式顿钻凿井法凿制，是一眼既产黑卤又产低压天然气的深井，拥有科学且巧妙的气卤提取和运输系统。燊海井从凿制、气卤提送到井盐熬制各环节均蕴含了丰富的科学知识。

1. 成熟的冲击式顿钻凿井法

冲击式顿钻凿井法以人力或畜力为动力，以木制井架作支撑，以木制绞车为升降装置，以竹篾索为牵引工具，利用杠杆原理，推动铁制钻头冲击地下钻井。冲击式顿钻凿井法始于北宋庆历年间，以四川的卓筒井为代表，到清代日臻成熟，不但形成了完整的凿井工序，同时还出现一整套纠正井斜、打捞落筒的辅助技术。

自贡市盐业历史博物馆收藏有不同形制的凿井和修治井工具计700余件（套），是世界上唯一一套最完整的中国古代凿井、修治井工具。这些工具的用途十分巧妙。例如，当井内发生事故，工匠们使用所发明的数十种打捞工具，能把落入井内的工具都打捞上来。

图9　修治盐井的多种工具
（张学渝　摄）

2. 科学的窑盆采气装置

燊海井是气卤同产的盐井。窑盆为采气装置，位于井口附近，具有降压、安全、气水分离、排液、配气、方便作业等功能。窑盆的采气原理：当天然气从井筒喷出，进入上小下大的锥体形窑盆后，体积开始膨胀，压力降低便向周围窜流。由天然气与空气密度不同而引起的压力差，让盆外空气得以从上确臼进入盆中，避免天然气从井口外逸，也迫使向周围窜流的天然气流入出山笕。出山笕

科技遗产 古代 中国

262

Chinese Heritage of
Pre-modern
Science and
Technology

是寈盆与灶房的输气通道，由于灶房位置高于寈盆，因此形成向上的输气斜度，旧称"笕火利上引"。当灶房点火燃烧时，气体急剧膨胀，造成负压，产生强大的抽吸力，加速气体流动。寈盆上端上碓臼处空气进入量增加，下端阴笕亦有少量空气进入盆内，空气的连续进入和天然气的持续喷出在盆中形成强大的旋转状的混合气流，出山笕成了天然气流的唯一通道，源源不断地流往灶房燃烧。

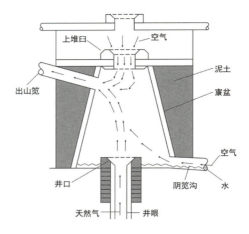

图10 寈盆原理示意图（王春蓬 改绘）

3. 完善的气卤运输系统

运输气卤的管道叫笕，一般由楠竹制成。制作笕管，首先需要用一种铁制圆锤打穿竹管；然后用叉形工具伸入管内刮净；接着用篾条或棕绳在竹管外面密密地捆扎，并用楔子楔紧；最后还要用竹篾和麻包裹紧实，再抹上桐油灰。

笕分两种：输天然气的火笕和输卤水的水笕。历史上水笕又有放水笕、渡水

图11 笕管、笕窝和地楻桶（张学渝 摄）

笕和冒水笕之分。从高处往低处铺设和输送卤水的笕管称为放水笕。需过河的笕为渡水笕，在河底掘沟置宽笕，再锉石槽盖在笕上，并用废盐锅压在石槽之上，以防止河水冲击笕管。冒水笕采用物理学上"连通器"原理，利用笕管入水口与出水口的液压差输送卤水。笕管首尾相连，形成输送管道，或埋于地中，或铺于地面，或架于空中，或置于河里，密密麻麻地形成壮观的管道系统。

由于竹笕不能弯曲，工匠们又发明了笕窝，非常有效且经济地实现了笕管拐弯转向、沉淀杂质、降低笕内压力等目标。

4. 精湛的井盐熬制技术

自贡盐的分类有多种，人们根据形状，将硬块状的称巴盐，散粒状的称花盐；根据熬制燃料，将煤烧制的称炭巴、炭花，天然气烧制的称火巴、火花；根据花盐颗粒大小，分大粗盐、中粗盐和细粒盐。从天然卤水到熬制成盐要经历以下几个步骤。

第一步：初步过滤。天然卤水经由晒卤台初步过滤和蒸发，通过笕管输入卤水池备用。

第二步：配兑卤水。燊海井制盐主要原料为黑卤、黄卤、盐岩卤，需要将不同卤水按一定的比例配兑，注入盐锅中熬制。

图12 灶房
（张学渝 摄）

第三步：加新卤水。卤水在熬制中会不断蒸发浓缩，当盐锅内卤水液面降低时，需要数次加入新卤水熬制。

第四步：下豆浆。当盐锅中出现盐花和悬浮物时，按一定比例加入黄豆浆，其目的在于对卤水提清化净。

第五步：转摸杂质。黄豆浆中的蛋白质与卤水杂质中的离子发生反应，使杂质沉淀，以便被过滤。当盐锅中出现杂质浮沫时，用竹编灶笠子舀掉。视情况重复第四和第五步两三次，可以使卤水变得清亮。

第六步：下渣盐。渣盐制作需另起一锅，将卤水煮沸下豆浆提清化净后，转以微火煨，结成之盐即为渣盐。渣盐下锅，盖上锅盖继续熬煮直至结晶。

第七步：铲盐。待盐锅里的盐结晶完成，用铁铲全部铲入竹篾片和竹筐编制的滤桶。

第八步：淋花水。花水制作也需另起一锅，卤水煮沸后下豆浆提清化净过的清亮饱和盐水即为花水。用盐瓢舀上滚沸的花水，均匀地一圈圈反复淋洗结晶盐，结晶盐经过淋花水，过滤杂质，颜色由淡黄变为纯白。

第九步：自然晾晒，检验分装入库。

四、研究保护

燊海井是世界上第一口超千米深井，也是中国目前唯一的手工制盐遗址，近几十年来的保护和研究工作都有了很大的进展。

1. 燊海井保护

1988年，燊海井被国务院公布为第三批全国重点文物保护单位。燊海井旧址对外开放，井灶恢复了当年用牛汲卤、用井里出产的低压天然气圆锅熬盐的情景，保留了用圆木、篾索捆制而成高达18.3米的"天车"和脚蹬踩冲击打井的木碓架。

2013—2017年，燊海井大修，范围主要包括燊海井内的文物建筑、盐井及附属工程三大部分。文物建筑包括灶房、大车房及机车房、碓房、天车、气卤井和生产工具。此次大修，恢复了古盐井文物原貌，并恢复了部分生产产能。燊海井占地面积也由过去的1500平方米，扩容为近6000平方米。

2. 燊海井研究

几十年来，燊海井受到海内外学者的高度重视，主要有三个研究方向：井盐科技史、井盐社会经济史和盐井旅游 – 文化遗产研究。

井盐科技史方面的研究考证了井盐地质、井盐钻井技术、井盐开采技术、制盐技术等多方面的历史；利用现代科学解释了窠盆采气的原理，测量了原始顿钻钻深能力，还原了顿钻钻井技术；准确定位燊海井在世界科技史的意义，并讨论了以燊海井为代表的盐井钻井技术的西传问题。其中的代表性论著有林元雄等的《中国井盐科技史》，潘吉星的《中国深井钻探技术的起源、发展和西传》。

井盐社会经济史方面的研究主要围绕清代盐政、盐务和盐法等问题展开，论证了清代四川井盐生产、销售与制度之间的关系，尤其是盐税与国家经济、地方经济的关系。这方面的研究大多从大环境角度提出经济和社会运行的问题，较少落脚到燊海井等具体的案例上。井盐社会经济史的研究为了解燊海井在清代的实际运作提供了重要的历史背景，代表性论著有唐仁粤主编的《中国盐业史（地方编）》。

旅游 – 文化遗产方面的研究包含了学术界从盐文化旅游开发、自贡盐都形象打造、盐业遗址的保护等多维度进行的讨论。代表性论著有段渝、汪志斌编著的《四川古代发明创造遗产》，张柏春、方一兵编著的《中国工业遗产示例》。

目前，盐业研究主要有两本学术刊物，一是自贡市盐业历史博物馆、中国盐业协会主办的《盐业史研究》；二是中国盐文化研究中心、四川理工学院中国盐文化研究所主办的《盐文化研究论丛》。

五、遗产价值

迄今，世界钻井发展史经历了五次重大发明和发展。第一次是中国北宋庆历、皇祐年间（1049—1054年），卓筒井钻井技术发明；第二次是明代万历年间（1573—1620年），卓筒井技术有突破性进展；第三次是清代道光中叶（1835年前后），燊海井的开凿创造了当时世界的深井纪录；第四次是19世纪末西方旋转钻

科技遗产 古代 中国

266

Chinese Heritage of
Pre-modern
Science and
Technology

井技术发明，标志着现代钻井技术的开端；第五次是1970年后，科学钻探万米和超万米的超深井相继出现。燊海井是中国古代钻井技术成熟的标志，它综合地体现了中国古代钻井技术发展的水平，是世界科技史上的重要里程碑，有重要的科技史和工业史价值。

燊海井凿成以后，超过千米深的盐井开始逐步出现，由此使得自贡盐市大兴，各地盐绅商贾纷至沓来。在燊海井周围1.2平方千米的地方，先后钻井198口，平均每6060平方米就有一眼井，一时呈现天车林立、锅灶密布、笕管纵横、云蒸雾蔚的兴盛景象。燊海井所反映的四川井盐制造业发展，具有十分重要的经济史价值。

2006年，以燊海井为代表的"自贡井盐深钻汲制技艺"被列入首批国家级非物质文化遗产代表性项目名录；2008年，自贡世界地质公园被联合国教科文组织正式批准加入世界地质公园网络，2017年其扩园成功，自贡市盐业历史博物馆、燊海井成为世界地质公园重要组成部分。2018年，燊海井景区晋升为国家AAAA级旅游景区。这些都体现了燊海井丰富的旅游和文化价值。

参考文献

［1］林元雄，宋良曦，钟长永. 中国井盐科技史［M］. 成都：四川科学出版社，1987.

［2］刘广志. 中国钻探科学技术史［M］. 北京：地质出版社，1998.

［3］宋良曦. 盐史论集［M］. 成都：四川人民出版社，2008.

［4］潘吉星. 中国深井钻探技术的起源、发展和西传［J］. 盐业史研究，2009（4）：3-33.

［5］张银河. 中国盐文化史［M］. 郑州：大象出版社，2009.

（张学渝）

洋浦古盐田

——中国最早的日晒制盐场

洋浦古盐田，位于海南省洋浦经济开发区内盐田村的南端，濒临新英湾，始建于北宋初期，距今已有1000多年历史。这是我国最早的一个日晒制盐点，也是我国最后一个保留原始日晒制盐方式的古盐场。因历史久远，当地也称之为"千年古盐田"，堪称传统制盐工艺的"活化石"。

图1 洋浦千年古盐田，是我国至今保留的原始日晒制盐方式的古盐场，如今也是海南的热门景点之一（戴吾三 摄）

一、历史沿革

中国古代制盐起源很早。据先秦古籍《世本·作篇》记载，在山东沿海地区古有"夙沙氏煮海为盐"。宿沙氏与传说中的神农氏为同时代的人。由此可知，五千多年前古人已经用煮海水的方法制盐。

煮盐之法简便，将海水放入陶器，烧火煮干，就会形成结晶状的盐粒。这种盐的质量较好，但是费柴火，成本较高。

在中国南北方，都采用过煮盐工艺。据传，唐朝末年，一群福建莆田的盐工渡过琼州海峡，在今天的盐田村（当时还没有村名）定居，并以煮盐法制盐。不久后，一位叫谭正德的老盐工发现，海滩边的火山石裂隙里析出了一层白色的盐，他受到启发，便带领盐工开采火山石，将石头一面削平，打造成盐槽。盐槽形状大小不等、四周凸边约一指宽高、中间平滑，以一天晒干槽里的海水为宜。为获取充分日照，盐槽被错落分布在一块块的盐田周围。就这样，"煮海为盐"逐渐变成"晒海为盐"，开创了中国"日晒制盐"的先河。

到宋朝时，"日晒制盐"工艺成熟，出现官府经营、被称为"亭场"的盐场，其实行民制、官收、官运体制，官府管理的盐民称为"亭户"或"灶户"。据《海南岛志》记载，海南岛生产盐的历史，可追溯至宋朝："宋元丰三年，诏琼、崖、儋、万安军各煮盐以给虔州，无定额"。由此可确知儋州一带的制盐历史。

元朝以后，日晒制盐工艺流传甚广。及至明朝，海南盐场成为盐的重要产区之一。到清朝时，海南岛沿海各县均建有盐场，仅儋州地区就有博顿、兰馨、昌化、马岭、小南等盐场。民国时期，海南盐业所产原盐除了本地行销，也运往海南以北地区销售。

抗日战争期间，洋浦盐工耕守盐田，将晒制的老盐运送给琼崖纵队，支持革命事业。中华人民共和国成立后，盐田归集体所有，由儋县（今海南儋州市）新英盐务所管理，政府补给盐工"返销粮"和"补贴金"。20世纪80年代改革开放，洋浦盐田分产到户，归各村各户管理生产，由于古盐田生产效率低，产值不高，盐工人数日趋减少，大片盐田一度处于荒芜状态。

2005年，洋浦地区政府进行规划，把洋浦盐田确定为"千年古盐田"景区。近年，随着海南自贸港加快建设和乡村振兴战略的推动，洋浦古盐田焕发出新的生机和活力。

二、遗产看点

从内地乘飞机或动车到达海口，有旅游团组织到盐田游览，个人可乘环岛列车到邻近的白马井站下车，再乘公交车或打车到盐田。

穿行经过盐田村，村口立有"千年古盐田"石刻大字，在翠绿椰树映衬下，别有一番风韵。

洋浦古盐田分南、北、西三个区，彼此松散连接，如今保留面积共约750亩。如天气晴朗，海水涨潮，从空中鸟瞰，只见一块块盐田和卤水池，天光云影徘徊，石盐槽星罗棋布，如珠似玉，呈现一幅美丽的图画。

为保护盐田，如今游客只能在盐田边上观赏，一般情况下不能入内。但在不同地段，想看的景物几乎都能看到。

最吸引人的是晒盐石槽。这里保留有火山石质的晒盐槽有7000多个，其形状各异，有的像砚台，有的像不规则的厚底盘子，正是这些散布的各式各样的晒盐槽，成为当地最大的看点。

古代盐工开凿盐田多是利用裸露的火山岩，先将岩石顶面凿平，然后随形凿出浅槽面，再将其处理平整。晒盐槽平面形状随石头形状而定，有方形、圆形、椭圆或不规则的多边形。石料一般选择质地较细、少孔洞的火山岩，其形态各

图2　盐田村口的"千年古盐田"标志（戴吾三　摄）

科技遗产 古代 中国

270

Chinese Heritage of
Pre-modern
Science and
Technology

图3　因地势变化，涨潮时也淹不到，这些
地方的盐槽就失去作用（戴吾三　摄）

图4　形状各异的火山石晒盐槽（戴吾三　摄）

异。有的是在一块大石上刻出多个盐槽，有的是口小底大的砚台状，也有上下一样粗细的筒状或阶梯状，个别盐槽刻有文字，如"白""白玉盐"等。

也有一类晒盐槽是利用可以搬移的火山岩块凿刻而成。在其中部凿刻并剖开后，再加工出槽面，这样便可根据放的位置使用小石块支垫，使其顶部浅槽面达到水平。其形态有口大底小的锅状，底部多支撑有小石块；有上下两面均为人工劈凿加工的平面平底状；也有上面平整，下面保留原状的几案状等。

除盐槽外，游客还可以看到盐泥池、卤水池、引水渠等盐田周边的遗址。若有兴趣，也可对各类制盐所用的木杷、木桶、釉陶大缸、刮盐板等工具做些了解。如若参观季节赶巧，还可看到海水涨潮时壮观的盐田奇景。

三、科技特点

洋浦古盐田的制盐技艺，古老原始且极具地方特色，经世代传承和发展，如今形成了蓄海水、晒泥、制卤水、晒盐和收盐五道工序，其中体现了科技特点。

图5　外围是盐泥池，中间是过滤池和卤水池（王卫星　摄）

1. 蓄海水（纳潮）

海水是盐业生产的原料，盐工利用涨潮将海水引入盐田。盐田土壤的沙含量低，极易储存海水。盐工谙熟每次潮水的涨落日期，涨潮时海水灌入盐地，浸泡盐田内的泥土，使其饱吸海水的盐分。待退潮后，盐工便可粑沙、晒沙再拖沙放进卤水池，以滤出土中盐分，将得到的卤水进行晒制或贮藏。

盐工通过实践经验总结出《潮水歌》，也叫《流水星表》或《海南水星》，较为准确地记录了每月潮水的涨落时间。《潮水歌》寓意丰富，采用汉族传统的十二生肖纪月法，将农历的月份与地支和生肖相结合——以虎月为正月，对应寅，依次下来是卯兔、辰龙、巳蛇、午马、未羊、申猴、酉鸡、戌狗、亥猪、子鼠及丑牛。有趣的是，该表还结合各个动物的特点，将每月新一轮涨潮的日子按照韵脚编成顺口溜，共12句。例如"三月是辰，辰属龙，龙见一刀、十六段"，意味着三月初一和十六是老潮断绝，新潮始涨的日期；而"十月是亥，亥属猪，猪唱一更、十四毕，抽来送去二十七"则是说农历十月有三次潮水，分别开始于十月初一、十四和二十七。

　　准确地说，每月的潮期并不是潮位最低的日子。有句谚语"水先星后"，意为每月潮期前三天左右，潮水到达最低位。以农历正月为例，本月潮期为初七和二十一，这就意味着初七这天，潮水涨到最大值和最小值的中间某处，在接下来的七天里持续涨升，直到七天之后到达最高位，而后开始减潮，减到十八、十九天左右大约到最低位，随后再开始涨，到了二十一这天差不多又回到中间值，于是开始新一轮的涨潮。

2. 晒泥（晒沙）

　　晒泥就是晒制盐泥，退潮后的一到两天，盐工们使用两种长短齿的木耙，将晒泥池内的泥土翻起，松土，使其在阳光下充分曝晒。泥中的水分被迅速地蒸发掉，海水中的盐分则被锁定在泥土中。这一工序需两到三天，使盐泥土的含盐量达到所需要的饱和程度才可。

图6　翻起盐泥土及使用的工具（王卫星　摄）

　　注：图中为矩形木挡刮沙工具，挡身为竹竿制，竿头嵌入矩形木板，并以铁条、木条固定。

图 7　过滤池铺有一层较厚的竹篾和茅草，左下是卤水池
（王卫星　摄）

图 8　测试卤水的黄鱼茨（王卫星　摄）

3. 制卤（即收沙）

制卤就是过滤盐泥、制卤，盐工们将晒干后的盐泥拖到过滤池，池底部一半为木结构架子，上面铺有一层较厚的竹篾和茅草。盐泥放入过滤池内并经堆耙、踩平、实夯后，会呈现为中间低四周高的"凹"字状。然后持续地往过滤池内浇灌海水，浸泡了盐泥的海水中的盐分溶解，缓慢地流经滤池底部，经竹篾、茅草过滤泥沙杂质后，透过石缝流入卤水池，一夜后，海水就成为"卤水"。经不断过滤，卤水浓度显著增高，直至饱和状态。将当地海边生长的灌木——黄鱼茨的茎截成段，可用来判断卤水的饱和浓度。黄鱼茨沉于卤水底部或悬浮于水中，表明卤水尚未达到饱和浓度；反之，表明卤水已达到饱和浓度，就可以进行晒盐。

4. 晒盐

清早，盐工们将卤水缓慢地浇灌于洗刷干净的盐槽里，卤水在阳光下曝晒蒸发。老盐工说，一天至少要添加三次卤水，分别在 10～11 时、12～13 时、14～15 时，以确保盐质和易于成盐。

图9　正午时分老盐工在添加卤水（王卫星　摄）

图10　盐工在收盐（王卫星　摄）

5. 收盐

卤水晒至18时许，盐槽中的卤水结晶成了颗粒均匀、大小适中、洁白晶莹的盐巴。到这时，就可以收盐了。盐工用刮铁将盐槽上的盐巴刮起，堆成一座座"小雪山"，最后将盐全部铲起，收到盐筐，挑出盐田，将湿盐倒入晾盐筐中，置于通风处晾干。大些的盐槽每次出盐量为0.5~1千克。

洋浦古盐田的盐有其特点。当地人将海盐与家禽、海鲜等各种生态元素融合，创制了独特的药食方法。当地人还将原生态的粗盐用于日常烹饪，创新出了"盐焗系列""腌制系列"等特色盐食法，如盐焗的鸡、鸭、鱼、虾、蛋，以及腌制的青芒、萝卜、干鱼等。

四、研究保护

自2012年以来，陕西省考古研究院、中山大学人类学系、海南省文物局和儋州市博物馆、台湾大学人类学系等单位，先后对洋浦古盐田进行了比较系统的实地考察，这为后人深入研究海南西北部早期盐业生产、制盐工艺流程、盐业遗产的保护和利用奠定了必要基础。李水城作为国家文物局"中国海南洋浦海盐生产遗址调查与利用研究"项目的学术主持人，带领团队通过田野考古、民族民俗学调查，采用科技检测等多种手段，重点研究了洋浦古盐田的传统日晒海盐制作工艺及其保护和传承，并对其实际利用价值作了初步评估。

北京大学考古专业的学者通过对洋浦古盐田遗址进行选择性试挖掘，以解决洋浦古盐田的制盐工艺、创建年代等疑难问题，并探究其中的科学依据。此外，他们还对古盐田的土壤和火山玄武岩样本进行了采集和科学分析，以及对洋浦古盐田村的现状、传统民居、古码头、古盐道、古盐铺等物质遗存进行了调查和分析。北京大学城市与环境科学专业的学者就古盐田所处的海南西北地区进行了大范围的野外调查，诸如古盐田所处的周边地区自然环境，古盐田的景观地貌，包括地质构造、气候和海洋水文等多方面的内容。研究人员还确认了洋浦湾北岸的海底地貌及其结构。

陕西省考古研究院就洋浦盐田遗址的地形、地貌及遗址全景，进行了航空调查和测绘，采集了大量数据，积累了勘测图、航空照片等资料。他们还统计核实古盐田内的卤水池、盐槽的数量，逐一编号记录，并绘制和描述典型盐槽和卤水池的平剖面图。中山大学人类学专业学者就古盐田系及其村社，进行了人类学、民族学和民俗学调查研究，内容涉及族群迁徙、盐工组织、生产和管理模式，从专业角度调研了制盐业、地方经济发展、商业贸易互动关系，以及相关的税收和法律、民俗文化、宗教信仰等多领域的问题。

其他有学者就洋浦古盐田的旅游资源的开发利用进行研究，将其分为客观景观、特殊景象、人文轶事三类，提出明确规划景区、强化管理、开展特色产品和体验活动等开发建议。

五、遗产价值

洋浦古盐田，是中国保存完好且至今仍在使用的古盐场，被誉为洋浦最早的"工业"，也是海南乃至中国传统制盐手工业发展的历史缩影。洋浦古盐田完整保存的古代生产工艺设施是中国本土内生性技术发展的产物，其技术在世界上具有独特性和唯一性，这是其作为技术遗产的核心价值。

2008年，洋浦古盐田被列入第二批国家级非物质文化遗产代表性项目名录；2009年5月，洋浦古盐田被海南省人民政府公布为海南省第二批省级文物保护单位；2013年3月，洋浦古盐田被国务院公布为第七批全国重点文物保护单位。这都充分肯定了盐田工匠的劳动智慧，保护了传统的海盐产业与文化。

参考文献

［1］张银河.中国盐文化史［M］.郑州：大象出版社，2009.

［2］陈铭枢.海南岛志［M］.海口：海南出版社，2004.

［3］崔剑锋，李水城.海南省儋州洋浦古盐田玄武岩晒盐工艺的初步调查［J］.南方文物，2013（1）：88-91.

［4］周开媛.海盐制作中所体现的生态观念：以海南岛盐田村为例［J］.盐业史研究，2016（1）：13.

［5］王静，陈秀琴，王雄.海南省非物质文化遗产介绍17：洋浦盐田晒盐技艺［J］.新东方，2010（3）：83.

（霍知节）

李渡元代烧酒作坊遗址

——中国迄今年代最早、特色鲜明的古代烧酒作坊

李渡元代烧酒作坊遗址位于江西省南昌市进贤县李渡镇李渡酒厂老厂区，2002年因施工被偶然发现。经考古发掘确认，该遗址历经元、明、清、民国至当代，绵延约700年，是中国迄今所知年代最早、遗迹最全、时间跨度最长、特色鲜明的大型古代白酒（俗称"烧酒"）作坊遗址，同时也是中国迄今所知首处小曲酒酿造遗址，被誉为中国酒行业的"国宝"。

图1　李渡元代烧酒作坊遗址，考古遗址、生产单位、旅游景区三合一场所（张学渝　摄）

一、历史沿革

　　李渡，历史上又名"李家渡"，是一个产酒名地。明初，李渡已有酒作坊6家、酒店14家，正德年间，酒作坊扩展为28家。清代，李渡先后出现万隆、万盛、万茂、万祥、万义、福兴泰、福裕泰等字号的酒作坊，一时颇具规模。民国时期，镇上酒作坊有福生、福隆、万茂、万隆、万祥、万盛、万裕、福裕泰、福兴泰等，售卖烧酒的杂货店多达60家。

　　历史上李渡烧酒工艺经历了三个阶段。一为土烧阶段。北宋太平年间，宜黄人邓金林、娄金洪来此定居，以供应泥壶甜酒为主，兼带来小曲酒工艺，开始酿制土烧酒，引起其他酒店效仿。二为小曲酒大行其道阶段。元代开始生产小曲酒，明代小曲酒成为李渡烧酒的一大特色。三为大曲酒阶段。大曲工艺始于明末清初，此后逐渐取代小曲工艺。清末，李渡最大的酒作坊万茂酒坊汇集和改进了酿造工艺，以大曲工艺酿制出李渡高粱酒。自此，李渡烧酒与毛笔、夏布、陶器、蟹壳饼并称李渡五大土特产。

　　1956年，李渡各私营酒作坊改制为公私合营酒厂。1959年，其又转为地方国营李渡酒厂。2002年和2008年李渡酒厂两次被收购，李渡酒业有限责任公司成立。

图2 "国家工业遗产"和"全国重点文物保护单位"的标志牌（张学渝 摄）

2002年6月，李渡酒厂老厂改建。施工中，铁锹挖到硬物，其被初步断定为古代酒作坊遗迹。江西省考古研究所闻讯派人到现场勘探，并及时上报国家文物局。随后，江西省考古研究所对烧酒作坊遗址进行发掘。发掘面积约300平方米，遗址的文化堆积有11层，分为6个时期，第1期到第6期年代依次被断定为南宋、元代、明代、清、近代、现代，除南宋时期地层，其余地层都发现了古代酿酒遗存。遗址中发掘出不同时期的酒窖共54个，分别为元代砖砌圆形酒窖13个、明代圆形酒窖9个、清代腰形酒窖12个和近代长方形酒窖20个。其中还发掘出若干明清酿造白酒工艺设备，包括水井、炉灶、晾堂、蒸馏设施、墙基、灰坑、砖池、砖柱、水沟等遗迹。此外，出土遗物350件，其中包括73件不同年代的酒具。

2006年，李渡元代烧酒作坊遗址被国务院公布为第六批全国重点文物保护单位；同年，李渡元代烧酒作坊遗址与河北徐水刘伶醉烧锅遗址、四川成都水井街酒坊遗址、四川泸州大曲老窖池、四川绵竹剑南春天益老号酒坊遗址一起被列入《中国世界文化遗产预备名单》。2018年，李渡元代烧酒作坊遗址被认定为第二批国家工业遗产。

二、遗产看点

李渡元代烧酒作坊遗址现由李渡酒业公司管理，是AAAA级景区，对社会开放，开放面积约120亩。李渡元代烧酒作坊遗址景区是工业旅游示范基地，实行生产与旅游相结合模式，个人或团体先到游客中心预约，跟着讲解人员，统一游览。

李渡街上酒香扑鼻，景区大门上方"李渡元代烧酒作坊遗址"10个金色大字十分醒目。迈入景区大门，左右两侧的建筑为生产车间。其中右侧车间是可以参观的古窖车间。车间内有专供游人行走的带护栏的木板路，护栏外是32个仍在使用的民国青砖小窖池群，长2米，宽1.5米，上面盖着印有"国宝李渡"字样的草帘，入窖发酵周期通常为60天，是李渡高粱1955基酒生产的专用窖池。车间中部，有工人用耙子把蒸煮后倒在晾堂上的原料摊开散热；有的在堆积成半人高的酒糟旁，撒上酒曲并用铲子不停搅拌；有的把发酵好的原料铲入蒸馏锅内，压实并填满。车间出口处，可以品尝到酒糟鸡蛋和刚蒸馏出来的70度李渡原浆酒。

图3 古窖车间的生产现场（张学渝 摄）

图4 元明清古窖群遗址区内保存完好的元代窖池，窖口呈圆形（张学渝 摄）

　　李渡烧酒酿造工艺现为江西省首批非物质文化遗产代表性项目，古窖车间展示了传统制酒工艺"五步法"（制曲、配料、发酵、蒸馏、勾兑）的中间三步。

　　元明清古窖群是李渡元代烧酒作坊遗址的核心看点。入口处有一口20世纪50年代留存至今的约2米宽的蒸馏锅，再往内就是有护栏围住的元明清古窖群遗址区。护栏近处可以看到明清时期到近代的一些酿酒工艺设施，包括明代的炉灶、晾堂、水沟、水井、蒸馏设备、墙基等。继续往里走，会看到一座李时珍雕像，雕像前展开的《本草纲目》突出显示"烧酒，非古法也，自元时始创其法"。雕像左前方，为13个保存完好的元代酒窖，酒窖呈口大底小的圆斗状，内放陶缸，砖砌封口。

此前学术界对中国烧酒起源有"先秦说""汉代说""唐代说""宋代说"等多种说法，元代酒窖的发现证实了李时珍关于烧酒始于元代的论断。圆形古窖群自元代开始，经历明清时期，一直用于生产小曲工艺白酒，到20世纪20年代，大曲工艺被引入江西，圆形古窖才被用来生产大曲工艺白酒。圆形窖池是腰形窖池和长方形窖池的前身，是小曲白酒生产向大曲白酒生产转变的一种过渡形态，这种奇特的现象在全国尚属首例。

继续往内，来到元明清古窖群活体保护区，9个明代圆形酒窖、12个清代腰形酒窖、20个近代长方形酒窖整齐划一排布。同古窖车间一样，活体保护区域的明代、清代和近代窖池仍然用于生产发酵，产出的白酒价值更高。

元明清古窖群年代齐全、区域划分明显，并且部分古窖微生物仍具活力，这些活性微生物见证了李渡700多年的酿酒历史，是名副其实的"活化石"。李渡酒业使用部分古窖酿酒，进行古窖活体保护，开创了国家文物活体保护的先河。

百年封坛酒库建筑分为上下两层，储存了上百吨李渡酒。进入酒库前，应将手放在专门设置的金属护栏上除静电。一进酒库，便可闻到陈酿酒香，与古窖车间的新制酒香明显不一样。酒库光线昏暗，墙壁斑驳，陈列了上百坛不同年代尘

图5 元明清古窖群活体保护区内的生产发酵区域（张学渝 摄）

封的李渡酒，其中入口右侧过道尽头是马蹄形酒库，保存着46坛百年调味酒，这是李渡酒厂的镇厂之宝，能够调制出不同特色的李渡酒。沿着入口左侧主路向内走，来到酒库第二层，这里面积更大，光线明亮，存酒更多，还设有李渡封坛酒体验区，可以品尝到30年陈酿。

　　李渡科普馆位于景区最里边，为两层楼建筑，第一层展示了李渡元代烧酒作坊遗址的发掘过程，陈列发掘出土的酒具、酒糟、酒醅等遗物。元、明、清、近代的酒器整体发展形制呈现逐渐缩小的趋势，表明在元代以前，较大的酒具是用来饮用酒精度数较低的酿造酒的。元代出现酒精度较高的蒸馏酒后，酒具便随之逐渐变小。第二层为李渡酒定制区。科普馆外的酒坛林十分壮观。

图6　李渡百年封坛酒库（张学渝　摄）

图7　科普馆内展示的元代酒醅（张学渝 摄）

三、科技特点

1. 蒸馏技术

李渡元代烧酒作坊遗址的元明清古窖群内摆放有1个江西南昌海昏侯墓出土的蒸馏器模型，它是江西当地具备蒸馏技术的直接证据。明代医药学家李时珍认为，烧酒起初是由处理酸败黄酒开始的，即最原始的烧酒是用液体蒸馏酿造而成。中国酒界泰斗周恒刚认为，李渡元代烧酒作坊遗址的工艺属于固体蒸馏技术，与液体蒸馏相比，李渡烧酒的固态蒸馏在操作技术上更进一步，能节约生产空间、减少劳动力，同时还能增加产量。虽然这一技术始于何时目前尚未定论，但李渡元代烧酒作坊遗址的发现，至少可以确定固体蒸馏技术能追溯到元代。世界六大蒸馏酒有英格兰威士忌、法国白兰地、荷兰金酒、俄罗斯伏特加、西印度地区朗姆酒和中国白酒（烧酒）。与世界其他五大蒸馏酒相比，中国白酒酿造所使用的固态蒸馏技术是独一无二的，其特点有蒸馏温度较低，发酵度高，糖化和发酵作用同时进行等。

2. 酒曲利用

世界六大蒸馏酒在工艺、原料、香味等都各有特色，也具有各自的民族特色和文化特征。中国白酒的原料是富含淀粉质的粮谷物，粮谷物要先经过糖化才能醇化形成酒精，较为复杂。古人发明的酒曲，即一种糖化发酵剂，简化了发酵过程，使得以粮谷作为原料酿酒更加容易。酒曲的利用使得白酒的香味丰富、品质提高，所以其也有中国"第五大发明"之美誉。酒曲大致可分为小曲和大曲两类。小曲一般常见于南方，以米粉为原料，添加中草药制成，故又称米曲、酒药等，是以活性根霉菌和酵母为主的糖化发酵剂，具有用曲量少、发酵期短、出酒率和淀粉利用率高的特点。李渡元代烧酒作坊遗址是我国迄今为止发现的最早使用小曲工艺的遗址。

3. 养窖技术

微生物研究人员从李渡元代烧酒作坊遗址古窖池中采样，通过分析和检测窖池遗留残渣，发现酒醅中含有大量古老的活性生物菌群。这表明自元代以来这些窖池一直在不断发酵，微生物生态系统功能保持完好，反映了历代工匠先进的窖池保养技术。

　　窖泥的品质直接决定白酒产品香型和优劣，所以酿酒业有"一克窖泥一两金"的说法。窖泥是各种有益菌群生存、繁衍的温床，多种菌类能提供多种酶，酶通过分解作用产生如乙酸乙酯等香味化学物质，在发酵过程中起到增香作用，能提升白酒的品质，丰富白酒的口感。多菌系、多酶系的窖泥能够产出品质优良、口感丰富的好酒，但要求酒窖保持恒温的环境，保持适宜的 pH 值以适合微生物生长和繁衍，也需要定时投入新的菌源，保证窖内营养组分全面。为避免其他杂菌入侵破坏生产，养窖师在封窖技术上要求十分严格，需要定期检查窖池情况，避免窖池裂边、密封不良的状况；在出窖后及时清理干净窖底和窖壁，铲除碳化层，延长窖泥微生物生命周期，并用曲粉和低度酒喷洒窖池，给予微生物养分；采用续糟配料的方法，"以窖养糟，以糟养窖"，维持窖内生态环境稳定。这也是李渡元代烧酒作坊遗址目前所进行活体保护，即仍然使用古窖发酵的原因。

四、研究保护

　　李渡元代烧酒遗址自2002年6月被发现后，很快引起不同学科的学者关注。

　　在考古学方面，2002年7—11月，江西省文物考古研究所组织对李渡元代烧酒作坊遗址的发掘工作，发掘面积达250平方米，发现了元代砖砌圆形酒窖13个，明代圆形酒窖9个，分别属于明代和清代的2处晾堂、2个蒸馏设备，以及炉灶、水井等遗迹，并出土350余件酒具，同时对遗址分布范围进行初步研究。2003年，樊昌生、杨军发表《李渡（无形堂）烧酒作坊遗址考古取得重大突破》，介绍有关李渡烧酒作坊的最新发现，包括年代断定、遗址遗物的发掘与鉴定、酿酒工艺流程的探究等。

　　在历史和文化方面，2003年，傅金泉发表论文《从李渡遗址看我国白酒史》，从遗址入手探讨中国白酒的历史和文化。2012年，丁玉玲、万伟成发表论文《李渡遗址文化遗产的构成、属性与价值》，讨论了李渡烧酒作坊遗址遗产的四大构成，包括可移动文物、不可移动文物、无形文化遗产和外延部分。2014年，万伟成发表论文《李渡烧酒作坊遗址与中国白酒起源：兼论中国白酒古酿造遗址的文化遗产价值评估》，分析了中国白酒起源，同时对李渡烧酒作坊遗址作系统介绍，对李渡烧酒作坊遗址的文化价值进行评估。

在遗址保护研究方面，2015年，张金凤发表论文《江西李渡烧酒作坊遗址盐分来源探讨》，指出李渡烧酒作坊遗址由于土体表面盐分过高，出现严重疏松的现象，存在遗址安全问题，并对土体成分进行分析，找出其疏松劣化原因，为后续遗址保护工作提供指导。

在未来发展研究方面，2018年，王晓伟发表论文《李渡酒业"体验＋沉浸"营销新策略研究》，由案例分析解读李渡酒业的营销策略的外部环境，指出其优势与不足，探究"体验＋沉浸"项目内涵及分类，尝试构建该营销策略的未来规划。

在遗产价值研究方面，2021年，万伟成发表论文《世界文化遗产语境下的中国白酒作坊遗址价值》，比较分析了五大白酒酿造古遗址的历史、科技、附加值、文化遗产的价值。

五、遗产价值

李渡元代烧酒作坊遗址是我国迄今所知年代最早、遗迹最全、时间跨度最长、特色鲜明的大型古代白酒作坊遗址，也是世界上迄今为止发现年代最早的蒸馏酒酿造遗址，具有十分重要的历史、科技和人文价值。

1. 历史价值

李渡元代烧酒作坊遗址有许多分属于元明清三代的白酒酿造设施遗迹，如水井、酒窖、炉灶、晾堂、蒸馏设施、墙基、灰坑、砖池、排水沟，并且保存完好，能完整再现古代酿酒作坊场景，有利于人们从中了解各历史时期白酒的发展状况，揭示白酒酿造技术的历史演进。元代酒窖和酒醅的发现，不仅为中国在元代已经掌握蒸馏酒技术的论断提供了有力证据，还将固态发酵时间往前推至元代，对讨论中国白酒起源等问题有重要的作用。作为目前中国第一家小曲工艺白酒作坊遗址，其酒窖形状从圆形砖砌地缸发酵池到腰形酒窖，再到窖底用泥的长方形酒窖，体现了小曲工艺到大曲工艺的转变。遗址中出土不同地层的300多件酒器，历经宋、元、明、清到近代，形状由大到小。酒窖和酒器形制的变化，展现了李渡白酒酿造技术清晰的演变脉络，为后人研究小曲工艺和白酒工艺史提供了珍贵的资料。

中国古代科技遗产

286

Chinese Heritage of
Pre-modern
Science and
Technology

图8 李渡白酒酿造技术演变（张学渝 摄）

图9 明代水井与沟渠
（张学渝 摄）

2. 科技价值

李渡元代烧酒作坊遗址从整体布局方面看，水井安排在场地内，取水方便；排水系统流畅；晾堂宽敞，便于操作；为防止地下水浸入窖池污染酒醅，元代窖池窖底用埋缸以抬高酒醅；炉灶烟道分别于两侧，减少热量损失，使热能被充分利用等。这些都是匠人的巧思运用，可以帮助今人了解元明清时期的酿酒技术原理、生产工艺流程。作为工业遗产，李渡烧酒作坊的选址规划、酿酒设备的调试安装、生产工具的改进、工艺流程的设计和产品的更新等都具有科技价值。

李渡元代烧酒作坊遗址中的元代窖池发现有大量的古老活性生物菌群，这些"活化石"是探索白酒起源的关键，同时对其中古菌群的研究能够帮助微生物学知识理论的完善和拓展。中国白酒的固态蒸馏技术以及酒曲的使用，在世界蒸馏酒工艺中是独一无二的。而对其中固态蒸馏技术和酒曲的研究，能够帮助酿酒工业改良生产工艺，优化生产方式。

李渡元代烧酒作坊遗址反映了我国古代南方白酒工业从元代到近现代在酿酒技术、酿酒设备、工艺特色等方面的进步，展现了清晰的白酒发展演变脉络，丰富了中国科技史和微生物研究的内容，具有很高的科技价值。

3. 人文价值

　　李渡镇地处江西中部赣抚平原，抚河中下游东岸。抚河为江西五大河流之一，流域面积宽阔，四通八达，最后汇入长江。李渡镇伴抚河而居，位于水路交通要地，商贸繁荣、经济发达、酒肆林立、名人涌现。李渡镇与酒相关的名胜古迹多达26处，如"晏殊知味拢船"的拢船口、"王安石闻香下马赞"的系马石、清远桥等，具有深厚的人文底蕴。李渡元代烧酒作坊遗址位于历史街区中，这片区域保留了大批清代民居建筑。遗址本身和遗址外延共同构成了完整的李渡元代烧酒作坊遗址文化。但现如今大部分清代建筑已经成为危房，随时有坍塌的危险，希望得到当地政府的重视和保护。

图 10　浮雕"晏殊知味拢船"与"王安石闻香下马"（张学渝　摄）

图11　科普馆外的酒坛林（张学渝　摄）

参考文献

［1］樊昌生，杨军.江西进贤县李渡烧酒作坊遗址的发掘［J］.考古，2003（7）：618-625.

［2］杨军，刘淑华.李渡无形堂烧酒作坊遗址：探索中国白酒起源之谜［J］.南方文物，2003（4）：1-8.

［3］万伟成.李渡烧酒作坊遗址与中国白酒起源［M］.北京：世界图书出版公司，2014.

［4］丁玉玲，万伟成.李渡遗址文化遗产的构成、属性与价值［J］.农业考古，2012（6）：305-309.

（文帝杰　张学渝）

四堡雕版印刷遗址

——中国仅存保留完整的古代雕版印刷书坊

　　四堡地处福建西部的长汀、连城、清流、宁化4县交界处，这里分布着数十个村落，竹木繁茂，水源充沛，有从事雕版印刷的自然条件。明末清初，四堡受外部环境的影响兴起雕版印刷业，到清代乾隆、嘉庆两朝时发展成为中国四大雕版印刷基地之一。民国时期，这里受西方铅印技术冲击而逐步衰落。如今，四堡再度受到关注，成为中国仅存保留完整的古代雕版印刷文化遗址。

图1　四堡清代雕版印刷书坊，如今开辟为"中国四堡雕版印刷展览馆"（吴德祥　摄）

一、历史沿革

　　四堡雕版印刷业起源于何时，至今有几种不同的观点。据民国版四堡雾阁村《范阳邹氏族谱》卷三十四记载：十五世邹葆初"壮年贸易广东兴宁县，颇获利，遂娶妻育子，因居其地刊刻经书出售，至康熙二十年辛酉(1681年)，方搬回本里，置宅买田，并抚养诸侄，仍卖书治生。闽汀四堡书坊，实公所开创也"。族谱称颂其"丰功伟绩，全在刊经，公刻书以来，多人学步，通里文明，实公宣布"。目前有确凿依据的均为清代文献，故四堡雕版印刷业创始于邹葆初，也就是说起源于清初，应是可信的。

　　闽西山区盛产竹木，这为造纸、雕刻及制墨都提供了丰富的资源；汀江和闽江水系则为四堡与外界交通提供了便利，这是四堡雕版印刷业形成的有利条件。

　　四堡是客家地区，客家人秉承中原文化的传统，素有"耕读传家"的观念。然而，走传统路径难达仕途，故当看到邹氏从雕版印刷事业可获丰厚利润时，四堡的耕读者当即发现新的谋生捷径，纷纷加入雕版印刷业中。

图2　清代四堡刻印的部分古籍(吴德祥　摄)

随着四堡雕版印刷业发展，这里的印刷商分化成两种类型：一种是族商，即以家庭或家族成员组成的经营团体，他们在书业生产和销售中有分工合作，互惠互利；另一种是儒商，即那些科举落榜文人，他们弃文从商，投身到印刷业。儒商在策划、编辑、书写、雕刻、核算各个环节都大展其能。这些人在整个印刷业中都颇为重要。

清康熙年间，四堡雕版印刷业基本形成，到雍正、乾隆时大规模发展，至嘉庆、道光年进入全盛时期。乾隆、嘉庆两朝时，雾阁、马屋村的大小书坊逾60家，刻书600余种，形成书坊集群，书籍生产初具产业化和规模化。及至清朝晚期，书坊多达100家，其刊刻经史子集、小说诗词、启蒙读物、医学农书、堪舆星算等9大类、1000余种。当地书商的销售网络已有"垄断江南，远播海外"之说。据不完全统计，清代四堡书商销售网点遍布全国13个省150余个县市，并远销到泰国、越南、印尼等南洋诸国。

四堡书商在长期经营中，为了避免彼此的利害矛盾，取得共同利益，他们总结出成文的经营法则。如每年的正月，各书坊的主事人汇聚一堂，各自亮出本年度刻印的书目，如有重复者，则协商调整。由此四堡坊刻订立了版权行规，各坊刊刻的书籍扉页上都赫然印上"版藏XX堂所有，翻刻必究"的字样。不过，各坊之间也可经协商交换或租借藏版印刷。

至清咸丰年间，太平天国运动兴起，社会动荡不安，人们对书籍的需求减少。其后，上海率先引进西方先进的石印和铅印技术，精良的印刷书籍很快占领了市场，传统印刷优势不再，雕版书籍销量一落千丈。当时，四堡也有远见之士试图更换新设备，但地处偏远，交通不便的山区谈何容易！四堡的雕版印刷业开始走向衰败。随着科举制度废除，新学兴起，四堡印刷业主打的科举用书"四书五经"和蒙学读物无人问津，老书坊纷纷关门停业。

至中华人民共和国成立前夕，雾阁的邹海成、马屋的马传图两家还在卖少量的农村幼儿启蒙读物，但已是强弩之末。一代书商的命运遭际，成为社会转型时期四堡独有的奇特现象。

中华人民共和国成立后，四堡坊间积存了大量的旧时雕版，甚至屋满为患，大部分雕版成了农炊用的烧柴。

随着国家改革开放，四堡的面貌逐渐发生改变。1992年，当地政府投入资金开始收集民间遗存的雕版、古籍和印刷工具，开设起简单的雕版印刷展示室。1999年，四堡被福建省政府公布为"省级历史文化名乡"，并成立了中国四堡雕版印刷陈列馆，设立四堡雕版印刷基地管理站。2001年6月，国务院公布第五批全国重点文物保护单位，四堡书坊建筑被列入其中。自此，四堡古书坊和雕版印刷进入公众视野。

二、遗产看点

到四堡游览，可观看四堡书坊、古雕版、印刷的古籍、旧时印刷工具，以及四堡古镇景观。

1. 四堡书坊

四堡书坊是清代四堡从事雕版印刷业和四堡书商的生活场所，也是四堡书业兴盛的产物和历史见证。目前四堡书坊保存较完好的有80余处，其中50处被列为全国重点文物保护单位。

从整体看，四堡书坊多呈回字形构建，厅堂居中，中轴对称，四周为横屋和围屋。厅堂有前、中、后之分，称为"重堂递进"，围屋和横屋有前、后、左、

图3 四堡古书坊万卷楼大门（吴德祥 摄）

右之分。因房屋庞大且紧凑，采光主要靠天井。一座房往往有十几个天井，"九厅十八井"之谓指一座房屋有9个厅堂、18个天井，"9""18"不是定数，有些不止此数或略少。为作业和生活方便，大门前还筑有院坪，作晒书、晾版之用，院外再设一门楼，连接起院墙。

书坊的另一重要看点是其中呈现的文化艺术。雕塑、雕刻、绘画、书法等艺术门类在书坊中得到充分表现，反映了四堡先民对文化品位的追求。如四堡门楼建筑，几乎集文化艺术之大成：门楼顶部鳌头饰以龙、凤、麒麟、狮子；两侧雕塑、绘有花鸟虫鱼、山水人物；门框正上方书有遒劲雄浑的大字，如"云峰拱秀""菁华绕境"等富诗情画意的词语，也有的写上堂屋名号如"中田""梅园"等。

2. 四堡刻本

四堡刻本是指清代、民国时期四堡书坊生产的图书产品，它包含三个方面的属义：首先，四堡刻本属于民间书坊刻本；其次，它是大规模书坊集群的刻本；最后，这个书坊集群位于福建省长汀县四堡里（现为连城县四堡镇），是区域性书坊刻本。

四堡刻本大多有"汀版"标识，如：汀郡九思堂、汀郡九经堂、闽汀应文堂、闽汀继文堂、汀城文行堂、汀城马林兰堂、汀城邹万卷楼等。

清代以前，学界有"汀版"之说，是指汀州府长汀县城一带的官刻本或私刻本。清代以后，学界所谓"汀版"，则是指四堡书坊的刻本。

关于四堡刻本的价值，学术界存有两种相左的看法：一种认为，四堡刻本大多是四书五经和农家日用类的大众读物，版刻不精，缺乏文献和版本价值；另一种认为，四堡书坊在清代盛极一时，刻印了大量书籍，虽说多为粗糙，但仍有不少有特色的版本，如同时刊载《三国演义》和《水浒》的刊本或仅堪一握的袖珍本等；也有一些书坊刻印了不少精品，如寄傲山房刻本《书画同珍》，其精刻程度即使官刻本也难以媲美。

图4　四堡刊刻袖珍本（吴德祥　摄）

科技遗产 古代 中国

294

Chinese Heritage of
Pre-modern
Science and
Technology

3. 四堡雕版及印刷工具和用料

　　四堡雕版目前分散于各地的博物馆和民间收藏家处，具体数目难以统计。四堡雕版的版材选用梨木、枣木、樟木、梓木等，其雕版质量取决于材质、刻工技艺、所刻内容和品相及完整性，目前存留的雕版质量参差不齐，有精品，也有较粗糙和缺损的。

　　雕版工具分为雕刻工具、印刷工具、裁切工具。雕刻工具有拳刀（手握）、两头忙（两头都是刀口）、半圆凿、平錾、刮刀、木槌等。除固定印版和安放印墨、

图5　四堡存留的雕版
（吴德祥　摄）

图6　四堡女工用棕榈
刷在刷印（吴德祥　摄）

纸张、工具用的版台外，刷印工具主要有用来将图文转印到版面上的平刷，蘸墨和在版面上刷墨的圆刷，刷印用的长刷和拓墨用的软垫等。这些刷印工具，一般多用马鬃、棕榈之类的粗纤维物品制作。

用料有烟墨——通过松材烧制而成；纸张——四堡印刷纸张多以毛边纸为多，玉扣纸、连史纸次之。

4. 书乡古镇景观

古镇四堡保留了一些清代环境原貌，除古书坊外，还有建于明末的廊屋古桥——玉沙桥，建于清康熙年间的古庙——马援庙、六祖庙，还有通往古汀州的古驿道，以及古街、古巷、古树等，反映了古镇的部分原貌。

三、科技特点

印刷术是中国古代的四大发明之一。清代四堡雕版印刷不仅继承了传统印刷特色，其在印刷作坊、印刷工具、印刷刻本方面也有独特之处。

1. 四堡刻本的特征

古籍的版刻特征主要通过纸张、水墨、版式、字体、装帧等方面体现。四堡刻本的版刻特征主要体现在四个方面。

（1）黄丹纸封面、封底

这是四堡刻本的一大特色。黄丹，中药名，又称铅丹、丹粉、铅华，是由铅、硫黄、硝石等合炼而成的，性辛、微寒、有毒。在纸上用黄丹染色者，名曰黄丹纸。黄丹纸是长汀名产，纸质柔韧，经久耐用。由于黄丹纸具有一定的毒性，有杀虫防蛀作用，可保持几百年不褪色。四堡刻本多用黄丹纸做封面、封底，或在扉页、封底前插入一张黄丹纸，既可保护书籍不致虫蛀，同时也起到美观装饰的作用。

科技遗产 古代 中国

296

Chinese Heritage of
Pre-modern
Science and
Technology

（2）刊有"雾阁""闽汀"等地方标识

"雾阁""雾亭"是指当地的雾阁村。"闽汀""汀州""汀郡""长邑""汀城"是旧时闽西客属八县的总称，即汀州府，州治设长汀县城。有这些标识的刻本，即是四堡刻本。

（3）巾箱本

巾箱是古人放置头巾的小箱子，开本小的图书可放置于巾箱之中，故为巾箱本。这种书籍开本小，便于携带和阅读。四堡刻本有不少是巾箱本，多为文学作品和医书。

（4）纸、墨和字体

四堡书坊出于快捷便利和节约成本的考虑，多数就地取材，选用当地盛产的竹纸、毛边纸印刷书籍，少量如特别重要或委托印刷的书籍，才选用玉扣纸或其他优质好纸印行，如《书画同珍》《康熙字典》等。四堡刻本用墨多数为松烟墨，质地一般。书籍字体以仿宋体居多，写刻体较少，在版式上往往横格拥挤，字小行多，版面疏朗，字大如钱的少见。

四堡刻本中不乏善本，而且从种类而言多为历代的通行本，还有不少是具有地域性的著作。

2. 书坊建筑特点

四堡古书坊以砖木结构为主，屋外砖墙到顶出檐，内墙青砖土坯砖结合，青砖在下，土砖在上，加刷盖白灰，也有以三合土夯实为墙的情况。厅堂置以石础、柱楹、穿枋为框架，互为应援，有利于防震。板壁以工字型制作，上用竹篾拼接，盖上白灰，既美观又增大使用面积。厅堂左右前壁，以木质花格窗棂与浮雕镂空成的花鸟、人物、山水为装饰，上棚顺水天花拱板，檐前吊柱下端饰以花篮雕刻。进门前厅有屏风，设活动中门，平时关严，遇喜庆与佳节才开中门以迎贵宾。后厅楼房、左右厢房卧室，横屋各间为藏版房或雕印场所。

3. 制书工具

四堡制书工具中最有特点的是切书刀和切书架，在传统制书业中据说为四堡所特有。

切书刀由一块定板、一块动板、一根带把手的螺旋杆、两根定杆组成。定板长约19厘米，宽约9厘米，厚约1.5厘米。定板两头距边约3厘米处各开一个约2厘米的正方形孔，把两根长约60厘米的方形定杆的一头固定在孔内；定板的中间再开一个直径约3.5厘米的孔，使螺旋杆穿过孔，至把手接头处（把手较大，不能穿过孔）。动板的长、宽、厚度与定板相当，也要在相应的位置穿3个孔，所不同的是，中间的孔是与螺旋杆相配合的螺旋孔，两边的孔是比四方定杆略大的四方孔，将动板套入三根杆后可以通过螺旋把手的转动而上下调节。定板的一边侧面装有一片锋利的弧线刀片，动板的同侧面则设有木槽沟，与切书架的公榫相合。

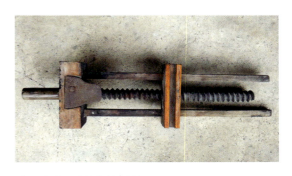

图7　切书刀（吴德祥　摄）

图8　切书架（吴德祥　摄）

切书架由两块木板、两根木螺旋杆和两个木螺母组成。两块木板长约60厘米，宽20厘米，厚6厘米；两根木螺旋杆高约60厘米，直径为5.5厘米；螺母长20厘米，中间大，两头小，套入螺旋杆后可随意旋转。切书架的构成是：一块板为底板，底板的一边长侧边制成长条形公榫，公榫与切书刀的母槽相合，两根螺旋杆分别嵌入两头距10厘米的底板面上固定，另一块板在相应位置穿两个孔，套入两根螺旋杆与底板相合。

四、研究保护

1. 地方政府对四堡雕版印刷业文化的重视和保护

20世纪80年代初，连城县四堡乡马屋村的文化名人马云章（号北斗先生），把清代四堡图书出版业的概况写成《四堡雕版印刷业概况》一文，发表在本县文化馆主办的《群众文化》上，从此揭开了四堡图书出版业的研究和保护序幕。此后，时任连城县方志办的主任邹日升（四堡雾阁村人，厦门大学历史系毕业）回乡考察，撰写论文《中国四大雕版印刷基地之一——四堡》，发表于《福建文化通讯》。1988年，厦门大学教授陈支平、郑振满到四堡考察，写成论文《清代四堡的族商研究》，刊于《中国经济史研究》杂志上，该文引起了美国学者包筠雅的关注。1992年，包筠雅教授远涉重洋来到四堡考察和研究，受到当地政府的重视，有关部门投入资金并开始收集民间遗存的雕版、古籍和印刷工具，开设了雕版印刷展示室。1999年，四堡被福建省政府公布为"省级历史文化名乡"。2001年，四堡书坊50处建筑被国务院公布为第五批全国重点文物保护单位。2004年，四堡古雕版印刷技艺被列入中国民族民间文化保护工程。2008年2月，四堡雕版印刷技艺被列入第二批国家非物质文化遗产代表性项目名录。

20世纪90年代以来，连城县委、县政府以高度的文化保护意识，积极推进四堡图书出版业文化遗址的整体保护利用，组织编制保护规划，全面调查文化遗存分布情况，开展书坊抢救性维护，建设四堡雕版印刷展览馆、流程馆和技艺传习中心，让技艺传承后继有人。

第一，系统收集整理四堡图书出版业系列文物，建立了四堡雕版印刷展览馆、流程馆、技艺传习中心，并通过摄影、录音、录像等方式对文献资料、文物予以保存。

第二，开展四堡雕版印刷技艺进校园活动，把雕版印刷文化教育课"搬"进教室。目前已在四堡中心小学、马屋小学和四堡中学挂牌四堡雕版教育室，并配有专门乡土教材。鼓励引导青少年学习、了解、传承印刷技艺。

第三，逐年对四堡古书坊投入维修。已完成维修的古书坊有碧清堂、大夫第、子仁屋、三光入户、素位山房、文海楼、文峰挺秀、大厅厦、在兹堂、中田屋、藏经阁、百薮堂等。其余书坊建筑的维修工程在积极申请国家文物保护专项资金，有望全面轮修一遍。

2. 中外专家学者对四堡雕版印刷业文化的研究

20世纪80年代末，四堡发掘和整理古雕版的消息在海内外媒体披露后，引起极大关注，美国、法国、加拿大、德国、英国、日本、韩国、菲律宾等十多个国家及地区的100多位专家学者纷至沓来。其中，美国俄勒冈大学的包筠雅教授就是一位典型的四堡"雕版迷"。

1992年起，包筠雅教授先后四次来到四堡，经15年的研究，写出了专著《文化贸易：清代至民国时期四堡的书籍贸易》，2007年由哈佛大学出版社出版，2015年北京大学出版社将其作为重点学术图书引进翻译出版。2014年，谢江飞教授的专著《四堡遗珍》由厦门大学出版社出版。2020年，吴世灯先生的专著《清代四堡书坊刻书》由福建人民出版社出版。2021年，地方学者邹日升先生的书稿《书田墨香》由福建海峡出版社出版。当时供职于中信出版社的马经标先生在《中国出版》2020年第12期发表了《马驯家族与闽西四堡图书出版业起源》一文，其中的观点及提出的证据对四堡图书出版业的起源研究有新的突破。2022年，福建美术出版社出版马闻一先生的专著《福建传统印刷图鉴：四堡雕版卷》。

五、遗产价值

四堡雕版和刻本的价值主要表现在文献性、艺术性、民俗性和珍稀性四个方面。

1. 文献性

四堡刻本和雕版具有史料价值，许多刻本传世较少，史无著录，这些著作多为当地文人编撰。如，邹圣脉的《寄傲山房诗文集》《易经备旨》《书画同珍》《西厢记》(注本)，邹廷忠的《时令诗林优雅》《四书补注备旨题窍汇参》《酬世精华》，邹可庭的《酬世锦囊》《诗联藻镜》，马宽裕的《古文精言》《增补鉴略》等；周边地区如邵武名医邓旒的《保赤指南车》、漳州名学蓝鼎元的《鹿洲全集》、长汀上官周的《晚笑堂画传》等；以及当朝禁书《金瓶梅》《红楼梦》《前红楼梦》《后红楼梦》等；还有许多地方谱牒；等等。因种种原因，这些版本行世少，所以成为珍贵的文献资料。

科技遗产 古代 中国

300

Chinese Heritage of
Pre-modern
Science and
Technology

2. 艺术性

四堡刻本有些通过版式、装帧、字体、纸墨来体现版本的美观，具有较高的艺术性。四堡刻本的字体多为仿宋体，字体工整、端庄，也有些是写刻体，婀娜多姿，丰富美观。邹圣脉的寄傲山房、邹翼顺的素位堂、邹作就的素位山房、邹子仁的务本堂、邹邦鼎的翰香堂等书坊的刻本质量堪称上乘，有的可与北京、成都、苏州名书坊一比高下。如，务本堂《保赤指南车》、翰香堂《七经精义》属巾箱本，字体虽小但清晰美观，是小字刻本中的精品；《讬素斋诗集》刻字欧体，劲险刻厉，字大行宽，疏朗有致；《鹿洲全集》为楷体，清秀劲朗；《书画同珍》画稿出自名家，画面形象逼真，刻工精致；《梁山伯与祝英台》《西厢记》《千家诗》等，都为图文并茂的精刻本。

3. 民俗性

四堡刻本不少是民俗读物，包括帖式、家礼、楹联、杂字、通书等，反映客家地区的民俗民风和生活习性，是民俗研究的珍贵资料。如，邹可庭的《帖式称呼》、邹景扬的《酬世锦囊全集》、陈必元的《家礼释要》、邹廷忠的《酬世精华》、马宽裕的《催福通书》、邹圣脉的《人家日用》、林宝树的《一年使用杂字》等，都是民俗读物，对普及民间教育和民间文化起了很大作用。

4. 珍稀性

四堡刻本的珍稀性主要体现在一些奇特版本和地域性的著作上，如四堡刻本有一种"一书二读"的版本，即在同一本书上刊载两本书的内容，这在版本印刷上是极其少见的，甚至可能是四堡刻本的独创。如，同一版面上栏刻《三国演义》，下栏刻《水浒传》的《三国演义·水浒传》；上栏刻《本草备要》，下栏刻《医方集解》的《医药同书》本等，这些无疑是版本印刷史上的珍稀版本。

此外，四堡书坊具有历史文物价值。如今，四堡书坊保留的100余处中，有50处被列入第五批国家重点文物保护单位。四堡书坊是清代雕版图书出版业宏大规模的历史遗产和文化见证，有着重要历史建筑价值、历史景观价值，是中华传统文化的瑰宝。在建筑上，它体现了中国南方客家传统建筑的特色；在文化上，它为传播和弘扬中国古代优秀文化做出了重要贡献。

参考文献

［1］谢江飞.四堡遗珍［M］.厦门：厦门大学出版社，2014.

［2］包筠雅.文化贸易：清代至民国时期四堡的书籍贸易［M］.北京：北京大学出版社，2015.

［3］吴世灯.清代四堡书坊刻书［M］.福州：福建人民出版社，2020.

［4］邹日升.书田墨香［M］.福州：福建海峡出版社，2021.

（吴德祥）

中国 古代 科技遗产

Chinese Heritage of Pre-modern Science and Technology

营造 精华

科技遗产
中国古代

304

Chinese Heritage of
Pre-modern
Science and
Technology

应县木塔
——中国现存最高、最古的木构塔式建筑

　　应县木塔，全称应县佛宫寺释迦塔，位于山西省朔州市应县城内西北，始建于辽清宁二年（1056年）。该塔平面呈八角形，外观五层六檐，夹有暗层四级，实为九层；塔底层直径约30.27米，总高度约67.31米，是中国现存古代木结构建筑中最高，体量最大，年代最久的建筑遗产。

　　1961年，应县木塔被国务院公布为第一批全国重点文物保护单位。

图1　建于辽代的山西应县木塔，通体纯木结构，巍峨壮观（戴吾三　摄）

Chinese Heritage of
Pre-modern
Science and
Technology

305

精华 营造

一、历史沿革

佛塔，起源于印度，梵文称"窣堵波"，东汉时随佛教传入中国。后经三国、两晋、南北朝至隋唐，佛教在中土广泛传播，建塔技术也不断提升。佛塔出现了多种形式，塔的平面由方形变为八角形或多边形，其高度逐渐增加。建塔材料也由早期的木材发展为砖石。

就木塔而言，在中国已很难见到，留存至今的仅有应县木塔。遗憾的是，有关该塔的历史记载极少。从现存文献看，明万历二十七年（1599年）刊印的《重修应州志》，在卷六中有应州人田蕙所撰《重修佛宫寺释迦塔记》："尝疑是塔之来久远，当缔造时费将巨万，而难一碑记耶？索之仅得石一片，上书'辽清宁二年田和尚奉敕募建'数字而已，无他文辞。"可知在撰写这段文字时，应县木塔的历史已难以考证。据实地调查，木塔三层正面悬挂的释迦塔牌是金明昌五年（1194年）所建，牌面上除"释迦塔"三个大字，尚有题记250余字，是由金明昌五年（1194年）、金明昌六年（1195年）、元乃马真后三年（原题为甲辰季，1244年）、元延祐七年（1320年）、明正统元年（1436年）、明成化七年（1471年）共6次书写，分别记载了塔在277年间的修建简要记录及塔牌的重装记录，这应是木塔修建的最可靠记录。由此可以确认，木塔建于辽清宁二年（1056年），于金明昌六年（1195年）增修完毕。

对这样一项古代的超级工程，今人很容易提出疑问：为何在地不丰饶、人不稠密的晋北地区建造如此庞大的木塔？这么重要的建筑怎么会缺少详细记载？说起来，兴建应县木塔的原因与当时的社会背景密切相关。11世纪初，中国由几个封建王朝分立，宋朝偏于东南方，虎踞北方的是当时强盛的辽国，辽国具有兴建佛塔的资本。从同时期内蒙古巴林右旗辽庆州建释迦佛舍利塔（俗称白塔，建成于1049年）的记载看，系辽兴宗耶律宗真为生母"章圣皇太后"特别修建，可见契丹皇族有建塔供养的传统。

据考古学者张畅耕研究，应县木塔首层内槽南北门的门额照壁板上绘制的六位供养人，从衣饰、风貌上考证，应为辽国萧氏家族中人。其中南门额上的三位女供养人为圣宗钦哀皇后萧耨斤、兴宗仁懿皇后萧挞里、道宗宣懿皇后萧观音，而北门额上的三位男供养人为辽代晋王萧孝穆、陈王萧知足、楚王萧无曲。作为木塔佛像的供养人，萧氏家族在家乡应州修建高塔，不仅可以彰显"一门三后、一家三王"的荣耀，为家族祈求福报，还可以眺望边境动向，发挥其军事价值。

图2　应县木塔南门额上的三位女供养人（戴吾三　摄）

图3　应县木塔北门额上的三位男供养人（戴吾三　摄）

应县木塔自建成之后，多经风雨和灾难，受到显著影响的地震就达40次，其中烈度7度以上的地震有2次，6度的有6次。据释迦塔木牌题记，元延祐七年（1320年），对木塔进行大规模维修，应是相应的震后加固。康熙六十一年（1722年）"因年久倾颓"，知州章弘主持维修，也应是针对之前多次地震进行结构加固。

1976年和林格尔6.1级地震、1976年唐山7.8级地震、1989年及1991年大同—阳高地震，经地震前后一年的观测对比，都程度不同地造成了木塔的局部偏移和层级间的扭转变形。

据建筑史学者研究，历史上对木塔的维修和改动，有些已经证明不合理。如民国二十四年（1935年）当地组织维修拆掉明层夹泥墙和斜撑，梁思成先生称这是"木塔八百余年以来最大的厄运"。莫宗江在1950年的记录，证实了是战争炮击与拆除外槽斜撑墙体造成木塔局部严重的倾斜。

正是木塔所受的损伤及潜在风险，近十几年来引发了围绕其的多种维修方案及重大争论。

二、遗产看点

应县木塔是山西雁门关外闻名的地标物，天气晴朗时，距应县城区十几公里，就可看到它宏伟的身影。

1. 朝夕四季观木塔

在辽阔的晋北大地上，应县木塔像一个古老的巨人，春夏秋冬、阴晴晨昏，都会展现出大不相同的样貌。

晨光微曦，炊烟袅袅，巍峨的木塔笼罩在烟霭之中。朝阳初升，红霞满天，木塔的刹顶、上层檐角在霞光中展现，下部仍处于朦胧中，有如中国画中的天宫楼阁。

皓月当空，万籁俱寂，浸没在月光中的木塔深沉而凝重。仰望塔刹尖顶，直指北辰，繁星闪烁，整个苍天都似在围绕木塔旋转。

夏日晴空，白云浮动，衬着湛蓝的天空，凝视塔顶和白云，会感到塔在云间移动，仿佛人也跟着升腾。

图4　应县木塔远眺（戴吾三　摄）

科技遗产 古代 中国

308

Chinese Heritage of
Pre-modern
Science and
Technology

◀图5　应县木塔正南面所见匾额（戴吾三　摄）

▼图6　应县木塔东南面所见匾额（戴吾三　摄）

2. 绕塔而行看匾额

接近木塔，禁不住为其宏大的体量而震撼，还有充满历史感的匾额，能挂这么多匾的建筑可不多见。

木塔上大大小小几十幅匾额，其中最重要的都在正南面。第五层"峻极神工"为明成祖朱棣所题，第四层"天下奇观"则是明武宗朱厚照所题。两人都是打败蒙古鞑靼人之后登塔抒发豪迈之情，赞美塔的同时也顺带自夸一下。第三层"释迦塔"则是所有匾额中年代最早的一块，这三个颜体大字是金朝书法家王瓛所书，边上的小字题记记述了木塔的历史。一层平座的"天柱地轴"描述了塔的宏伟，它的作者正是万历年间编纂《应州志》的本地人田蕙。

3. 近看木塔识斗栱

远看应县木塔外观壮丽、轮廓优美，近看可见其结构的繁复和精巧。

首先，应县木塔是由"重楼"形成的。一般的楼阁是结顶一层，屋面用攒尖顶，并在其上建塔刹；而应县木塔的每一层均具有组成单层殿堂的三个部分，即立柱层、铺作层、屋顶层，再叠组而成。

其次，斗栱是中国木构建筑特有的一种结构。近看木塔，由于有探出塔身的平座，塔身的格子门不显著，突出的是一层斗栱屋面，其上又一层斗栱钩阑，层层叠叠。抬头仰望，斗栱便成了全塔最引人注目的部分。

应县木塔使用的斗栱多达54种，是现存古建筑中斗栱形式最多的一座，而且斗栱的做法是很多其他建筑没有的，可以说应县木塔是宋、辽时期建筑的"斗栱博物馆"。

斗栱的基本构件是栱和斗，由十字交叉的栱与其下方的垫木——斗，构成了斗栱组合体。将这些基本斗栱组合体，按照一定的形式、尺度和规格层层叠合向上挑出和扩展伸开，形成一个大的斗栱组合体，习惯上称它为"一朵斗拱"。在同一高度的各朵斗拱的布置，其势或合或离，特别是檐下的斗栱，像是一朵朵盛开的莲花，对整体建筑起到增彩添亮的作用。

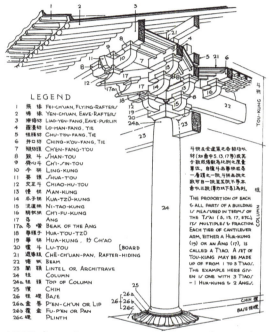

图7　中国建筑之"ORDER"，由此可了解古代木构建筑的各种斗栱和其他构件

注：图像源自梁思成《图像中国建筑史》，中国建筑工业出版社，1991。

图8　结构繁复的斗栱（戴吾三　摄）

科技遗产 古代 中国

310

Chinese Heritage of
Pre-modern
Science and
Technology

图9 转角处平座及檐下的斗栱
（戴吾三 摄）

图10 转角处斗栱三方向挑出，沿脊线方向为"出三杪"
（戴吾三 摄）

注：图9所示，上下两组斗栱在同一位置，但高度及受阳光照射不同，斗栱挑出不同，形成上暗下明的对比，呈现出斗栱在古代建筑中的美感。

4. 走进木塔看佛像

应县木塔称为释迦塔，塔内供奉释迦佛像。释迦是佛教的创始人释迦牟尼，是释迦族的圣人。

木塔供奉的塑像分在五个明层中，全部塑像为34尊，其中佛像12尊、菩萨12尊、力士8尊、菩萨奴2尊。为保护木塔，如今游客只能进入一层南门，观看释迦牟尼佛彩塑佛像。这是全塔最大的释迦牟尼佛塑像，高约11米，坐于莲台上，脸型丰满宽圆，神态亲切安详；面、

图11 应县木塔一层的大佛像（戴吾三 摄）

胸及手均为金色，石绿色眉毛犹如新月，双目微启，唇边有石绿色卷曲胡须，颜色与眉毛一致，下巴有细月纹，两耳垂肩，明显戴着耳环。

在欣赏木塔的同时，围绕木塔可见，因历次地震、暴风雨和人为的破坏，木塔整体和局部都有不同程度的明显倾斜，让人揪心，木塔的保护引人关注。

图12　应县木塔西北向的立柱明显倾斜（戴吾三　摄）

三、科技特点

应县木塔是早期传统木结构建筑的典型代表，其建造原理是基于中国唐、宋、辽时期对建筑结构的认识。虽然没有设计资料记载古人如何得出这类建筑的建造原理，但其屹立近千年的事实，证明它有着自己的合理性和科学性。如今，借助现代结构力学、材料力学知识和建筑学理论，学术界形成了对木塔科技特点的全方位认识，主要有以下三个方面。

1. 尺寸规格化

应县木塔结构复杂、构件繁多、用料量极大，但归纳所有构件的用料规格，只有六种。

这六种规格的名称和用途见下：

名称	应用
松柱	柱
长方	大梁及通长构件
松方	平梁
材子枋	枋及常用构件、斗栱大件
常使方八枋	斗栱、门窗
橡	橡、飞等小料

用这6种规格的木料即能制造几千个木构件，不需要使用钉子等固定件。用现代力学的观点看，每种规格的尺寸，均能符合受力特性，是近乎优化选择的尺寸。

全塔使用的大规格料最少，避免了大材小用，如大规格料"长方"，在整个木塔中，仅占用料总量的1%。这些都充分说明了中国古代建筑采用"尺寸规格化"和"用料标准化"的优点和成就。

2. 种类多样化

全塔使用了54种斗栱，在一个建筑上集中使用如此多种类的斗栱并不多见，为后人研究斗栱在建筑结构中的作用，提供了可贵的实物例证。

全塔计六层屋檐、四层平座，所用铺作互有异同。变化最多的是外槽斗栱。以外檐柱头铺作为例：

副阶用五铺作，内外各出两杪。

第一、二层檐，外转七铺作出双杪双下昂，里转五铺作出双杪。

第三层檐，外转六铺作出三杪，里转五铺作出双杪。

第四层檐，内外转俱五铺作出双杪。

第五层檐，内外转俱四铺作出单杪。

可以看出，由下至上，各层铺作的出跳制度采用逐层递减的做法，使各层屋檐的深度和坡度构成有规则的变化，塔身因而获得了优美的总体轮廓线，这是当时的工匠经过周密考虑的。

3. 筒体结构可抗震

中国古代木构建筑的特点是框架承重，墙体仅是围护结构。民间有谚语"墙倒屋（架）不塌"，即描述了这一特点。木构架结构各节点均采用榫卯，结合严实，但又不是死固定，遇到强大震动，所有构建的榫卯均可以有活动余地而使整个结构体系处于弹性状态。

除却上述的基本特点，应县木塔还具有独特的筒形结构。

木塔各层均采用内外两圈柱子，每圈柱与柱之间各自用阑额相连，两圈柱子之间架设乳栿，在各平座层于柱间阑额上，南北向架设两条六椽栿，以承明层楼板。在每一层由内、外柱与阑额、乳栿等形成一个八边形环，上下九个这样的环叠在一起。这九个环中，位于平座层的四个环做法与明层不同，在径向内外柱间设有斜撑。

在内柱间的弦向支架上部铺作层的位置，沿着八边形柱中线一缝，设重叠的多层木枋，形成闭合的圈梁，在每个转角处，每面与外檐柱相对应的位置及每面中部，设有径向木枋，与外檐平座斗栱相联系，将内外槽连成一体。

这些柱间弦向及径向斜撑的运用，增强了柱间的平面刚度。由柱头枋构成的闭合框架起着圈梁作用，使木塔的结构体犹如一个刚性很强的八棱筒体，它与现代建筑中的筒体结构有诸多相似之处。

四、研究保护

迄今，关于应县木塔的研究已积累了大量资料，包括文字档案、测绘图、研究报告和论文，以及不同时期的照片。就保护维修而言，历史上大约百年对木塔就有一次大修，最后一次大修在民国时期。近几十年来，关于重大保护提出了多个方案。

1. 木塔测绘

20世纪30年代至今，对应县木塔的系统测绘多达6次。1933年，梁思成就职中国营造学社不久，便与刘敦桢、莫宗江等人到山西考察，对应县木塔开展了首次全面的调查和测绘；1934年又进行了补测。资料整理完备本拟出版专著，后因抗日战争爆发未能实现。2007年，中国建筑工业出版社将中国文化遗产研究院新发现的梁思成先生文稿、图纸和清华大学资料室藏照片、测绘稿合编，以《梁思成文集》第十卷的形式出版，其中收录了1933—1935年营造学社关于木塔调查测绘的成果。

图13　应县木塔绘图（中国营造学社，1935年实测，1935年制图）

注：图像源自陈明达《应县木塔》，浙江摄影出版社，2024年。

科技遗产 古代 中国

314

Chinese Heritage of
Pre-modern
Science and
Technology

1943年，为给中央研究院制作木塔模型，陈明达据营造学社测绘稿绘制了比例为1：80的图纸。1958年，为制作应县木塔模型（该模型现存于中国国家博物馆），文化部古代建筑修整所（即中国文化遗产研究院前身）对木塔进行了补测，负责该项任务的陈明达据此完成《应县木塔》一书，其中收录了应县木塔法式图纸计35张，基本是以1933年营造学社测图为基础绘制的。

1991年，中国文物研究所与北京建筑工程学院古建筑研究室合作完成《佛宫寺释迦塔现状测绘图》，共152张，包括总的立面图、剖面图、各层平面图与剖面图、铺作详图、斗栱仰视平面图及总体变形图。以此为基础，1994年中国文物研究所完成《应县木塔残损现状测绘图》，共45张，包括各层柱头位移现状示意图，各层外槽梁架残损现状图，各层内、外槽斗栱残损现状图等。

2000—2001年，山西省古建筑保护研究所组织专门力量按照保护维修设计的要求，对木塔进行了再次测绘，绘制了《应县木塔变形残损状况实测图》，共27张；在此基础上，扩展为《应县木塔残损现状图》，共148张。

2011年，中国文化遗产研究院承担应县木塔底部三层结构加固设计研究，与天津大学课题组合作，对应县木塔底部三层结构变形进行测绘，采用三维激光扫描技术以提高测量精度，而且在每层（楼板到楼板）空间内部形成统一的坐标系。

2. 木塔影像资料

目前所知，应县木塔最早的影像资料来自日本人伊东忠太，他于日本明治三十五年（1902年）五六月之交前往应县木塔测绘了木塔一层平面，并拍摄照片，发表在《北清建筑调查报告》中。1933年梁思成在实地调查木塔之前，曾写信给应县当地最高等照相馆（事实上是唯一的），请馆主人拍摄一张应县木塔的照片，以确定能否前行考察。此事今已传为佳话。

1933年，梁思成、莫宗江等人调查测绘木塔时，拍摄了一百余张照片，可见木塔外墙还未拆改。1934年，莫宗江再次到应县复核测数据时，见木塔外墙已拆改，

图14　梁思成收到的应县木塔照片

注：图像源自梁思成《梁思成全集》，中国建筑工业出版社，2001年。

这次所拍照片显示木塔外墙改成了格子门。

有关木塔的老照片，尤其是梁思成、莫宗江调查测绘木塔时以建筑史与古建筑保护视角拍摄的资料照片，对应县木塔的研究和保护维修具有重大价值，由此可以清楚对比80多年来木塔的局部倾斜，以及拆改前重要部位的情况。

2000—2007年，山西省古建筑保护研究所在进行木塔维修加固及残损定期勘察的过程中，拍摄了大量反映残损情况的照片。2008年以来，中国文化遗产研究院为建设应县木塔现状信息采集系统，派专人为木塔拍摄了全部构件的照片，并建立信息采集系统，可按索引查看。

3. 木塔维修的几大方案

近20多年来，对应县木塔维修提出了多种方案，具代表性的有以下三种。

（1）落架大修

2000年，山西省古建筑保护研究所编制了《应县木塔落架修缮工程方案》。从中国木结构古建筑的结构体系和规律考虑，落架修缮是消除安全隐患、解决病害的修缮途径，对某些佛寺修复确实也有成功的经验。然而，应县木塔体量巨大，构件数以万计，满布的泥塑、彩画和壁画，哪些构件该换不该换，应以什么为标准？种种问题，使该方案存在很大的不确定性。

（2）全支撑

2002年，以中国工程院院士王瑞珠领衔的中国城市规划院课题组完成《应县木塔的保护与维修研究》报告，其中提出了"全支撑方案"。其核心是在塔身内部设置独立钢架，将作为各层主要持力结构的平坐层从底部分层"托"起，以钢架取代原来起支撑作用但结构薄弱的"柱圈"，从而将损坏严重的构件从重荷下解放出来。

（3）上部抬升

以上"落架大修"和"全支撑"代表了文物保护的两个极端倾向，而以葛修润院士和太原理工大学为代表提出的"上部抬升"方案，可认为是对前两种方案的折中。其核心是将木塔不需维修的上面几层抬起与二层脱开，先对二层采取落架维修的措施，然后再将上面几层放回。该方案曾被一度看好，但最终没有实施。

目前最大的问题是统一认识：木塔到了必须要不惜代价地进行维修的地步吗？从各种观点和态度看，答案显然是否定的。

五、遗产价值

应县木塔不仅是中国现存古代高层建筑中仅有的孤例，同时也是现存世界上最高的木构建筑，堪称世界建筑史上的杰作。1961年，应县木塔被国务院公布为第一批全国重点文物保护单位。2012年，佛宫寺释迦塔被列入中国世界文化遗产预备名录。

在900多年前的技术条件下，完全用木材建成如此高大的建筑，这是应县木塔最重要的历史价值；同时，它在结构上也具有重要的技术样本价值。正如美国的华盛顿纪念碑体现了石材的受力极限，代表了现存世界上最高的石构建筑一样，应县木塔表明了木结构体系所能达到的强度、高度和规模的极限，是目前世界上尚存的这类建筑最重要的标本，这也使其具有重要的文物价值。

应县木塔作为一个特殊的古建筑标本，其历经近千年沧桑后的残损状态，成为宝贵的历史见证。1926年山西军阀内战，炮击该塔200多弹，至今在塔上，尤其是西南面累累弹痕仍可见，这些痕迹因其见证了历史故也具有价值。

应县木塔屹立的近千年间，曾进行过多次大修，历次修复工程留下的遗存，如木塔二层平坐层内槽西南角柱周围，历代增加了9根支顶辅柱，可以看到跳枋下受外力突变作用而折断的支撑小柱。这些都是研究传统木结构工程不可多得的实物资料，也保留了某些重要的历史信息。

参考文献

［1］梁思成，莫宗江.山西应县佛宫寺辽释迦木塔［J］.建筑史学刊，2021，2（1）：2.

［2］陈明达.应县木塔［M］.北京：文物出版社，2001.

［3］李世温，李庆玲，李瑞芝.应县木塔［M］.北京：中国建筑工业出版社，2015.

［4］侯卫东，王林安，永昕群.应县木塔保护研究［M］.北京：文物出版社，2016.

［5］中国科学院自然科学史所.中国古代建筑技术史［M］.北京：科学出版社，1985.

（戴吾三）

中国长城

——世界上工程量最大的一项古代军事建筑

　　长城是中国历史上最伟大的军事建筑，从公元前7世纪的春秋战国至17世纪的明朝末期，一直持续修建，前后延续了2000多年，其范围分布在中国北方15个省（自治区、直辖市），堪称中国乃至世界上修建时间最长、工程量最大的一项古代军事防御工程。长城充分体现了古代中国人民的智慧和辛勤劳动，是中华民族的精神象征。

　　1987年，长城入选《世界遗产名录》，成为中国首批世界文化遗产之一。

图1　八达岭长城秋色（戴吾三　摄）

一、历史沿革

早在西周时期，周王朝为了防御北方游牧民族的袭击，曾修筑连续排列的城堡"列城"以作防御。春秋战国时期，各诸侯国为了争霸互相防守，纷纷在边境上修筑长城，最早有公元前7世纪的"楚方城"。其后齐、韩、魏、赵、燕、秦、中山等大小国也相继修筑了长城。其中，赵、燕、秦三国和北方的匈奴毗邻，在修筑诸侯互防长城的同时，又在北部修筑了"拒胡长城"。此时长城的特点是东、南、西、北方向各不相同，长短也不等。

公元前221年，秦吞并六国统一天下，为维护和巩固空前统一的帝国，秦始皇的重大战略举措之一就是大规模修建长城。秦始皇征用了近百万劳动力，占当时全国总人口的1/20，在原来赵、燕、秦三国长城的基础上，修筑起了"西起临洮（今甘肃山尼），东止辽东（今辽宁），蜿蜒万余里"的长城。由此有了"万里长城"之名称。

汉武帝登基后，连续多次发动对匈奴的战争，将其驱逐至漠北，并且修复了蒙恬所筑的秦长城，此后又修建了外长城，筑成了一条西起大宛贰师城、东至鸭绿江北岸、全长近1万千米的长城。秦汉长城是我国历史上第一个大一统时期的重要产物，见证了公元前3—3世纪我国北方农耕文明与游牧文明之间第一轮大规模的冲突、交流与融合，产生了一整套国家军事防御制度和工程技术体系。秦长城东起辽东，西至甘肃临洮。汉长城东起辽东，西至甘肃玉门关。现存秦汉墙壕遗址总长近3700千米，呈东西走向，分布于河北省、山西省、内蒙古自治区、辽宁省、甘肃省、宁夏回族自治区6个省（自治区）。玉门关以西至新疆维吾尔自治区阿克苏市，连绵分布有汉代烽火台遗存。

北魏、北齐、隋、唐、五代、宋、西夏、辽等历史时期均不同程度修筑、改建或增建过长城，或在局部地区新建了具备长城特征的防御体系。隋朝两代统治者先后7次征用近200万劳力，于北部和西北部边境修筑长城、增建城垒。在北魏和周、齐修筑长城的基础上，使东起紫河，中经朔方、灵武之境，西至榆谷以东的长城、筑垒，基本连成一线。

为防御北方游牧民族的骚扰，明前期的长城工程主要是在北魏、北齐、隋长城的基础上进行营建。书曰"峻垣深壕，烽堠相接"，各处烟墩增筑高厚，墩旁开井，增建烟墩、烽堠、戍堡、壕堑，局部地段将土垣改成石墙。这项工程在明朝的270多年统治期内几乎没有中断过。2009年4月，国家文物局和国家测绘局联合公布，明长城东起辽宁虎山，西至甘肃嘉峪关，从东向西行经辽宁、河北、天津、北京、山西、内蒙古、陕西、宁夏、甘肃、青海10个省（自治区、直辖市）的156个县域，总长度为8851.8千米。

明长城现存墙壕遗存5200余段，单体建筑遗存约17500座，关、堡遗存约1300座，相关设施遗存140余处。东部地区明长城以砖墙（包土、包石、砖石混砌等）、石墙（毛石干垒、土石混筑、砌筑等）为主，西部地区则多为夯筑或堆土构筑。

明长城的工程技术、规模比之前各历史时期长城都有显著提升，是我国古代军事防御体系建设方面的最高成就。明长城对于明朝政权的巩固、北部地区农牧业生产的安定、国家的安全都起了积极的作用。而这也是公元14—17世纪我国北方农耕、游牧、渔猎、畜牧等不同文明、文化之间的大规模冲突、交流与融合的见证。

及至清朝，由于满族本身就是北方游牧民族，长城的军事防御功能被淡化。清初期，通过和亲、封贡等手段，实现了与周边民族的和平共处，长城的军事价值大大降低，若干地段缺少维护，逐渐荒废。

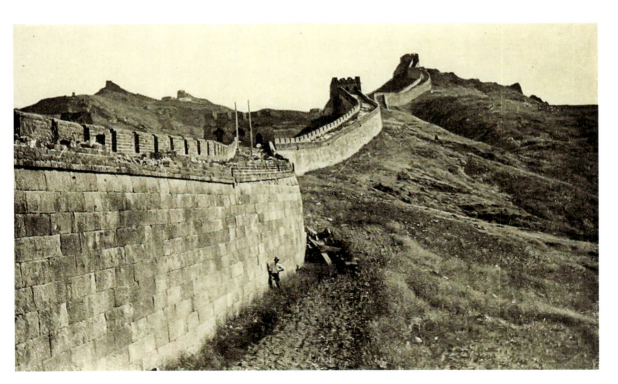

图2　长城。图中人物系当地百姓，以此对比显示长城的高度（1908年，盖洛　摄）

二、遗产看点

长城是我国乃至世界上著名的文化旅游胜地，有许多具有代表性的景观。鉴于有关长城的书籍和画册已有很多，这里择要介绍北京附近的八达岭长城和居庸关长城。

1. 八达岭长城

八达岭长城位于北京市延庆区军都山关沟古道北口。该段长城地势险峻，居高临下，是明代重要的军事关隘和首都北京的重要屏障。"八达岭"有四通八达之意，自古以来是通往山西、内蒙古、张家口的交通要道。如今，八达岭长城已被打造为景区，内有多个景点。

（1）八达岭长城北段

八达岭长城分南北段。北段是八达岭长城的精华，从关城到北十二楼大约3000米。北八楼是北端的制高点，也是八达岭长城海拔最高的敌楼，又名"观日台"，是眺望长城的好地点。过了此处，长城再度折向东南，直奔青龙桥方向。北九楼的峭壁段比较难走，北十二楼是景区边界。根据个人体力，可选择乘坐索

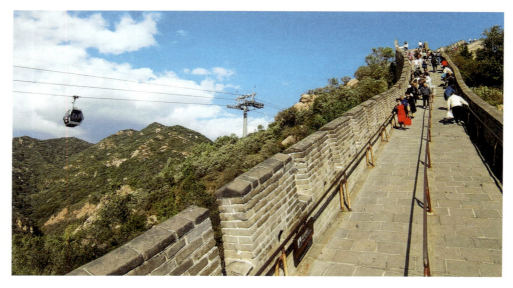

图3　八达岭长城北段缆车（戴吾三　摄）

图4　八达岭长城北五楼（戴吾三　摄）

图5　八达岭长城北五楼洞口眺望（戴吾三　摄）

图6　八达岭长城北五楼内洞口（戴吾三　摄）

注：敌楼（也称敌台），可居住守城士兵，也用以储存枪炮、弹药、弓矢等武器。

科技遗产
古代
中国

322

Chinese Heritage of
Pre-modern
Science and
Technology

道上下，出八达岭索道站就是北七楼，再爬一段就是北八楼，景点"好汉坡"就在这里。

（2）居庸外镇、北门锁钥

八达岭长城设有东西两座关城，东为居庸外镇城门，西为北门锁钥城门，两门相距60余米，均为砖石结构，券洞上起平台，台上四周砌垛口，台之南北各

图7　八达岭居庸外镇（戴吾三　摄）

图8　八达岭北门锁钥（戴吾三　摄）

有通道通向关城城墙。"居庸外镇"指此处为居庸关的前哨阵地;"北门锁钥"原指北城门上的锁和钥匙,后借指北方军事要地。

(3)"爱我中华·修我长城"纪念碑

距北门锁钥不远,立有一块巨大的"爱我中华 修我长城"纪念碑。

1984年7月5日,《北京晚报》《北京日报》联合八达岭特区办事处等单位,共同发起"爱我中华 修我长城"活动。活动启事见报的第二天,时任中共中央政治局委员、书记处书记的习仲勋在人民大会堂对《北京晚报》记者说:"这是个大好事。"并欣然命笔,为这次活动题写了"爱我中华 修我长城"。同年9月1日,主持中央领导工作的邓小平应北京日报社之邀,也欣然题词,相同内容的题词把活动推上了一个新的高峰。

"爱我中华 修我长城"活动得到社会各界人士和国际有关机构组织的大力支持,此活动被认为自明代以后规模最大的长城保护性维修重建工程。

图9 "爱我中华·修我长城"纪念碑(戴吾三 摄)

科技遗产 古代 中国

324

Chinese Heritage of
Pre-modern
Science and
Technology

2. 居庸关长城

简称居庸关，离八达岭长城约10千米，因地势险要，古时就被称为"天下第一雄关"。

居庸关得名，始自秦代，相传秦始皇修筑长城时，将囚犯、士卒和强征来的民夫徙居于此，取"徙居庸徒"之意。今存居庸关始建于明洪武元年（1368年），

图10　居庸关北城楼（戴吾三　摄）

图11　居庸关南城楼（戴吾三　摄）

经过200多年的不断修缮，形成了包括南北券城、城楼、敌台、墩台、水门、衙署、庙宇等功能各异的配套建筑，构成了完整严密的军事防御体系。城内还有元代所建过街喇嘛塔塔基，名为"云台"，是现存元代石雕艺术的精美杰作。"居庸关—云台"于1961年公布为全国重点文物保护单位。

居庸关一带，层峦叠嶂，溪水长流，植被繁茂，景色秀丽，有"居庸叠翠"之美称。

三、科技特点

长城的科技特点体现在巨系统、建筑结构、建筑材料、修筑技术等方面。

1. 巨系统

近年来，据天津大学建筑学院张玉坤教授带领的团队的研究，认为长城防御体系不仅是"一道墙"，更是以社会、军事组织为核心，包含了边墙防御、军事聚落、边境贸易、军需屯田等多个子系统的"巨系统"，对各子系统分析，可见它们具有整体性、系统性和层次性。同时，繁密的交通运输和信息传递路线交织其中，形成了相对稳定的交往秩序带。

2. 建筑结构

当年秦始皇在修筑长城时就总结出了"因地形，用险制塞"的经验。此后修筑长城一直遵循这一原则，这也成为军事布防的重要依据。在建筑材料和建筑结构上以"就地取材、因材施用"为原则，创造了许多种结构方法，有夯土、块石片石、砖石混合等结构。

长城工程由各种城、关、隘口、敌台、烟墩（烽火台）、堡子、城墙等共同组成一个完整的防御工程体系。其中城墙是长城的主要工程。其砌筑材料有砖、石、砖石合筑、泥土夯筑；形式有劈山墙、山险墙、木柞墙、边壕等。其高低宽窄随地形的情况和险要形势而异，山高地险处较低窄，平地或冲要处则高大宽阔。

3. 建筑材料

长城修筑大量用砖、石块和石灰，也要用铁工具，考察发现了多处修建长城用的砖窑、石灰窑等遗址。2002年以来，在秦皇岛市驻操营镇板厂峪村附近，先后发现了明长城砖窑217座、灰窑24座、瓦窑2座、铁窑10座、采石场1处、军火库1处、庙址16处、城堡3座。鼎盛时期这里屯兵15000人，能够大规模生产长城建筑材料。2013年，板厂峪窑址群遗址被列入全国重点文物保护单位。

板厂峪村有一处开放的砖窑遗址，窑口直径4.10米，深3.78米。窑口周边3个烟道，由窑门、窑室、工作面3个部分组成。窑门形制完整，均为半圆形拱门，用青砖砌成；窑室由火膛、窑床、烟孔、烟囱、窑身、窑壁和窑口等部分组成，里面还保存着当时烧好的长城砖。

4. 修筑技术改进

在长期的修筑过程中，长城修筑技术也在不断改进。以八达岭长城为例，这里的城墙平均高七八米，墙基宽六七米，墙顶宽五六米。城墙断面呈梯形，顶部内设宇墙，外设垛口，垛口上有用于瞭望和射击的瞭望孔和射孔。城墙之上，每隔二三百米设有一个突出墙外的台子，即墙台。墙台上的房屋称铺房，供士兵巡逻时遮风避雨之用。敌台亦称作敌楼，跨建在城墙之上。敌台有2层或3层，内居守城士兵，也用以储存枪炮、弹药、弓矢等武器。烟墩，即秦、汉以来的亭、燧、烽燧、烽火台，是利用烽火、烟气以传递军情的建筑物，间距5~10里，为独立的高台建筑，设于高岗、丘阜或平地转折之处，以便互相瞭望，传递信号。台上有守望用的房屋和燃烟放火的设备，台下有守卫居处和仓房等建筑。八达岭和整个蓟镇长城的墙身均用整齐的条石砌筑，内填碎石和灰土。墙顶、垛口和宇墙则用条砖和方砖铺砌，较之以往时代的长城，在建筑材料和施工技术上都有很大的改进。

四、研究保护

长城的研究和保护与老一辈专家学者的实地调查和奔走呼吁分不开，也与国家的高度重视、出台相应法规文件以及专项资金的投入密切相关。

1952年秋，著名历史学家、中国科学院院长郭沫若建议维修长城，向国内外开放，此建议得到中央政府的高度重视。国家文物局局长郑振铎把任务交给年轻学者罗哲文，就这样，罗哲文担负起使命。

早在1948年，罗哲文就受老师林徽因之托，孤身完成了对八达岭和古北口长城的初步调查。如今接受重任，他挑选了十多位同志组成工作班子，在较短时间查看了大量史料，发现长城保存完整的段落并不多，于是提出先选八达岭、居庸关、山海关三处，进行重点地段的勘察。经过紧张工作，罗哲文和同事很快提出了八达岭长城的维修规划。

1953年春，八达岭长城正式进行维修。按"整旧如旧"的原则，尽可能使用塌落的旧城砖，但这并不够用。罗哲文细心揣摩古代造砖和烧石灰的技法，组织工匠烧制成一批仿制的城砖。这年国庆节，八达岭长城对外开放，一时间，国内外参观者络绎不绝。

此后，罗哲文努力推动长城研究。他查阅史料，结合实地勘察的数据，于1957年出版了《万里长城：居庸关、八达岭》一书，这是新中国第一本关于长城的专著。

在罗哲文主持修复明长城后，山海关、居庸关、八达岭、嘉峪关等著名的城墙关隘，均于1961年被国务院公布为第一批全国重点文物保护单位。

1979年7—8月，国家文物局在内蒙古召开首次长城保护研究座谈会。会上，罗哲文作了关于长城保护研究工作的报告，并提出建立全国性长城研究机构的倡议，得到与会代表的热烈响应。会后不久，罗哲文率领一批人开始了长城的全线考察。

随着长城普查工作的开展，长城的保护和研究受到全国上下的关注。1984年，党和国家领导人习仲勋、邓小平先后题写"爱我中华　修我长城"，极大推动了全国人民热爱长城、保护长城、维修长城的热情，也推动了文物部门和学术界对长城的保护、宣传和研究。

1987年6月，中国长城学会在北

图12　八达岭长城脚下的罗哲文塑像（戴吾三　摄）

科技遗产 古代 中国

328

Chinese Heritage of
Pre-modern
Science and
Technology

京正式成立。学会主要任务是研究、保护、宣传和开发长城。也就在这一年，通过罗哲文等专家学者的努力，长城、北京和沈阳的明清故宫、周口店北京人遗址、敦煌莫高窟、秦始皇陵及兵马俑坑和泰山一起，被联合国教科文组织正式列入《世界遗产名录》，成为中国加入世界文化与自然遗产公约后第一批获得认可的世界文化与自然遗产。

在长期的保护探索中，长城逐渐从单体保护走向了整体保护。从1961年起，第一至第四批全国重点文物保护单位先后公布以八达岭等单体建筑为主的11处长城重要点段；2001年长城被整体公布为第五批全国重点文物保护单位，体现了长城整体价值和整体保护的理念，标志长城保护工作进入新的阶段。此后在公布第六批和第七批全国重点文物保护单位时，更多长城点段合并进入"长城"。

2006年，国务院公布实施《长城保护条例》，是国务院首次就单项文化遗产保护制定专门性法规。在此指引下，国家文物局组织开展了第一次全面的长城资源调查，在多学科、多部门、多方面的合作下，获得了全面的资源数据，其中有许多新发现。例如，2010年，长城资源调查队对陕西省延安、榆林、渭南3市16个区县的早期长城资源进行了野外调查，新发现战国秦昭襄王长城200余千米，在榆林市榆阳区、神木市、横山区、靖边县、定边县5区（县）新发现隋长城约500千米。隋长城大部分段落沿用了秦昭襄王时期长城，而隋长城又被明长城沿用。2010年，内蒙古鄂尔多斯市博物馆长城调查小组，在鄂前旗上海庙镇特布德嘎查新发现一处隋长城遗址。隋长城共有3段，墙体为堆筑土墙，宽3~6米，残高0.5~1米，墙体笔直，与明长城走向一致。

自2006年起，在国家文物局部署下，中国文化遗产研究院设立"长城项目组"，协助国家文物局在专业层面促进和指导各地长城保护工作的开展。同时，长城沿线各相关省（自治区、直辖市）文物行政管理部门实施《长城保护条例》，建立起"市—县—乡—村"四级长城保护网，建立了长城保护员制度，全国各地近7000名长城保护员加强巡查，成为全国长城保护中的重要举措。

2003年起，天津大学建筑学院张玉坤教授带领团队开启长城研究，将田野调查与现代科技结合，逐步摸清了一整套有关长城防御体系、烽燧驿站的运行模式。2018年，该研究团队启动"长城全线实景三维图像"采集工程，对明长城全线通过无人机超低空飞行厘米级、无盲区拍摄，获取了200余万张长城图像，发现了如"暗门"等很多长城的"秘密"。基于积累的庞大数据库，研究团队将利用数字技术等进一步还原一个完整、立体的长城。

近几十年来，有关长城的论著和论文不计其数，有些著作和画册已被译成多种语言文字，在全世界发行。近年也兴起长城的跨学科研究，2022年，由燕山大学中国长城文化研究与传播中心主编的《长城学研究》正式出版。

五、遗产价值

2012年，国际古迹遗址理事会（International Council on Monuments and Sites，简称 ICOMOS）回顾并补充了长城的完整性和真实性，指出"长城完整地保存了承载其突出普遍价值的全部物质、精神要素，以及历史文化信息。长城约2万千米的整体线路，以及历代修建的、组成其复杂防御体系的墙体、城堡、关隘、烽火台等各要素完整地保存至今，完整保存了不同时期、不同地域长城修建的工事做法，长城在中华民族中以无与伦比的国家、文化象征意义传承至今。"

2016年，国家文物局发布《中国长城保护报告》，对长城的文化与时代价值作了特别阐释："长城……凝结着中国古代劳动人民的心血和智慧，积淀了中华文明博大精深、灿烂辉煌的文化内涵，体现着中华民族的精神品质和价值追求，已经成为中华民族的精神象征。"

可以看出，随着近几十年来文化遗产保护理念的发展，对长城遗产价值的认识也在当代遗产保护和社会发展的动态关系中不断扩展、深化，从其在建筑上、地理上、历史上的价值延展到在当今时代对中华民族的精神意义。有学者提出，有必要在长城保护总体规划的编制过程中，对以往的价值研究进行梳理归纳，将长城的遗产价值概括为以下三方面。

1. 建筑遗产价值

长城是超大型军事防御工程体系的建筑遗产，完整的长城防御体系及功能见证了中国古代北方边疆防御制度。长城的选址与自然结合代表了中国古代防御理念，长城建造技术代表了古代高超的营造技术与艺术。

2. 文化景观价值

长城地带具有自然景观与地理分界线的特征，并作为亚洲内陆交通线成为沿线文明与文化交流的重要纽带，长城呈现了人工与自然结合的文化景观。

3. 精神象征价值

长城象征了团结统一、众志成城的爱国精神，代表了中华民族坚韧不屈、自强不息的民族精神，代表了守望和平、开放包容的时代精神，时至今日，长城已经成为中华民族的代表性符号和中华文明的重要象征。

参考文献

［1］中央政府门户网站.长城保护条例（国务院令第476号）［EB/OL］.（2006-10-23）［2024-08-01］.https://www.gov.cn/zhengce/2006-10/23/content_2602458.htm.

［2］《中国大百科全书》总编委会.中国大百科全书（第二版第3册）［M］.北京：中国大百科全书出版社，2009.

［3］联合国教科文组织.世界遗产名录：长城［EB/OL］.［2024-08-01］.http://whc.unesco.org/en/list/438

［4］高亚鸣.罗哲文传：万里长城第一人［M］.南京：江苏人民出版社，2014.

［5］陈同滨，王琳峰，任洁.长城的文化遗产价值研究［J］.中国文化遗产，2018（3）：4-14.

［6］张立平，刘连松.天津大学长城研究取得阶段性进展：发现长城的"秘密"［N］.天津日报，2023-02-16（8）.

（陈莞蓉　戴吾三）

北京故宫

——世界上现存最大、最完整的木结构古建筑群

北京故宫，全称为北京故宫博物院，旧称紫禁城，初步建成于永乐十八年（1420年），后几经维修改建，逐步完备，集历代宫殿建筑之大成。北京故宫位于中华人民共和国的首都北京城中心，总占地72万余平方米，是世界上现存规模最大、保存最为完整的木结构建筑群，是中华民族的骄傲，也是全人类的珍贵文化遗产。

图1　游览北京故宫的主要入口——端门，城楼上有著名历史学家郭沫若题写的"故宫博物院"大字（戴吾三　摄）

科技遗产 古代 中国

332

Chinese Heritage of
Pre-modern
Science and
Technology

一、历史沿革

永乐四年（1406年），明成祖朱棣下诏以南京皇宫为蓝本，兴建北京皇宫和城垣。三年后，明成祖以北京为基地进行北征，同时开始在北京附近的昌平修建长陵。永乐十八年（1420年），北京皇宫和北京城建成。新修的北京城周长45里，呈规则的方形，合先秦典籍《周礼·考工记》中理想的都城形制。

永乐十八年（1420年）十一月，朱棣正式宣布定都北京。永乐十九年（1421年）正月初一，朱棣在紫禁城举行庆祝活动。五月遭雷击发生大火，后三殿被焚毁。正统五年（1440年），重建前三殿及乾清宫。嘉靖三十六年（1557年），紫禁城大火，前三殿、奉天门、文武楼、午门全被焚毁，至1561年才全部重建完工。万历二十五年（1597年），紫禁城大火，焚毁前三殿、后三宫。复建工程直至天启七年（1627年）完工。

1644年5月3日，清摄政王多尔衮统清兵入北京城。当年10月，清王朝正式定都北京。雍正十三年（1735年），清高宗乾隆帝即位，此后60年间对紫禁城进行了大规模增建和改建，先是将其住过的乾西二所改为重华宫，并在其西路修建建福宫、寿安宫、雨花阁等建筑，后又改建皇极殿、宁寿宫、养心殿、乐寿堂、乾隆花园建筑群，作为清高宗晚年禅位归养的太上皇居所。乾隆三十九年（1774年）在文华殿之北新建文渊阁，以备庋藏《四库全书》。光绪十四年（1888年）太和门护军值班室发生火灾，太和门、昭德门、贞度门被焚。此次损坏直到光绪二十年（1894年）才修复完毕。

1911年，辛亥革命推翻了清王朝。1924年，末代皇帝爱新觉罗·溥仪被逐出宫禁。1925年10月10日，在原紫禁城的基础上建立国立故宫博物院。1933年为避战火，故宫博物院选出重要文物迁往南方。1948年，这批文物中约2/3被迁往台湾。

随着中华人民共和国成立，很快成立新的故宫博物院。故宫建筑大规模修缮，同时整理出大量的宫廷文物。1961年，国务院公布故宫为全国重点文物保护单位。1987年，北京和沈阳的明清故宫被联合国教科文组织列入《世界文化遗产名录》。

故宫历经六百多年的风雨，见证了朝代兴衰、帝王更迭；而作为大规模的木结构建筑群，它也是一部不断焚毁重建的史书，记录了历代工匠的智慧和技巧，反映了木结构建筑的科学技术特点。

二、遗产看点

北京故宫南北长约960米，东西宽约750米，面积72万余平方米。据传，故宫有9999间房屋，数字或许不准确，但足见房屋之多。故宫有高10米的城墙，墙外有宽52米的护城河。四面各有一座门，南为午门、北为神武门、东为东华门、西为西华门。整个故宫由外朝、内廷两大部分组成。外朝以太和殿、中和殿、保和殿为中心，东有文华殿、西有武英殿为两翼，是朝廷举行大典的地方。外朝的后面是内廷，有乾清宫、交泰殿、坤宁宫、御花园以及东、西六宫等，是皇帝处理日常政务和皇帝、后妃们居住的地方。

游览故宫，无论是初来还是重游，都会被其恢宏的气势所震撼，也会为展陈的精美文物而惊叹。浏览者可从不同角度观看，体察历史的沧桑，了解古代科技的特点；也尽可利用数字资源，观看官网上的"全景故宫"。

实地游览故宫的基本路线是：端门—午门—内金水桥—太和门—太和殿—中和殿—保和殿—乾清门—乾清宫—交泰殿—坤宁宫—御花园—神武门（出口）。

介绍故宫的书籍和音像资料已有很多，这里择要介绍午门、内金水桥、铜狮、防火用铜缸等。

1. 午门

午门是故宫的南大门，由北部的城楼和东西两侧的庑房组成，平面呈凹形，恰似展翅飞翔的朱雀，与故宫的北门神武门（初建时称"玄武门"）对应，符合传统文化中的"四象"方位说。

2. 内金水桥

内金水河上设有五座桥，称为内金水桥，与天安门前的金水河和金水桥相对应，是明清帝王强化统治、巩固城池的表现形式。内金水河如蜿蜒的巨龙护佑故宫，碧波荡漾的河水增添了故宫的灵气。

内金水河是故宫古建筑灭火的主要水源。内金水河在开凿之时，其形状蜿蜒曲折，就是为了尽可能接近各个古建筑，一旦发生火情能够及时取水。

科技遗产 古代 中国

334

Chinese Heritage of
Pre-modern
Science and
Technology

图2　午门是游览故宫的必经入口（戴吾三　摄）

图3　内金水河从故宫西北角引入，曲折穿过太和门广场后，从东华门附近流出故宫（戴吾三　摄）

3. 远眺太和门

太和门是故宫最大的宫门，建成于明永乐十八年（1420年），当时称奉天门。清顺治二年（1645年）改为今名。光绪十四年（1888年）被焚毁，次年重建。

太和门面阔9间，进深4间，建筑面积1300平方米。上覆重檐歇山顶，下为汉白玉基座，梁枋等构件施以和玺彩画。门前列铜狮1对，铜鼎4只，为明代铸造。正面看太和门，足见恢宏气势。若看太和门广场的地砖，则可感受历史的沧桑。

4. 太和门前铜狮

太和门是紫禁城最雄伟的1座宫门。在太和门前有1对铜狮，体量硕大，铸造精美。石狮比较常见，而如此大的铜狮，仅为故宫所有。铜狮身上有45个铜疙瘩，代表九五之尊之意，东边为雄狮，用右爪玩弄绣球；西边为雌狮，左爪逗弄幼狮。细看铜狮，造型生动，花纹细腻，让人惊叹古代的铸造技术。

图4　远看太和门，感受历史沧桑（戴吾三　摄）

图5-1　太和门前铜狮（雌狮）（戴吾三　摄）　　　　图5-2　太和门前铜狮（雄狮）（戴吾三　摄）

科技遗产
古代
中国

336

Chinese Heritage of
Pre-modern
Science and
Technology

5. 防火用铜缸、铁缸

铜缸、铁缸，是故宫所用的防火设备，平时装满清水，以备灭火时用。每到冬季小雪节气至翌年惊蛰，在缸外套上棉套，缸上加盖，气温低时，下面烧火加温，以防缸水冻结。铜缸、铁缸有明代铸造，也有清代铸造。明代的缸两耳是素面铁环，清代的缸两耳多是兽面环。故宫现存鎏金铜缸22口，分别陈设在太和殿、保和殿、乾清门和乾清宫两侧。

图6 防火用鎏金铜缸（戴吾三 摄）

6. 大石雕

游览三大殿，即太和殿、中和殿、保和殿的外观，要留意保和殿后面的大石雕。这个大石雕分上中下3块，其中最下方的石雕长16.57米、宽3.07米、厚1.70米，重约200吨，是故宫中最大的一块。现有花纹图案为清乾隆二十五年（1760年）重刻。大石雕主体雕刻9条蟠龙腾飞于流云中，下端为海水江崖图案，四周饰以番草纹饰。

大石雕的石料开采于北京房山大石窝，距故宫约80千米远。据记载，当时要运这类体量的石料，需动用2万民夫造"旱船"拖拽，要28天才能运到故宫。

图7 防火用铁缸（戴吾三 摄）

图8 保和殿后面的大石雕（戴吾三 摄）

三、科技特点

　　故宫如此宏大的规模，古代建筑师是怎么规划和设计的？宫殿群这般金碧辉煌，又是怎么打造的？全面了解需参阅专业书籍，这里仅结合建筑布局、建筑外饰材料（如琉璃瓦、贴金）、建筑内饰（如金砖）做些分析。

1. 中轴线和方格网

　　游览故宫，能明显感受到一条从端门、午门、金水桥到三大殿，直到神武门贯穿南北的中轴线。中轴线是古代中国营建都城、宫殿常用的空间组织手法，中轴线不仅贯穿故宫，它往南延伸到永定门，北延伸至鼓楼、钟楼，贯穿了整个老北京城。2024 年 7 月 27 日，"北京中轴线——中国理想都城秩序的杰作"被正式列入《世界遗产名录》，故宫、端门都是其构成要素。①

　　辛亥革命之前，故宫称"紫禁城"。其名字来自古代天文"紫微星垣"。古代星象学家把天上的星星分为三垣、四象、二十八星宿，其中"三垣"指紫微星垣、太微星垣和天市星垣。紫微星垣居正中，认为皇天上帝的居所（紫宫）就在紫微星垣中，而人间皇帝称"天子"，其居所象征紫微宫，与天帝对应。

　　通过中轴线的追问，对"紫禁城"的考据可见，故宫在地面上宏伟的南北中轴线，是古代中国天文观测在地面空间的投影，对中轴线的重视为华夏农耕文明所特有。

　　据建筑史学家傅熹年研究，在具体设计中，古代建筑师用到方格网。在汉代和唐代宫殿、祠庙遗址中已发现使用方格网为布置基准的方法。对故宫实测图和数据进行探索，发现紫禁城规划继承和发展了这一传统，在宫院布置中使用了方 10 丈、5 丈、3 丈三种网格。

　　在故宫"前三殿"画方 10 丈网格时发现：南北向如以太和殿两侧横墙为界，向北至乾清门前檐柱列为 7 格，向南至太和门后檐柱列为 6 格，南北共深 13 格，即 130 丈；而其向南第二格恰在太和殿大台基前缘。在东西方向，如以体仁、弘义二阁正面台基边缘间计，恰为 6 格，即 60 丈。如自太和门后檐柱列向南再画 5

---

① 北京中轴线共包含15处遗产构成要素。北起钟鼓楼，一路向南经过万宁桥、景山、故宫、端门、天安门、外金水桥、天安门广场及建筑群、正阳门、中轴线南段道路遗存，到南端的永定门。太庙和社稷坛、天坛和先农坛分列中轴线东西两侧。

科技遗产 古代 中国

338

Chinese Heritage of
Pre-modern
Science and
Technology

格，其第三格的网线恰通过太和门外东西庑上协和门、熙和门的中轴线，而太和门前的内金水桥又恰位于第四格的中间二格之内。建筑与网格间这样准确的对应关系，证明"前三殿"及其前后部分在规划布局中使用了方10丈网格。

使用方格网为宫院的基准，可便于控制同一宫院中主、次建筑间的尺度、体量和空间关系，以达到主次分明、比例适当、互相衬托的效果，形成统一协调的整体。

2. 金碧辉煌的琉璃瓦

从外观看，故宫最壮观的就是金碧辉煌的琉璃瓦顶。

琉璃是以有色的人造水晶为原料，在高温下烧制而成的工艺品。早在西周时期古人就掌握了琉璃制作技术，西汉时期出现了建筑琉璃制品，并逐渐应用到皇家宫殿和庙宇建筑中，到明清时期则得到全面应用。

琉璃瓦的最大特点是防水。因其表面施釉，不会吸水，也不会增加屋顶的重量，从而保护了建筑的安全。

琉璃瓦光亮的釉层，也易反射太阳光，避免阳光直射瓦面造成的剧烈升温；而在冬天，则可阻隔寒气的渗入，有利于建筑内部保持恒温。

若有心观察，故宫那么多的屋顶，却很少看到有鸟停留，更不用说做窝。原

图9　故宫的琉璃瓦营造出金碧辉煌（戴吾三　摄）

因是琉璃瓦在太阳下会闪闪发光，而鸟类害怕连续反光的物体，因而很少落在琉璃瓦顶上歇息。故宫的琉璃瓦多为鲜艳的金黄色，大面积的鲜艳色彩对鸟类会产生较强的刺激效果，这就使鸟儿避而远之。

3. 金碧辉煌的贴金技术

除了金黄色的琉璃瓦，故宫宫殿木构件表面的贴金，也为营造金碧辉煌的效果起到了重要作用。

把黄金应用于故宫建筑的做法，属于传统的贴金技术，即将成色很高的黄金打造成极薄的金箔（厚度通常约为0.12微米）。此时的金箔具有很强的附着性，利用特定的材料可将其贴在建筑构件的表面，并保持长久不脱落。

故宫建筑的贴金技术，多用于油饰部位（如立柱、门窗）和彩画部位（如屋檐、斗拱、檩枋），可分为浑金、片金、点金等做法。

金箔的加工要求极为苛刻。先将金子熔化成大小合适的金锭，再对金锭进行反复打箔。把一块金锭打成0.12微米厚的薄片，需要两个人面对面捶打上万次。打出的金箔，薄如蝉翼，软似绸缎。民间有传说，一两黄金打出的金箔能覆盖一亩三分地，打金箔技艺之精湛可见一斑。这是中国古代金属冷加工技术高超的体现。

图10　故宫的贴金处理。图像源自视觉中国

科技遗产 古代 中国

340

Chinese Heritage of
Pre-modern
Science and
Technology

贴金后的古建筑外表闪耀着金光，其中也包含着科学原理：金箔在光照射下有很强的反光性，贴到错落有致、起伏有序的纹样上，大大增加了金箔的反光面。由此，古建筑的纹饰衬托着贴金的光泽，金箔下饱含纹样，与图案纹理相互辉映，使纹饰与贴金相得益彰。

4. 金砖

金砖是一种两尺见方的大砖。从故宫初建时起，这种由传统工艺制成的金砖一直都是专用品，在故宫的重要宫殿中都铺设这样的砖。以太和殿为例，金砖在清康熙年间铺设，至今依然光亮如新。

金砖出产于苏州郊区的陆慕镇，因其土质细腻含胶状体丰富，可塑性强，适宜制坯成良砖，故在此地设御窑专制。金砖制作有一套严格的程序，先要选土，所用的土质须黏而不散、粉而不沙。选好的泥土要露天放置一年，去其"土性"。然后浸水将黏土泡开，让数头牛反复踩踏练泥，练成稠密的泥团。再经过反复摔打后，将泥团装入模具，平板盖面，两人在板上踩，直到踩实为止。最后阴干砖坯，要满7个月才入窑烧制。烧制时，先用糠草熏一个月，去其潮气，接着劈柴烧一个月，然后用松枝烧40天，才能出窑。出窑后严格检查，敲之没有响声即弃之。再经打磨和泡油，打磨后的"金砖"要一块块地浸泡在桐油里。桐油不仅能使"金砖"光泽鲜亮，还能够延长它的使用寿命。至此，从泥土到金砖的全部工序才算完成。2006年，苏州御窑金砖制作工艺被列为国家级非物质文化遗产代表性项目名录。

四、研究保护

故宫的研究与保护，既有针对遗产本体（即木结构宫殿群）的，也有故宫作为博物馆针对收藏文物的。

1925年国立故宫博物院建立，开启了对故宫的研究。李煜瀛先生主持"办理清室善后委员会"，明确提出故宫博物院的学术研究"当与北平各文化机关协力进行"。当时参加故宫工作并从事研究的学者，大多来自北京大学、北京师范大学等高等学府。这一阶段前期，主要是清点宫藏文物、档案文献，出版公布文物、文献档案资料，并简单做些陈列；后期则是保管故宫南迁文物。1925年出版了《故宫物品点查报告》，其后有《清代文字狱档》《天禄琳琅丛书》《太平天国文书》《故宫已佚书籍、书画目录四种》等数十种；学术性刊物则有《故宫周刊》《故宫旬刊》《故宫月刊》《故宫书画集》等。这些出版物在当时学术界和社会上影响很大。再有，朱启钤先生创立的中国营造学社，对故宫部分古建筑勘测制档，并成就了梁思成、张镈、刘敦桢等一代古建大师。

中华人民共和国成立后，新的故宫博物院机构制定了"着重保护、重点修缮、全面规划、逐步实施"的古建维修方针，经过几十年的努力，许多残破、渗漏、濒临倒塌的大小殿堂楼阁被修复和油饰。院内各处高大宫殿都安装了避雷设施，又以巨额投资建设了防火、防盗监控系统和高压消防给水管网，使这座古老的宫殿建筑得到了更为有效的保护。

1950年起，对故宫的文物重新进行了整理编号，计有"故"字号文物78万余件，加上后来新入藏的"新"字号文物21万余件，总数近百万件。同时，组建了文物修复工厂，1980年扩建为文物保护科学技术部，对文物进行科学鉴定、分类，按文物类别建立了一系列库房。此后又逐步引进现代化设备，开展文物保护的科学技术研究。

20世纪50年代初，故宫博物院曾从社会上延聘高师良匠，重新组建了古建修缮队伍，担负起故宫古建筑的维修工作。多年来，这支建筑队伍一直为故宫服务，在成员逐渐更新的过程中，通过师徒口传心授的方法将传统的官式古建筑营造技艺不间断地传承下去。2008年，"官式古建筑营造技艺（北京故宫）"入选中国第二批国家级非物质文化遗产代表性项目名录，并选聘了多位项目代表性传承人。

2015年，故宫博物院与中国建筑设计研究院建筑历史研究所合作编制了《故宫保护总体规划》，并公开征询意见。2016年8月，故宫博物院宣布养心殿研究性修复项目科研课题全面启动。该项目是中国首个可移动文物与不可移动文物的综合研究性修复项目，故宫博物院以此项目为契机，尝试在国内建立文化遗产修复的技术规范。

2019年，故宫博物院新成立玉文化研究所、文物保护科技研究所、古书画鉴藏研究所、建筑与规划研究所等5个研究所。至此，故宫博物院形成共28个机构的学科布局。

从学术视野看，故宫研究也包括台北故宫博物院的工作。台北故宫博物院于1965年成立，藏品主要由故宫南迁文物运台的部分构成，虽然运台故宫文物只占当时南迁箱件的22%，但其中颇多精品。台北故宫博物院在对文物的重新点核、整理和研究方面，也做了许多重要工作。

五、遗产价值

北京故宫、法国凡尔赛宫、英国白金汉宫、美国白宫、俄罗斯克里姆林宫被誉为世界五大宫，北京故宫乃是世界五大宫之首。世界遗产组织对故宫的评价：

> 紫禁城是中国五个多世纪以来的最高权力中心，它以园林景观和容纳了家具及工艺品的9000个房间的庞大建筑群，成为明清时代中国文明无价的历史见证。

故宫是中国历代宫殿建筑的集大成者，也是中国古代宫城发展史上现存的唯一实例和最高水平，是世界上现存规模最大、保存最完整的古代宫殿建筑群。在规划设计上，故宫充分体现了儒家的礼制，反映了皇权至上的伦理观念。其平面布局，立体效果，以及形式上的雄伟、庄严、和谐，都集中显示了中国古代建筑艺术的精华，具有重要的建筑遗产价值。

故宫作为中国古代帝王的宫殿，保存了大量珍贵的文物和艺术品。其中包括许多具有极高艺术价值的瓷器、玉器、金银器等稀世珍宝，以及稀见的书画等文物。这些文物无论是在艺术价值、历史价值、研究价值等方面，都占据了举足轻重的地位，是研究中国历史、文化和艺术的重要基础。

故宫是中国皇家文化的重要象征。它所展现的王朝典礼、文化仪式和礼仪制度，是中国古代文明的重要组成部分。在这里，人们可以探索中国皇家文化的内涵和外延，了解中国王朝的历史沿革和皇室文化的演变，更好地领略中华文明之精髓。

故宫每年吸引着大量国内外游客前来参观，使他们有机会领略中国古代皇宫的风貌，感受中华文明的博大精深，故无疑具有巨大的旅游文化价值。

参考文献

［1］中国科学院自然科学史研究所.中国古代建筑技术史［M］.北京：科学出版社，1985.

［2］马炳坚.中国古建筑木作营造技术［M］.北京：科学出版社，2003.

［3］周乾.故宫建筑细探［M］.上海：上海人民出版社，2023.

［4］郑欣淼.故宫的价值与地位［N］.光明日报，2008-04-24.

（刘律侠　戴吾三）

中国古代科技遗产

344

Chinese Heritage of
Pre-modern
Science and
Technology

苏州古典园林

——中国造园技术的杰出代表

苏州古典园林，是位于江苏省苏州市的古典园林的总称。中国最为杰出、具有典型中国特色空间营造特征的园林主要散落于江南，集中在苏州城。苏州的私家园林始建于公元前6世纪，清末时城内外有园林170多处，留存至今仍有50多处。

苏州古典园林展现了中国造园文化的精华，蕴含了中华历史、哲学、艺术和人文习俗，在世界造园史上具有独特的历史地位和重大的艺术价值。以拙政园、留园为代表的苏州古典园林被誉为"咫尺之内再造乾坤"，折射出中华文化中"取法自然、超越自然"的深邃意境。

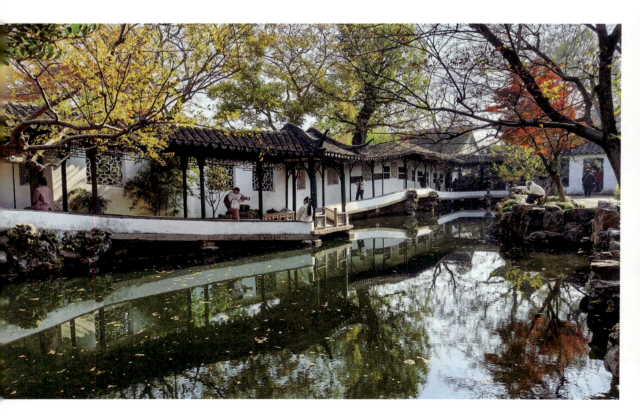

图1　深秋中的拙政园水廊。水廊绵长，曲折高低，如游龙凌波，被誉为"苏州诸园中游廊极则"（戴吾三　摄）

一、历史沿革

苏州古典园林可追溯到春秋时期的吴国（公元前514年）。吴建都阖闾城，同时期苏州即古阖闾城便有了园林兴造。到五代时期（907—960年），随着海上贸易的推动，同时也与唐朝衰落有关，原本集中于中原洛阳一带的造园活动，随着文人、商贾南渡，推动苏州园林逐渐成形。

宋元时期（10—14世纪），苏州园林长足发展，进入成熟期。此时的中国园林，在造园空间组织上有了大体的原则，追求写意的山水意向营造，苏州园林便是其中的翘楚。历史上可见不少诗文对宋元苏州园林的人文意涵、艺术价值大加歌咏，如宋代的苏舜钦（1008—1048年）填词《水调歌头·沧浪亭》"一径抱幽山，居然城市间"，元代僧人惟则（1286—1354年）对狮子林描述"人道我居城市里，我疑身在万山中"，都表达了相似的人文意涵。至今我们在游览中，仍能感受到这份城市中难得的山林之气。

及至明代（14—17世纪），随着市民经济的发展、文化繁荣，苏州的造园进入兴旺期，大量的私家园林在这一时期建成，并留下了不少图文记录，著名者如文徵明的《拙政园图题咏》等。此时的苏州园林进一步发展了唐宋园林的营造意向，并在空间组织原则上有更大的进展，它们在更小的空间中掇山理水，创造出意味幽远、宛自天开的城市山林，是园主人在繁华纷争的俗世人间为自己以及家人们营造的隐逸之所，同时也为他们开展"雅集"等社交活动提供了场所。

正是苏州地区特有的人文艺术环境，孕育出了中国历史上造园艺术的首部专著《园冶》。《园冶》作者计成（1582—1642年），字无否，吴江人。自幼擅画，尤为山水画所感，壮年游历南北山水，中年归吴，始以胸中之丘壑意向造园，终有成就。《园冶》分3卷，分述造园要旨、园地屋宇的规划设计、山石选择以及借景等方面，该书不仅阐述了传统的造园理论，同时以作者亲身的经验，附图阐释，使后人获得许多具体造园技术上的借鉴。与计成《园冶》几乎同时，苏州地区还有文震亨的《长物志》。其中"室庐""花木""水石""禽鱼"4卷，与造园有着密切的联系。

清代（17—20世纪初），是苏州造园的鼎盛期。以康乾盛世的经济繁荣为物质基础，加上清统治者积极拉拢汉族士大夫，此时的苏州地区百业兴旺、文化昌盛，造园之风也日益滋长。据清同治《苏州府志》统计，当时的府宅园林不下130处，而仅以花木峰石稍加点缀的小型庭院，更是遍布街巷，多不胜数，故有

"城中半园亭"之誉。

从历史沿革可见，苏州园林的生成、发展与社会、政治、经济的发展密切相关。其独特的艺术价值也紧密地依附中华文化的历史演进，形成自成一格的科技内涵。由于中国文化的特性，中国古代科技与文化密切联系，人也从未与自然对立，与西方科技长期将自然作为研究的客体不同，中国古代科技倾向将人视为自然的一部分，其思想观念在苏州古典园林的空间安排上有明显体现。

二、遗产看点

目前，苏州古典园林对外开放有20余处。这些园林主要散落在今苏州老城区，即古护城河内区域。老城区内小桥流水，街道覆翠，尺度合宜。按苏州古典园林"城市山林"的营造意向，初访者不妨信步游览；穿过热闹的烟火人间，忽进得一处清雅天地，即会感受到古典园林的精神气韵所在。

以下择要介绍留园、拙政园、狮子林和沧浪亭。

1. 留园

留园位于苏州古城西北的阊门外，始建于明万历二十一年（1593年）。其园林规模较大，总面积达3万多平方米，整体布局分中、东、西、北四部分。中部以碧池为中心，四周环以假山和亭台楼榭，主要建筑居池的东南，由涵碧山房、清风池馆等组成。池的西北为假山，上建有可亭。留园的4个部分呈现不同的特色，利用建筑群对各景点进行隔断，并建造曲廊连接全园各部分。曲廊随势而变，时攀山腰，时畔水际，逶迤曲折，全长700余米。

留园亦以假山奇石留名。东北处有江南名石"冠云峰"，相传为北宋宋徽宗"花石纲"遗物，重约5吨，高6.5米，取《水经注》中"燕王仙台有三峰，甚为崇峻，腾云冠峰，高霞云岭"之句而得名。

2. 拙政园

拙政园位于苏州市姑苏区东北街178号，是中国四大名园（拙政园、留园、

图2　留园曲谿楼（戴吾三　摄）

颐和园、承德避暑山庄）之一。拙政园始建于明正德年间（1506—1521年），园主
为明御史王献臣。"拙政"二字取自晋文学家潘岳的《闲居赋》，园主人自谦故以
此为园名。拙政园占地5.2万平方米，是目前苏州最大的古典园林。拙政园历经
400余年，曾多次易主分割，现园中建筑与景观多为清晚期风格。园南两处建筑
群在遭长期占据破坏后，2003年11月被苏州市政府收去，辟为由贝聿铭主持设

图3　留园清风池馆（戴吾三　摄）

图4　留园冠云峰（戴吾三　摄）

科技遗产 古代 中国

348

Chinese Heritage of
Pre-modern
Science and
Technology

图 5　拙政园芙蓉榭（戴吾三　摄）

图 6　拙政园芙蓉榭的奇石（戴吾三　摄）

计的苏州市博物馆新馆。

　　拙政园中区是全园的精华，整体布局以水为中心，空间开阔，层次深远，建筑精美。主体建筑有远香堂，三开间单檐歇山，是主人宴待宾客的地方。远香堂东南有枇杷园，种有枇杷、翠竹、芭蕉等。远香堂北，荷池对岸有杂石土山，植绿树花卉，上建雪香云蔚亭。远香堂西南，有小沧浪水院，小飞虹桥飞架其上，分割了水面，并与小沧浪水间形成了一个虚拟空间。

图 7　拙政园卅六鸳鸯馆（戴吾三　摄）

　　拙政园西区原为吴县富商张履修所购，建成后称补园。西区主体建筑为卅六鸳鸯馆，分南北两部分，南馆宜冬居，北馆宜夏居。馆与凉翠阁隔水相对。西区东北有倒影楼、与谁同坐轩。此处的水廊如游龙曲折，临水相伴，被誉为"苏州诸园中游廊极则"。

3. 狮子林

　　狮子林位于苏州市姑苏区园林路，始建于元朝至正二年（1342年）。明嘉靖年间为宅园，1918年狮子林被颜料大王贝仁元购得，贝氏重建厅堂并扩建。中华人民共和国成立后，贝氏后人将该园捐献给国家。

　　狮子林有燕誉堂、小方厅、卧云室、指柏轩、问梅阁、玉鉴池、小飞虹等

图8　水假山的天然形状酷似下山的群狮（戴吾三　摄）

景点，又有狮子峰、含晖峰、吐月峰等著名假山。园子大致分东西两部分，东边称为旱假山，西边称为水假山。太湖石被独具匠心地塑造成各种山峰、峭壁、山谷、洞穴等景观。园中有9条假山山脉、21处洞穴，数不清的怪石，还有各种姿势的猊狻石，其形态如舞狮、吼狮、斗狮、嬉狮等。假山中有迷宫似的小径蜿蜒

图9　形象的小狮子（戴吾三　摄）

图10　颇像狮吼的怪石（戴吾三　摄）

科技遗产 古代 中国

350

Chinese Heritage of
Pre-modern
Science and
Technology

上下，穿梭其中，趣味无穷。

4. 沧浪亭

沧浪亭位于苏州城南三元坊，是历史最为悠久的江南园林。早在五代时期就享有盛名，北宋时为文人苏舜钦购得，傍水建亭，以"沧浪濯缨"之典故命名。后世几次易主并重修。今山水布局仍为宋时面貌，建筑皆为清代所构。

与大多数高墙封闭的园林不同，沧浪亭的布局颇有特点。它将园内水系与园外水系连通，使游者尚未入园便见碧波萦绕，是苏州园林中唯一的未入园先得景之佳构。

园内周设复廊，两面可行，廊以花墙相隔，漏窗令园内外景色可互透、交融，似隔非隔，山崖水际欲断还连。这样带着漏窗的曲廊蜿蜒园内，漏窗造型多样、光影婆娑，古建筑园林艺术家陈从周先生称之"品类为苏州诸园冠"。

园中随曲廊而行，于乔木修竹、拙石老树中感受苍古之气。园内有明道堂、瑶华境界、清香馆、翠玲珑等景点。临水有面水轩、藕花水榭等，廊轩相连，与水辉映，自成院落。园门首有"苏舜钦沧浪亭记"，为极有价值的图文史料。

图11　沧浪亭入口（戴吾三　摄）

图12　曲廊漏窗各具特色（戴吾三　摄）

图13　苏舜钦沧浪亭记（戴吾三　摄）

中国 古代 科技遗产

352

Chinese Heritage of
Pre-modern
Science and
Technology

苏州园林目的是在市井之中创造出一方山水趣灵之地，令身处其中的人们得以获得隐逸山林的心灵涤荡与慰藉。其最为典型的空间特征为"移步换景""以小见大"，需要我们真正切身游走其间方能体会。对此，著名的园林学者陈从周先生提出"静观"与"动观"的游览建议，是体会苏州园林的绝妙方法。

三、科技特点

古代造园师在有限的空间里，掇山理水，植花草树木，布置亭台楼阁。在长期的造园实践中，古代造园师也形成了若干理论概括，如"移步换景""小中见大""曲径通幽""山重水复"等。今借现代科学知识再做些分析。

1. 园林空间具有拓扑特性

园林空间可拆解为如下要素：围墙、建筑、山石、水体、植物等。东南大学朱光亚教授结合结构主义与近代数学拓扑学分析指出：比园林的各组成要素更重要的是要素与要素之间的关系；中国园林要素之间正是存在不变的秩序，看似自由的空间布局，经几何图形变换之后保存下来共有的性质。

拓扑学是19世纪西方形成的一门数学分支，是研究几何图形或空间在连续改变形状后，还能保持一些性质不变的学科。它只考虑物体间的位置关系，而不考虑它们的形状和大小，中国园林要素之间这种可调整性、可移动性，同时

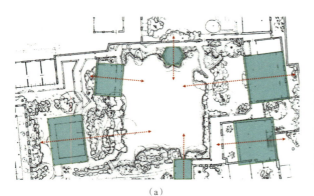
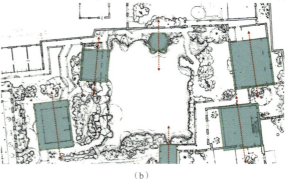

（a）　　　　　　　　　　　　　　　　　　（b）

图14　以苏州网师园为例：园林空间的向心（a）、互否（b）关系示意（刘律伙　绘）

保留原有的某种关系，正是一种拓扑模型。朱教授指出园林空间存在三种关系：向心关系、互否关系和互含关系；将网师园、寄畅园和颐和园的平面简化后，可发现得到的图形与太极图拓扑同构。由此，他认为太极图可以同时表达这三种拓扑关系。

我国古代怀有天人合一观念的文人雅士和造园师，虽非出于西方数学的拓扑同构的想法，但其具有东方智慧的人文表述，与西方科学体系中的理性计算，在园林这个空间内，殊途同归。

2. 空间设计中同时考虑了画法几何与测量几何的空间营造

空间的营建离不开用图纸来描绘表达。自文艺复兴以来，建筑的设计便被约束在了正投影与线性透视的技术之下，这两种将视觉固化的画法几何技术把三维的建筑物投影在了二维的平面上，形成了稳定的表达，建筑设计得以产业化发展。可以说这是当时的科技对建筑业的巨大推动。但这也造成了当代建筑趋于素淡、无聊的弊端。实际上，这种单一强调视觉的画法几何对空间的表达是有限的，人对空间真实的感知还需要触觉的参与，也就是数学分科中的测量几何。消除视觉霸权，将触觉也纳入空间设计中，是当代建筑的一个重要的议题。

考察中国园林，可见不囿于死板僵硬的图纸，尤其苏州古典园林，是诗画结合的文人营造，也是结合考虑了画法几何与测量几何的空间营造，即纳入了触觉的空间设计。因为有这种结合了画法几何与测量几何的营建技术，园林空间具有了"步移景异""以小见大"等美妙的空间观赏效果，为当代建筑设计的创新提供了极有价值的参考性。如果进一步追溯，这与中国古代的宇宙观有密切的联系。《淮南子》曰："往古来今谓之宙，四方上下谓之宇。"这说明中华文明早在几千年前便对时空关联有明确的认知，并体现在文化的方方面面。

四、研究保护

历史上，苏州园林曾繁盛一时。清末到民国时期战乱频发，社会动荡，使其受到严重的破坏。直到中华人民共和国成立，1953年6月苏州市园林修整委员会成立，高度重视对苏州园林的保护。

20世纪50年代初起，一些私人园主就将园林捐赠给国家，也有园主因流亡海外，其园林被收归国有。其后由政府拨款，先后抢救修复拙政园、留园、狮子林、虎丘、西园、寒山寺、沧浪亭、网师园等园林。

1961年，拙政园、留园被国务院列入全国首批重点文物保护单位，与当时的北京颐和园、承德避暑山庄并列为"全国四大名园"；其他修复的园林则按其历史、艺术价值分别被列为省、市级文物保护单位。至1965年，共有12处园林、8处名胜古迹对外开放。

1981年，苏州市园林处升格为苏州市园林管理局。20世纪80年代，苏州市按照国务院批复的《苏州市城市总体规划》中关于每年修复一座古典园林的要求和"保护为主，抢救第一"出口工程——"修旧如旧"的原则，逐步整修恢复尚存的园林名胜。

随着国家改革开放，苏州风景园林的影响日盛，驰誉国内外。1979年完成出口美国的"明轩"庭园工程，为我国首次古典园林出口工程。之后，加拿大温哥华中山公园的"逸园"、美国波特兰市的"兰苏园"、新加坡的"蕴秀园"、美国纽约史泰登植物园内的苏州园林"寄兴园"等相继完成。至今，欧洲、美洲、亚洲等地区的苏州园林出口工程有40余座。

进入21世纪，苏州市园林管理局进一步加大了风景园林保护管理力度，提高科技保护管理水平，全面开展世界文化遗产古典园林监测预警系统建设；划定古典园林界址，限定绝对保护区和建设控制地带；加强古典园林修复力度，2000—2005年，园林部门先后投资修复了畅园、五峰园、艺圃住宅、留园西部射圃、网师园露华馆等，新建苏州园林档案馆，扩地新建苏州园林博物馆（二期）等。

历史上已有园林的专门研究。进入20世纪，建筑史、历史文物学者把对古典园林的研究推向一个新阶段。罗哲文先生著《中国园林》，其中苏州园林占重要篇幅；中国科学院自然科学史所主编《中国古代建筑技术史》中，设"园林建筑技术"一章，其中苏州园林是典型案例。另外也出现了园林与中国传统文化、园林与江南经济社会的多维度研究。

五、遗产价值

中国的古典园林是人类文明的重要遗产，深浸着中国文化的内蕴，是中国五千年文化史造就的艺术珍品，也是一个民族内在精神品格的生动写照。

1997年12月，苏州古典园林中的拙政园、留园、网师园和环秀山庄被列入《世界遗产名录》；2000年11月，沧浪亭、狮子林、艺圃、耦园和退思园作为苏州古典园林的增补项目也被列入《世界遗产名录》。

苏州园林在中国乃至世界园林发展史上具有十分重要的地位。联合国教科文组织世界遗产委员会对苏州园林的评价：

> 没有哪些园林比历史名城苏州的园林更能体现出中国古典园林设计的理想品质，咫尺之内再造乾坤。苏州古典园林被公认是实现这一设计思想的典范。这些建造于十一至十九世纪的园林，以其精雕细琢的设计，折射出中国文化中取法自然而又超越自然的深邃意境。

参考文献

[1] 罗哲文. 中国园林 [M]. 北京：中国建筑工业出版社，1999.

[2] 陈从周. 书带集 [M]. 北京：三联书店，2002.

[3] 朱光亚. 中国古典园林的拓扑关系 [J]. 建筑学报，1988（8）：33–36.

[4] 冯仕达，刘世达，孙宇. 苏州留园的非透视效果 [J]. 建筑学报，2016（1）：36–39.

[5] Evans Robin.The Projective Cast：Architecture and Its Three Geometries [M].Cambridge：The MIT Press，1995.

（刘律侠）

中国古代科技遗产

356

Chinese Heritage of
Pre-modern
Science and
Technology

布达拉宫

——藏式风格的宫堡式建筑群

布达拉宫位于西藏自治区首府拉萨市区西北的玛布日山（又名"红山"）上，主体建筑高115米，加上拉萨海拔高，因而是当今世界上海拔最高、规模最大的宫堡式建筑群，也是藏族古建筑的精华和中国古建筑的范例。布达拉宫距今已有1300多年的历史，经始建、衰落、重建到扩建，才呈现今天所见的样貌。

1961年，布达拉宫被国务院公布为第一批全国重点文物保护单位；1994年12月，被列入《世界遗产名录》。

图1　布达拉宫依山而建，宏伟壮观（张学渝　摄）

一、历史沿革

布达拉宫始建于松赞干布时代（617—650年）。公元633年，吐蕃第三十三代赞普松赞干布把都城从山南迁至今日的拉萨，正式建立吐蕃王朝，标志着藏族社会从奴隶制多部落邦国向奴隶制统一王国转变，拉萨即成为吐蕃王朝的政治、经济中心。松赞干布先后迎娶尼泊尔尺尊公主和唐朝文成公主。这期间，佛教首次传入吐蕃，开启了与吐蕃原始宗教苯教漫长的融合历史。据《西藏王统记》记载："法王松赞干布……至红山顶修筑宫室而居焉。"吐蕃王朝时期的布达拉宫，成为王权的象征。

吐蕃王朝时期，布达拉宫因经两次灾难而逐渐衰落。1642年，格鲁派首领五世达赖喇嘛(1617—1682年)借助厄鲁特蒙古和硕特部首领固始汗(1582—1655年)的兵力统一西藏，在拉萨哲蚌寺建立了蒙藏联合的甘丹颇章地方政权。出于政治原因，决定在红山旧址上重建布达拉宫。约800年后，拉萨再度成为西藏的政治中心。

1647年，布达拉宫主体建筑历时三年完工。该工程由五世达赖亲自审定，由朗日却赞设计，达赖管家索朗绕登主持施工。五世达赖向全藏发布征调民工、修建布达拉宫令。1648年绘制了东大殿、藏经殿等大殿壁画，并立无字碑于布达拉宫前以作纪念。五世达赖重建的布达拉宫，包括山顶宫区（白宫）、山前宫城区和山后湖区三部分。白宫内有作为政教使用的大殿，有地方政府机构的用房，还有摄政的住所，达赖的寝宫、

图2　布达拉宫壁画：7世纪松赞干布在红山修建的国王宫殿和在药王山修建的王后宫殿

注：图像源自索南航旦《世界文化遗产：布达拉宫》，中国藏学出版社，2016年。

经师用房、侍从用房、侍从厨房以及多用途的库房等。山顶东、南、西、北各修一座堡垒式建筑。在山前宫城区，还建造了政教服务的建筑物，如印经院、生活服务用房及僧俗官员、服务人员的住宅等。

1652年，五世达赖受邀入京觐见清顺治皇帝，得赐金册金印，受封为"西天大善自在佛所领天下释教普通瓦赤喇喇达赖喇嘛"，承认他为西藏的宗教领袖，同时册封固始汗为"遵行文义敏慧固始汗"。这一时期的布达拉宫，成为一个政教合一的宫堡。

1679—1703年，第司·桑吉嘉措（1653—1705年）以第司身份代理达赖喇嘛，管理西藏地方政务，历时25年。五世达赖圆寂，桑吉嘉措大力扩建布达拉宫，在白宫西邻修建红宫，用于安放五世达赖灵塔。1690—1693年，经历三年多努力，红宫修建完成。红宫体形庞大，共8层，其顶部还有部分建筑和金顶。原来在白宫西面的法王洞和观音堂没有拆除，就结合在红宫建筑里面。修建红宫是布达拉宫的第一次扩建，大大加强了布达拉宫内的宗教内容。

从六世到十二世达赖时期，布达拉宫都有不同程度的扩建。十三世达赖时期（1876—1933年），布达拉宫又一次大扩建，在山顶白宫顶部东面新修东日光殿（藏语"甘丹朗色"）作为寝宫；在山下宫城内修建藏军司令部（藏语"玛基康"）、造币厂（藏语"博额索札"）。十三世达赖圆寂后，由然巴赤门噶伦主持，从1934年到1936年，在紧贴红宫西面修建了一座与红宫同高的十三世达赖灵塔殿，即成为今天所见的布达拉宫面貌。

二、遗产看点

历史上，布达拉宫是一个政教合一的建筑，而今依然是藏族群众朝圣的圣殿，其内涵极为丰富，可从不同的视角观察。

1. 世界遗产的视角

布达拉宫作为世界遗产，有建筑、造像、佛塔、唐卡和壁画及其他珍品文物。

远望布达拉宫，傍山而建，气势磅礴。布达拉宫的建筑格局和空间结构主次分明。等级森严，表现出政教权力中心无上的威严。红宫、白宫和雪城，自上而下纵向排列，将僧、俗、众三个群体自然隔开，体现了藏传佛教"三界（欲界、色界、无色界）"的观念。白宫和红宫的平面建筑布局，基本是呈"回"字形。这种建筑布局的特点强调循序渐进，由底层的欲界循着"之"字形石阶梯精进，到达终极目标即顶层的无色界。这与中国古代帝王宫殿重视对称布局的平面秩序

图 3　布达拉宫的红宫（张学渝　摄）

图 4　布达拉宫的白宫（杨群　摄）

科技遗产 中国古代

360

Chinese Heritage of
Pre-modern
Science and
Technology

感不同，布达拉宫利用立体秩序感来体现宗教的神圣和政治的权威。

佛像原仅指佛陀造像，后来外延扩大，也包含西藏显密二宗崇拜的佛、菩萨、佛母、度母、空行母、天王、护法、域神、诸供养人像以及各教派的高僧。布达拉宫内供奉有印度、尼泊尔和内地、西藏等地造的质地各异的佛教造像。其中，布达拉宫主供佛殿圣观音殿（藏语"帕巴拉康"）内的檀香木质圣自在观音像，被誉为布达拉宫的镇宫之宝。

佛塔是装藏佛陀舍利的三所依圣物之一。佛塔形态各异，尺寸比例严格。根据塔的用料不同，可分为泥塔、石雕塔、木塔、铜塔、银塔、土石结构塔、砖瓦结构塔等；根据塔的性质来分，有善逝如来塔、噶当塔、灵塔和骨灰舍利塔等。其中，灵塔最具西藏特色，它用于存放藏传佛教高僧法体和骨灰舍利，布达拉宫内即建有历代达赖喇嘛的灵塔。

布达拉宫壁画的总面积有2500多平方米，体现了历代巧匠和画师的智慧。唐卡是藏语音译，指用彩缎装裱后悬挂供奉的卷轴画，以画言史，以画叙事。唐卡根据材质可分为彩绘唐卡、刺绣唐卡、贴花唐卡、缂丝唐卡、织锦唐卡和印版唐卡等。布达拉宫的壁画和唐卡，多为17世纪钦则和勉唐两大著名画派的杰作。题材多样、内容丰富，是研究西藏艺术与社会生活的重要材料。

布达拉宫还收藏有许多其他珍品，如反映藏民族传统手工制作的宗教用品，反映汉地传到西藏的织绣类、官吏服饰、瓷器、玉器、翡翠、玛瑙等。

图5　吉祥天母彩绘唐卡：吉祥天母为妙音天母忿怒相，右手持彩箭，左手持宝盆；上方为松赞干布，四周被十二永宁地母围绕。系17世纪勉唐派作品

注：图像源自索南航旦《世界文化遗产：布达拉宫》，中国藏学出版社，2016年。

2. 宗教场所的视角

佛教是藏族人民广泛信仰的宗教。布达拉宫曾是历代西藏宗教领袖的驻锡地（僧人出行，以锡杖自随，故称僧人住址为"驻锡"），珍藏了大量佛像、法器、灵塔等宗教文物，在当地信教群众心中具有非常神圣的地位。每年都有信众从西藏各地以叩等身长头的方式到拉萨朝圣。他们在布达拉宫内朝拜和供酥油灯，在布达拉宫广场、四周、山脚朝拜和转经。布达拉宫主要由土、木、石砌（夯）而成。为了更好地保护建筑，每年10月中旬左右，布达拉宫会都会按惯例粉刷外墙。布达拉宫外墙的白色涂料主体是白灰（高岭土），由白灰水、牛奶、白糖、牛骨胶、植物胶等配料调配而成。一到粉刷季，藏族群众会自发从各地赶来参与这场浩大的工程。

3. 非物质文化遗产的视角

布达拉宫是西藏历代匠人的集体之作，长期积累形成了一批非物质文化遗产。在布达拉宫营建史上，成立有专门管理营建工匠的组织，出现了代表拉萨地区金铜制作最高水平的制作机构"雪堆白"。1754年"雪堆白"建于布达拉宫附近，八世达赖时期迁至布达拉宫脚下，1803年正式出现"雪堆白"这一名称，到

图6　18世纪智行佛母像（正面）　　　　　　　　图7　18世纪智行佛母像（背面）

注：图像源自邢继柱《鸣鹤清赏：瑞宝图藏全铜佛像》，文物出版社，2012年。

1959年西藏民主改革前"雪堆白"这一机构一直存在。1980年城关区古艺建筑美术公司成立，吸纳了大部分"雪堆白"的工匠，"雪堆白"的金铜制作技艺得以延续。如今在拉萨出现多项以传承"雪堆白"工艺的非物质文化遗产项目，如拉萨雪堆白金属加工技艺、雪堆白泥塑、藏族传统铸造技艺（雪堆白传统铸造技艺）。此外，还有其他与布达拉宫有关的一些非物质文化遗产项目，如民俗类的有雪顿节（第一批国家级），传统美术类的有藏族唐卡勉唐画派（第一批国家级）、藏族唐卡钦泽画派（第一批国家级），传统技艺类的有藏族矿植物颜料制作技艺（第三批国家级）等。这些非物质文化遗产在有些手工艺展示中心可以体验，如在西藏手工艺技术示范中心，集中展示有拉萨雪堆白金属加工、藏族矿植物颜料制作、拉萨木雕刻制作和泥塑制作等技艺。

三、科技特点

布达拉宫体现了历代藏族工匠的智慧和技巧，其充分利用山型、当地的土石木材，并结合拉萨的地理条件，使用恰当的建筑技术来满足建筑的宗教和政治的多功能需求。

布达拉宫的建筑结构堪称外刚内柔，即外部多采用石墙或夯土等承重墙、内部采用木梁柱构架的混合结构形式。墙体综合使用收分墙、边玛墙和地垄墙。

图8 布达拉宫的边玛墙（张学渝 摄）

布达拉宫的墙体并非垂直于地面，而是采用收分墙体，从下而上逐渐往里收，这成为藏式建筑的显著特点。从侧面看，外墙体是斜的，下面宽、上面窄，建筑物重心下移，增强了建筑物的稳定性。由于墙体有收分，砌墙的时候使用砌反手墙技术，即无论建筑物有多高，砌筑过程中脚手架搭于内墙而非外墙。

布达拉宫建筑的基础部分为地垄墙，利用地垄墙起到抬高建筑的目的。由于是依山而建，地垄墙可节约大量人力、物力和财力，起挡土墙的作用，能解决通风和采光的问题，是依山而建的西藏传统建筑的科学建筑手法之一。

边玛墙是用晒干后的桎柳枝捆扎小束穿成的大捆堆砌在墙外壁上，用木锤敲打平整压实，内壁仍砌块石所形成的墙。桎柳占墙体厚度的2/3，块石占墙体厚度的1/3。再辅以碎石和黏土填满桎柳和块石间的空隙，用红土、牛胶、树胶熬成的粉浆将枝条面刷成赭红色。最后配以镏金装饰构件、木条和小檐头，并覆以阿嘎土作保护层。边玛墙可以减轻顶部墙体的重量，一般不作承重墙。

地坪采用阿嘎土，"阿嘎"藏语指黏性强而色泽优美的风化石。从山上采来阿嘎，打碎后分成粗、中、细三种阿嘎。打地坪时，先用粗阿嘎平铺地面，用工具帛多夯打2天；之后铺中阿嘎，夯打3天；然后铺细阿嘎夯打，其间多次浇水夯打3天，直到地坪变得坚硬；再用鹅卵石摩擦地坪，以增强阿嘎土的坚硬度；最后用榆树皮汁和掺有云香粉的温热清油擦拭多次，做防水处理后才告功。夯打阿嘎的过程，也形成了特有的歌舞。

藏族的砌石技术在中国乃至在全世界堪称一绝。这种砌石技术的精妙之处，就是工匠们取来大大小小的天然块（片）石，以天然的黏土作填充垫层，用最简单的工具，凭着灵巧的双手和对石块、黏土之间关系的深刻理解，力学原理的充

图9　反映修建布达拉宫藏族群
众背运石块的壁画

注：图像源自索南航旦《世
界文化遗产：布达拉宫》，中国
藏学出版社，2016年。

分运用建起石砌建筑物，代表了一种创造性的杰作。

布达拉宫内保存了大量壁画，其中有些描绘了藏族群众修建布达拉宫的情景，这是研究西藏古代建筑施工的宝贵资料。

四、研究保护

中华人民共和国成立后，对布达拉宫的学术研究进一步推进，不同专业的学者分别从考古学、历史学、美术史、建筑学和文化遗产的角度认识、挖掘与布达拉宫有关的汉藏文史料、文物和建筑测绘数据等。不同时期的学术研究和国家对布达拉宫的专项维修，向世人揭示和展示了布达拉宫作为藏族文化的物质与精神文化的代表。

1959年7月，考古学家宿白重点调查了布达拉宫颇章嘎布（白宫）和库藏文物，1988年，他再对颇章玛布（红宫）建筑做补录，载入后来出版的《藏族佛教寺院考古》一书。

1985年，西藏自治区文物管理委员会编写《布达拉宫》，用汉藏双语介绍了布达拉宫的营建史，并用图片展示了布达拉宫的建筑、宫殿与陈设、木雕、塑像、壁画、唐卡、灵塔、其他文物和藏书等内容。

1984年，布达拉宫的强巴殿突然失火，事后查明原因是照明电线短路所致。国家文物局迅即派勘察组进藏调查，由此拉开了布达拉宫首次整体维修工程的序幕。1989—1994年，国家拨专款5500多万元，对布达拉宫实施300年历史上规模最大的维修，重点解决了建筑结构变形、屋面漏雨、椽梁霉变、虫蛀、鼠啃等问题，并新增了消防、报警等设施。

经过这次重大抢救性维修，布达拉宫于1994年重放光彩，当年也被列入《世界文化遗产名录》。

2003年5月—2007年8月，国家再次拨专款对布达拉宫红宫、白宫及其附属建筑22个殿堂约1800平方米病害壁画进行保护修复。

近年来，出现了一批有关布达拉宫的新研究。2003年，杨嘉铭、赵心愚和杨环著《西藏建筑的历史文化》，讨论了布达拉宫营建史，介绍了重要的宫殿和技术特色；2005年，汪永平主编《拉萨建筑文化遗产》，从拉萨城市建设史的角度讨论了布达拉宫的营建史、建筑组成和特点；2007年，陈耀东著《中国藏族建筑》，介绍了布达拉宫建筑各部分的用材、结构与做法，定位布达拉宫的历史地位，即规模大、建筑功能和类型齐全、装饰多、楼层高；2006年，胡海燕撰文分析作为世界文化遗产的布达拉宫的利益相关者的管理问题，提出要平衡作为世界人民的遗产、藏族人民的佛教圣地和游客眼中的旅游景点之间的关系；2008年，李最雄等编著《西藏布达拉宫壁画保护修复工程报告》，介绍了布达拉宫在建筑美学、科学、艺术、博物馆层面的不同价值，并详细分析壁画的分布成分及保护实践。2011年，西藏建筑勘察设计院和中国建筑技术研究院历史所合作主编《布达拉宫》，利用文献、图片和大量的实测图系统介绍了布达拉宫的兴建历史，当下的平面布局，布达拉宫与宗山建筑，白宫和红宫的功能、布局、建筑特点，宫里的壁画与造像，佛塔与灵塔，朗杰扎仓（佛学院）等内容，其中制作了复原图，展示了布达拉宫的营建史。该书堪称目前介绍布达拉宫历史及布局最全面的著作。

五、遗产价值

布达拉宫在建筑布局、内部设计、材料运用等方面，充分体现了藏民族在建筑工艺和美学上的非凡成就，布达拉宫也因此成为世界建筑史上的杰作。布达拉宫集寺庙和宫殿建筑于一体的风格在中国乃至世界建筑史上均属罕见，它所珍藏的数以万计的历史文化艺术珍品，在世界文化遗产宝库中具有独特价值。

1961年，布达拉宫被国务院公布为第一批全国重点文物保护单位。1994年12月，布达拉宫被联合国教科文组织列入《世界遗产名录》。2000年11月、2001年12月，大昭寺、罗布林卡先后作为布达拉宫的组成部分被列入世界文化遗产。世界遗产委员会对布达拉宫的评语：

> 布达拉宫，坐落在拉萨河谷中心海拔3700米的红色山峰之上，是集行政、宗教、政治事务于一的身的综合性建筑。它由白宫和红宫及其附属建筑组成。布达拉宫自7世纪起就成为达赖喇嘛的冬宫，象征着西藏佛教和历代行政统治的中心。优美而又独具匠心的建筑，华美绚丽的装饰，与天然美景间的和谐融洽，使布达拉宫在历史和宗教特色之外又平添几分风貌。

科技遗产 古代 中国

366

Chinese Heritage of
Pre-modern
Science and
Technology

参考文献

[1] 嘉措顿珠 . 布达拉宫志 [J] . 西藏研究，1991（3）：112–126，144.

[2] 宿白 . 藏族佛教寺院考古 [M] . 北京：文物出版社，1996.

[3] 汪永平 . 拉萨建筑文化遗产 [M] . 南京：东南大学出版社，2005.

[4] 西藏建筑勘察设计院，中国建筑技术研究院历史所 . 布达拉宫 [M] . 北京：中国建筑工业出版社，2011.

[5] 张学渝，李晓岑 . 拉萨金铜制造机构"雪堆白"成立时间及其职能的初步研究 [J] . 中国藏学，2015（3）：372–380.

（张学渝）

中国古代科技遗产

Chinese Heritage of
Pre-modern
Science and
Technology

交通津梁

褒斜栈道

——中国历史上开凿时间早、规模最大的栈道

褒斜栈道，指褒斜道的栈道部分。褒斜道，南起陕西汉中以北的褒谷口，北至陕西眉县的斜峪口，全程235千米，是沿褒水（汉水支流）、斜水（渭水支流）两条河谷而成的一条谷道，是中国古代巴蜀通秦川的主干道路。

褒斜道中有些地段河岸陡峭，难以通行。古人在崖壁上凿石为洞，插木为梁，铺上木板，修成可供人马行进的栈道。这部分路段大约占到褒斜道的1/3。

在褒谷口旁，东汉时曾开凿石门，石门内外刻了许多历代名人的诗文题名，统称为石门石刻。1961年，"褒斜道石门及其摩崖石刻"被国务院公布为第一批全国重点文物保护单位。

图1　在汉中石门栈道风景区仿古修建了一段栈道，紧依峭壁，下临河谷，可想见古人开凿之艰，克难方法之巧（戴吾三　摄）

一、历史沿革

上古时期，西部地区的先民沿山间河谷穿越山脉，沟通往来，世代步履，渐成道路。在跨越秦岭的诸条道路中，褒斜道因取道褒水（汉水支流）、斜水（渭水支流）而得名。褒、斜二水同源于秦岭太白山，其间的分水岭在整个秦岭山脊中最为平缓，故为古人利用。

早在商周之前，先民们已迁徙往来于褒斜河谷。某些山崖绝险之处须攀缘而行，十分艰难。战国中晚期，随着冶铁术成熟，铁器广泛应用，为修路凿孔创造了条件。据记载，战国时期，秦昭襄王使范雎为相，在褒斜道的悬崖绝壁段凿石成孔，插木为梁、铺木板连为栈道，贯通整个道路。秦汉时期，褒斜道成为秦蜀南北交通的大动脉。

北魏以后，褒斜道路线有变化。修回车路新线，将褒斜道北段改为北连陈仓故道北段，南越紫柏山、紫关岭至回车段而后接秦汉褒斜道南段。

唐中叶以后，褒斜道已偏离旧线，行于宝鸡、散关、凤州间的陈仓道。敬宗宝历二年（826年），兴元节度使裴度奏修褒斜道，大部分路线仍沿秦汉褒斜道，但在西江口东北太白河至今太白县嘴头镇之间，选了一条更为近捷的路线。

唐大中三年（849年），东川节度使郑涯和凤翔节度使李玭奏修文川谷路。线路为：西江口以北循秦汉褒斜旧道，以南另开新道。即由今留坝县上南河折东行，至城固县文川镇，又折西南至汉中。文川道虽然近捷，但曲折难行，不多年即被暴雨冲毁。后又改取归融所修的褒斜新道为驿路，即后来的"连云栈道"。

宋元明清以来，均以唐斜谷道（连云栈道）为入蜀主要驿道。清康熙三年（1664年）陕西巡抚贾汉复对唐褒斜道进行最后一次大规模修整。明清时期，秦汉褒斜道多年失修，南段已阻塞不通，但由城固北出小河口，经西江口，沿秦汉褒斜道东行，仍有间道通眉县。

褒斜道最后一次大规模整修，为清代康熙三年（1664年）巡抚贾汉复所为。《贾大司马修栈道记》载："贾汉复要巡视汉南，深感此路多阻，遂发动凤翔府与汉南巡齐力整修。"

清末至民国初期，褒斜道商旅日少，渐至衰落。

科技遗产 古代 中国

372

Chinese Heritage of
Pre-modern
Science and
Technology

二、遗产看点

褒斜栈道由木头构建，易朽难存。现在可看的景点主要有三处：一是石门栈道风景区仿古修建的栈道，展示了当年褒斜栈道的技术特点；二是移入到汉中博物馆保护的石门摩崖石刻原物；三是褒斜道部分地段遗存的栈道壁孔。

1. 石门栈道风景区

栈道风景区在陕西汉中市区北15千米处的褒谷口，是"褒斜道石门及其摩崖石刻"所在地。这里山势险峻，翠峰林立；石门水库，碧波荡漾，形成独特秀丽的自然风光。

（1）仿古栈道

20世纪70年代，石门水库修建，使古老的栈道沉没于水底。而今随着石门旅游开发，旅游公司在古老栈道的基础上，抬高路基，恢复了古老的栈道奇观。仿古栈道南北走向全长3.6千米，修建采用古代"平梁无柱式""平梁立柱式""平梁斜撑式""斜坡搭架式"等多种形制，使这段仿古栈道再现昔日风采。

图2　仿古石门栈道入口，远处是石门水库大坝（戴吾三　摄）

图3　复原的一段褒斜栈道（戴吾三　摄）

在景区开辟有上行栈道，游客可沿此栈道上去看大坝风光、新石门及碑刻等。

（2）新石门

在新栈道上开辟了新石门，由此可推想古石门的样貌。在还没有发明炸药、仅使用简单铁工具的汉代，开凿石门，即穿山隧道，是多么艰巨的工程。

石门凿通于东汉永平年间，系古人用火烧水激或醋激之法开凿，是世界上最早用于通车的人工隧道，也是褒斜栈道上最重要的古代文明的实物见证。石门平均高度3.6米，宽约4米，长约16米。从东汉至明、清，古人相继在洞内外镌刻了上百种摩崖石刻。

1969年修建石门水库，蓄水后石门被淹没。原石门位置大约在石门水库大坝上游右岸200米处。

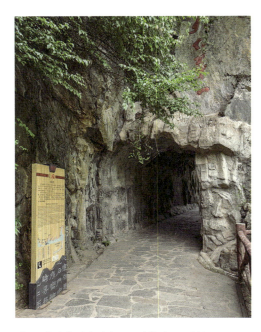

图4　复建栈道上的新石门（戴吾三　摄）

科技遗产 古代 中国

374

Chinese Heritage of
Pre-modern
Science and
Technology

图5　原褒斜道石门，从照片看大约在公路隧道洞口下方的水底（戴吾三　摄）

2. 汉中博物馆

　　汉中博物馆的"汉台碑林"院内建了两个展室，分别是褒斜古栈道陈列室和石门十三品陈列室。

图6　汉台碑林（戴吾三　摄）

（1）褒斜古栈道陈列室

该展室详细介绍褒斜道的历史、栈道的各种类型，制作有石门古栈道模型，还有复原的古栈道壁孔模型、出土文物等。观看古栈道模型，可见山势险峻，栈道依峭壁而建，下临河谷，中间也有亭子等建筑，便于行人休息。

图7 武关驿古栈道壁孔模型，壁孔下面有"Y"形流水槽（戴吾三 摄）

（2）石门十三品陈列室

石门凿通后，自汉代起经唐宋到明清，历代名人书写赞颂刻石达百余种，形成摩崖石刻大观。石门十三品指褒斜道石门内外最受推崇的13件摩崖石刻，被誉为"国之瑰宝"。这些书法作品，因字刻在岩石上，而被称作"品"。

1970年，石门原址兴建水库，石门十三品被凿下迁至汉中博物馆保护，陈列见其风貌，但脱离了原环境，让人喟叹深思。

图8 石门古栈道模型（戴吾三 摄）

科技遗产 古代 中国

376

Chinese Heritage of
Pre-modern
Science and
Technology

图9　未凿前的石门原刻。汉中博物馆"石门十三品陈列室"存

图10　凿迁的石门原刻（戴吾三　摄）

图11　"石门"拓印（戴吾三　摄）

3. 王家坡褒斜栈道遗迹

从石门栈道景区往北沿河谷百十千米，密集分布着褒斜栈道遗迹，有些地方

图12　王家坡镇旅游景区（戴吾三　摄）

图 13 王家堎景区褒斜栈道壁孔（戴吾三 摄）

如今开发了旅游景区，如王家堎镇的褒斜栈道壁孔遗迹、屯军遗址，已成为吸引游客的景点。

三、科技特点

褒斜道按照道路结构可分为土石道、碥道、槽道、栈道、栈桥等，其科技特点主要体现在栈道修筑。

栈道的修筑结构近似于桥梁，是由梁柱与栈孔两部分构建而成。这种建筑形式延续千年，其主体结构没有大的变化。

1. 修筑方法

古人修筑栈道，主要采用柱与孔结合的结构。从现存的栈孔看，分梁孔和柱孔两种。梁孔呈方形，内插梁木，以防其转动。柱孔呈圆形，利用圆木立柱，减少加工，降低水流冲刷力度。栈孔底部刻有"Y"形流水槽，或者加大下方孔壁的倾斜面，以便于排水。

科技遗产 古代 中国

378

Chinese Heritage of
Pre-modern
Science and
Technology

2. 结构形式

褒斜栈道统计有7种修筑形式，最主要的是以下四种。

平梁无柱式：有平梁无立柱，俗称空木桥。这类栈道多用于悬崖陡壁、水深流急的地理条件。褒斜栈道现存遗迹多以平梁无柱式为主。

平梁立柱式：在山崖间上凿横孔，插横梁；下凿竖孔，插立柱；柱梁相连，上铺木板为路面。靠水一侧有栏杆，以防车马、行人滑坠。诸葛亮《与兄瑾书》中提到"其阁梁一头入山腹，其一头立柱于水中"，就是这种形式。

平梁斜撑式：即平梁直柱加斜撑。此种栈阁多是在崖陡水深、无法安装立柱的情况下修筑的，或是立柱过高，为了加强支撑力量而设计的一种形式。

斜坡搭架式：即在崖岸比较倾斜，坡度比较平缓的坡面处，依坡凿出排柱孔立木柱，上装木梁，连接梁柱构成框架，梁上铺板，构成路面。临水一侧安有栏杆，此种栈道形制类似多跨式桥梁。

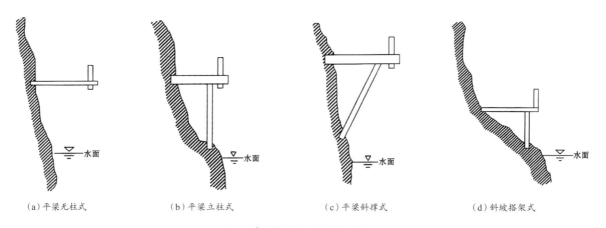

（a）平梁无柱式　　　　（b）平梁立柱式　　　　（c）平梁斜撑式　　　　（d）斜坡搭架式

图14　褒斜栈道的四种结构方式

注：图像源自宝鸡市考古研究所《褒斜道：陈仓古道调查报告》，科学出版社，2019年。

四、研究保护

对褒斜道的研究主要体现在实地调查。

1960年起，陕西省考古研究所和宝鸡市文物考古队先后多次对褒河流域的栈道遗址进行调查，发现褒河岸边的山壁上仍留有栈道的壁孔、柱孔等遗迹，以下游发现的数量最多，约300处。壁孔凿于陡立的崖壁间，高出水面8~9米，口部略高于底部，使木梁插入孔后略微上翘，在一定距离内各孔洞保持在同一水平线上。褒河上、中游发现栈道遗迹20余处，壁孔与水面距离自南向北逐渐缩小，南端距水面4~5米，北面仅1.5~2.5米。根据材料推测，在褒谷口、石门南500米处及石门附近三地栈道的修建方式是以长约6米、径约40厘米的方形横木插入壁孔中，再以圆形立柱1~3根立其下柱孔中来支撑横木。在呈斜坡的崖面上，顶端以横木衔接，上铺木板，这种方法见于石门老虎口地段，还有斜撑式、平梁无柱式和立柱与斜撑相间式。

1979年秋，陕西省考古研究所和汉中市博物馆组织对姜窝子以北至斜谷口进行考察，发现栈道遗迹22处。遗迹中，有的仅存壁孔，柱孔湮没；有些仅存柱孔，壁孔无存。在褒、斜两谷上源及分水岭地带未发现栈阁遗迹。两谷比较，斜谷栈阁极少，褒谷中游的栈阁以王家塄到下南河一带居多，红崖里及古之赤崖南北比较集中。栈阁壁孔与水面的距离，自北向南，逐渐加大，北面的王家塄只有1.5~2.5米，中段的黑杨坝等处为4~5米，再到褒谷南口一般都在8米左右。

2012年3—6月，宝鸡市考古研究所组织对褒斜道沿线进行专题调查，在调查工作中，充分利用了手持GPS终端、电子地图定位等新的技术手段，力求记录准确、翔实。褒斜道分岔多、分布地域广，这次调查明确了干道（类似于国道）、支道（类似于省道）和分支道（类似于县道），构建出较为完整的古道交通体系；并明确该体系的形成不能归于某一个时期，而是逐步修建（包括改线）所形成。

这次调查编写成了调查报告，除记录古道本身的迹象，还将沿线左右各1千米范围内的古代遗迹、遗物纳入报告，丰富了古栈道的文化内涵。

近年来，也有模拟栈道凿孔的具体研究。2016年，汉中文史学者为配合中央电视台拍摄《栈道》纪录片，找来3个匠人，交替作业，整整一天，打崩了7根钢钎，只打进了不足3厘米。如果用古法打出一个40厘米见方、70厘米深的标准型栈孔，要近一个月的时间。难以想象，古人究竟是采取何种方法，使用何种工具，腰系绳索，悬空于峭壁之间，开凿出无数个方方正正的壁孔？

对褒斜道的保护，在特殊历史条件下曾引起很大争论。

1961年，"褒斜道石门及其摩崖石刻"入选国务院第一批全国重点文物保护单位。

1969年规划石门水库，水利部门从经济利益出发，确定在石门附近修建大坝。文物界人士呼吁，将大坝位置上移到十几千米外，但建议不被采纳。因石刻在蓄水线下，最后，不得已将部分石刻切割，迁至汉中博物馆粘接复原，专建石

科 古 中
技 代 国
遗
产

380

Chinese Heritage of
Pre-modern
Science and
Technology

门十三品陈列室以保护和展陈。

1975年，水库大坝按设计高水位蓄水，石门及将军铺、褒姒铺、《栈道平歌》摩崖（即"八个碑"）等古迹和栈道遗迹皆淹没于水库中。

说起这段历史，成为许多文物界人士心中永远的痛。

今天，国家高度重视保护文化遗产，社会各界都对文化遗产保护有新的认识。2021年10月，"蜀道：褒斜道留坝段"等入选国家文物局《大遗址保护利用"十四五"专项规划》"十四五"时期大遗址名单。

五、遗产价值

古代中国西部的南北交通，阻于秦巴天险。先民们不畏艰难，开辟了跨越险阻的诸条道路，其中褒斜道最负盛名。褒斜道纵贯秦岭，约1/3路段为栈道，其修建规模之大、沿用时间之长，当为栈道之冠。著名桥梁专家茅以升将褒斜栈道与长城、大运河同誉为中国古代土木建筑工程中的奇迹。

褒斜栈道修成后，促进了巴蜀地区社会经济的发展，也促进了中原与西南各民族的密切往来，在历史上起过重要作用、在交通史上占有重要地位。

从科技角度看，在2000多年前开通这条栈道，是一种了不起的创举。栈道工程宏大，修建中运用"火焚水激"之法，即利用岩石热胀冷缩的特征，凿石开道、穿梁建阁，开凿石门隧道等，表现出先民征服大自然的伟力，体现古代工程技术的水平，具有重要的科技遗产价值。

参考文献

［1］陈明达.褒斜道石门及其石刻［J］.文物，1961（Z1）：57-61.

［2］党瑜.褒斜道的开发、变化和历史作用［J］.唐都学刊，1997（4）：76-79.

［3］黄建中.栈道：中国历史上伟大的建筑工程［C］//汉中市博物馆.汉中历史文化研究.西安：三秦出版社，2020.

［4］宝鸡市考古研究所.褒斜道：陈仓古道调查报告［M］.北京：科学出版社，2019.

（戴吾三）

中国大运河
——世界上通航时间最长、空间跨度最大的运河

中国大运河，是申报世界遗产过程中出现的专有名词，它由京杭大运河、隋唐大运河和浙东运河三条运河组成，简称"大运河"。大运河在时间上历经春秋时期至清代2000余年，在空间上跨越北京、天津、河北、山东、江苏、浙江、河南和安徽8个省级行政区，遗产区总面积为20819公顷。其中，南北向运河北至北京，南至浙江杭州，纬度30°12'—40°00'；东西向运河西至河南洛阳，东至浙江宁波，经度112°25'—121°45'。

2014年，中国大运河入选《世界遗产名录》。

图1　大运河扬州段，为1959年新开挖的运河，如今是繁忙的黄金水道（戴吾三　摄）

科技遗产 古代 中国

382

Chinese Heritage of
Pre-modern
Science and
Technology

一、历史沿革

　　中国大运河的开凿可追溯于公元前5世纪，从春秋时期到清代末，在2000余年的发展演变过程中，经历了多次扩建和改建，其中以隋代和元代两次大规模的改建和扩建最为关键，由此形成了以京杭运河为骨干的南北向的大运河，部分河段至今仍发挥着航运、行洪、灌溉、输水等重要作用。中国大运河的主体工程建设，主要集中在三个时期。

　　第一个时期是春秋战国时期（公元前5—前3世纪）。各诸侯国出于战争和运输的需要，竞相开凿运河，不过当时的规模远不能与后来相比，缺乏统一规划，多为区间运河。但这为后来大一统国家全国水运网络体系的形成奠定了基础。经考证，公元前486年，吴王夫差开邗沟，翻开了中国大运河的第一锹土。

　　第二个时期是隋代（7世纪初）。为了加强京都与南方经济中心的联系，同时满足对北方的军事运输需要，隋朝廷统一规划了全国水道，在前代开凿的分散的区间运河基础上，利用地形和河湖水源的有利自然环境，有计划地兴建了以永济渠、通济渠、山阳渎、江南运河为骨干的4条首尾相接的运河，形成以洛阳为中

图2　位于扬州运河原点公园的景点"运河第一锹"，紧邻古邗沟（戴吾三　摄）

心，西通关中盆地，北抵河北平原，南至江南地区的全国性运河网。它沟通了海河、黄河、淮河、长江和钱塘江五大水系，横贯东西、纵穿南北，长达2700千米。

唐代，为发挥大运河的效益，进一步进行了维修和扩建。由于隋唐两代运河的走向基本一致，因此习惯上将这一时期以隋唐都城为中心，沟通全国的水运网络称为"隋唐运河"，或称"隋唐大运河"。

第三个时期是元代（13世纪后期）。元朝定都北京，骨干运河的布局发生重大变化，元世祖忽必烈下令开凿了会通河、通惠河等河道，将大运河改造成为北起北京、南至杭州，位于东部的南北交通干线。它同样沟通了海河、黄河、淮河、长江和钱塘江五大水系，习惯上称之为"京杭大运河"。明清两朝维系了这一基本格局，并进行了多次大规模的维护和修缮，成为国家的主干运输线路，被称为"漕河"。明代根据漕运利用的水道，分为7段：白漕、卫漕、闸漕、河漕、湖漕、江漕、浙漕，分别对应现在的北运河（包括通惠河）、南运河、会通河、废黄河、里运河、长江、江南运河。由于元明清三代运河走向基本一致，因此也称这一时期的运河为"元明清大运河"或"明清大运河"。

二、遗产看点

作为世界遗产的中国大运河，其遗产看点与各区段所确定的遗产紧密联系在一起。

依据历史时期的分段和命名习惯，大运河总体上分为10个区段：通惠河段、北运河段、南运河段、会通河段、中运河段、淮扬运河段、江南运河段、浙东运河段、卫河（永济渠）段、通济渠（汴河）段。具体的遗产要素包括：河道遗产27段，总长度1011千米；运河水工遗存、运河附属遗存、运河相关遗产等58处，共计85个遗产要素。遗产类型涉及闸、堤、坝、桥、城门、纤道、码头、险工等运河水工遗存，仓窖、衙署、驿站、行宫、会馆、钞关等运河的配套设施和管理设施，以及一部分与运河文化意义密切相关的古建筑、历史文化街区等。

这里择要简述如下。

通惠河段遗产共5处。其中，河道2段：通惠河北京旧城段（玉河故道）、通惠河通州段；湖泊1处：什刹海；闸2处：澄清上闸、澄清中闸。

淮扬运河段遗产17处。其中，河道2段：淮扬运河淮安段、淮扬运河扬州段；

科技遗产 古代 中国

384

Chinese Heritage of
Pre-modern
Science and
Technology

图3 中国大运河通惠河通州段重建的漕运码头（戴吾三 摄）

湖泊1处：瘦西湖；闸3处：双金闸、清江大闸、刘堡减水闸；堤2处：洪泽湖大堤、邵伯古堤；码头1处：邵伯码头；管理设施1处：总督漕运公署遗址；配套设施1处：盂城驿；综合遗存1处：清口枢纽；相关古建筑群5处：天宁寺行宫、个园、汪鲁门宅、盐宗庙、卢绍绪宅。

江南运河段遗产19处。其中，河道5段：江南运河常州城区段、江南运河无锡城区段、江南运河苏州段、江南运河嘉兴—杭州段、江南运河南浔段（頔塘故道）；闸1处：长安闸；城门2处：盘门、杭州凤山水城门遗

图4 扬州古运河段，中国大运河遗产点(戴吾三 摄)

址；桥4处：宝带桥、长虹桥、拱宸桥、广济桥；古纤道1处：吴江古纤道；配套设施1处：杭州富义仓；历史文化街区5处：清名桥历史文化街区、山塘河

图5　苏州平江历史文化街区，中国大运河遗产点（戴吾三　摄）

图6　杭州拱宸桥，中国大运河遗产点（戴吾三　摄）

科技遗产　古代　中国

386

Chinese Heritage of
Pre-modern
Science and
Technology

历史文化街区、平江历史文化街区、杭州桥西历史文化街区、南浔镇历史文化街区。

三、科技特点

中国大运河所经地区由于地形地质条件的不同、水资源分布的差异，以及受黄河泛滥的影响，在工程建设和运行管理中遇到许多难题。为实现顺利通航的目的，历代民众克服了种种困难，在水利科技领域取得诸多成就，主要体现在工程规划、水利技术、枢纽工程建设和工程管理四个方面。

1. 工程规划

京杭运河是我国古代工程规划的典范。在水资源和地形地质条件不同的区段，开展了各具特色的高水平的工程规划，综合解决了汇水、引水、节水、通航、防洪等难题，实现了全线通航，形成沟通南北、枝蔓全国的水运交通网络。其中，白浮引水、引汶济运、南旺分水、清口枢纽等典型工程，至今受到国内外专业人士的赞赏。

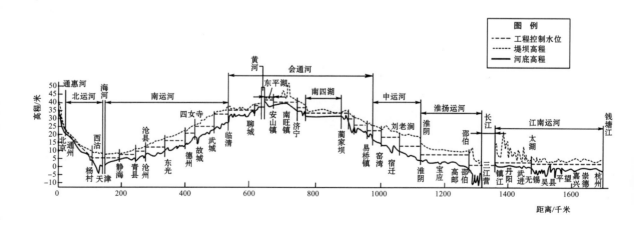

图7　京杭运河地形高程示意图。中国大运河博物馆存

2. 水利技术

唐代时，大运河与长江交汇处的瓜洲渡，出现了世界最早的斜面升船机。其中最大的瓜洲堰，以22头牛作为升船动力，以使长江中的航船进入淮扬运河。北宋淮扬运河上的西河闸，是世界上最早的复闸，比西方早约400年。元代，著名科学家郭守敬在京杭运河规划中提出了海拔概念，通惠河、会通河等河段还修建了中国特色的渠化工程，这些在当时都处于世界领先水平。明代，著名水利专家潘季驯提出束水攻沙理论，并在黄、淮、运综合治理中得到成功实践，至今仍在运用。清代，高家堰在长期大规模修筑后，形成当时世界上最大的人工湖——洪泽湖，蓄水量达30多亿立方米，综合解决了蓄水、运河供水、冲沙、分水、防洪等多项水利需求，高家堰也由此成为17世纪以前世界坝工史上具有里程碑意义的大坝建筑。以高家堰、洪泽湖为主体的工程体系也成为17世纪工业革命前世界水利工程技术最高水平的代表。

3. 枢纽工程建设

大运河最为杰出的代表工程当数南旺枢纽工程和清口枢纽工程。南旺枢纽工程位于今山东省汶上县南旺镇。该工程根据当地地形高差大、水源不足的特点，建设了水源工程、蓄水工程、节制工程等系列工程，它们协同配合，实现了"七分朝天子，三分下江南"的合理分流，确保了漕运船队顺利翻山越岭，被当时的英国访华使团称之为"独具匠心"的巨大工程。清口枢纽工程位于今江苏省淮安市的清口。历史上，运河北上、淮河西来、黄河南下，三者交汇于此，由此形成世界上罕有的大江大河平交格局。明清两代为保障运河顺利通航，相继修建了一系列工程，形成了一套系统的工程措施。措施包括：开泇河、中河，使运河逐步脱离黄河的干扰；加高加固高家堰大堤，拦截淮水尽出清口，保持运口的畅通；修建大量减水闸和滚水坝，确保运道安全等。在这些措施的综合运用下，近500年的时间内京杭运河基本维持畅通。这是在当时社会、经济、科技水平下，人与自然持续500年的较量，在世界治河史和航运史上都是绝无仅有的。

4. 工程管理

历代人民在长期建设和管理过程中，总结出一整套大运河的工程建设指挥体系、运河管理指挥体系、漕运运输指挥体系，并制定了完善、严密的章程规划、制度措施，为保证历代浩大的工程建设和保持运道通畅提供了重要保障。

四、研究保护

中华人民共和国成立后，大运河经历了多次规模较大的维修和整治。大运河山东济宁以南的河段一直保持畅通，全年通航河段达875千米，大运河黄河以南季节性通航里程达1050千米，其中的苏北段更是国家北煤南运的"黄金水道"。由于历史原因，大运河山东济宁以北河段阻塞，无法通航。而在南方通航的某些地段，工厂聚集，重度污染、居民区杂乱，严重影响了大运河风光。

随着国家经济社会的快速发展，大运河文化遗产保护问题引起重视。2004年，时任国家文物局局长的单霁翔在全国政协十届二次会议上，联合7名政协委员提交了《关于大运河文化遗产保护亟待加强的提案》。2005年12月，被赞誉为"运河三老"的郑孝燮、罗哲文、朱炳仁三位专家，联名致信大运河沿线18个城市市长，呼吁"用创新的思路，加快京杭大运河在申报物质文化和非物质文化两大遗产领域的工作进程"。此后不久，国家做出了大运河申报世界遗产的决定。

2006年6月，京杭大运河被公布为第六批全国重点文物保护单位，首次在国家层面明确了京杭大运河作为文化遗产的价值和法律地位。同年12月，京杭大运河被列入中国世界文化遗产预备名单。

2007年9月，"大运河联合申报世界文化遗产办公室"在江苏扬州挂牌成立，大运河正式进入申报世界遗产程序。

2009年4月，由国务院牵头，成立了由8个省（直辖市）和13个部委联合组成的"大运河保护和申遗"省部际会商小组，"大运河申遗"上升为国家行动。

与此同时，从国家到地方投入财力物力，加大力度对运河区域环境整治，取得了显著的成绩。以扬州运河三湾为例。历史上运河之水自北向南，途经扬州因地势北高南低，水势直泻难蓄，漕船、盐船常常在此搁浅。明万历二十五年（1597年），扬州知府郭光复舍直改弯，将原来近200米的直河道改成约1.8千米的迂回弯曲河道，以增加河道长度和曲折度的方式来抬高水位和减缓水的流速。从此，这里静水流深，通航顺畅，留下了"三湾抵一坝"的佳话。

晚清漕运废止后，三湾河道一度荒弃。1959年，中国在京杭运河整治工程中开辟了自瓦窑铺至施桥入江的新航道，三湾和原流经扬州城东的老京杭运河成为城市内河，不再承担航运功能。自此后，三湾片区逐步成为一个工业聚集区，先后聚集了农药、皮革、建材等80多家工业企业，对运河尤其是三湾片区生态环境造成严重损害，水质恶化、河道淤浅、岸堤老化破损、两岸棚户林立。

2012年起，扬州作为大运河联合申遗牵头城市，全面推进三湾区域环境整治，搬迁企业，拆除码头，推进周边的农药厂、制药厂、食品厂等工业企业逐一搬迁，退让出来的土地有序开展污染治理，同步实施水系疏浚、驳岸改造、湿地生态修复。2017年9月，运河三湾全新亮相，昔日臭气熏天的"脏乱湾"，蝶变为一个占地面积3800亩、核心区面积1520亩的大型生态文化公园，三湾重新焕发生机。

2014年6月，在卡塔尔首都多哈召开的第38届世界遗产委员会会议上，中国大运河被列入《世界遗产名录》。

2018年，在巴林召开的第42届世界遗产大会上，世界遗产委员会高度赞赏了中国大运河的保护管理工作。

在推进大运河保护和申遗中，国家也积极规划大运河的全线贯通。南水北调东线工程在京杭运河的基础上修建完成，二者重合的线路约750千米，占东线工程的2/3。大运河黄河以北的河段，经过整治，于2022年4月28日实现了通水。

图8　扬州运河三湾风景区，雕塑艺术地再现了此处河段的迂回弯曲（戴吾三　摄）

图9 2021年6月16日，大运河国家文化公园建设标志性项目——扬州中国大运河博物馆在运河三湾生态文化公园建成开放（戴吾三 摄）

大运河在断水断航160余年后，首次实现了全线贯通。

2006年起，在罗哲文等老专家的推动下，大运河的研究也进入一个全新的兴盛阶段。运河学涉及自然文化遗产、非物质文化遗产研究，跨水利史、航运史、城市史以及经济学、社会学、传播学等众多学科和领域。2009年10月，罗哲文又高瞻远瞩地提出建立"运河学"，希望加强研究这一门全新的学科。响应老一辈专家的倡导，2008年3月聊城大学成立运河文化研究中心，2013年又创建运河学研究院，出版辑刊《运河学研究》。十几年来，全国范围内已有《中国大运河史》《中国运河志》《大运河文化词典》《中国大运河遗产》等多种著作问世，丰富了运河学研究。

五、遗产价值

1972年，联合国教科文组织通过的《世界文化和自然遗产保护公约》中，强调对世界遗产的突出的普遍价值进行保护。中国大运河突出的普遍价值主要体现：第一，它是世界唯一一个为确保粮食运输安全，以达到稳定政权、维持帝国统一的目的，由国家投资开凿、国家管理的巨大运河工程体系；第二，它是解决中国南北社会和自然资源不平衡问题的重要措施，实现了在广大国土范围内南北资源和物产的大跨度调配，沟通了国家的政治中心与经济中心，促进了不同地域间的经济、文化交流，在国家统一、政权稳定、经济繁荣、社会发展等方面发挥了不可替代的作用，产生了重要的影响；第三，它也是一个不断适应社会和自然变化的动态性工程，是一条不断发展演进的运河。

对照《世界遗产名录》遴选标准，中国大运河符合其中的四条标准，可见其特有的遗产价值。

第一，大运河是人类历史上超大规模的巨大系统工程杰作。大运河以其世所罕见的时间与空间尺度，证明了人类的智慧、决心和勇气，是在农业文明技术体系之下难以想象的人类非凡创造力的杰出例证。大运河创造性地将零散分布的、不同历史时期的区间运河连通为一条统一建设、维护、管理的人工河流，这是人类伟大的设想与规划之一。大运河为解决高差问题、水源问题而形成的重要工程实践是开创性的技术实例，也是世界运河工程史上的伟大创造。

第二，大运河见证了中国历史上已消逝的一个特殊的制度体系和文化传统——漕运的形成、发展、衰落的过程，以及由此产生的深远影响。漕运是大运河修建和维护的动因，大运河是漕运的载体。大运河线路的改变明显地受到政治因素的牵动和影响，见证了随着中国政治中心和经济中心改变而带来的不同的漕运要求。大运河沿线现存的河道、水工设施、配套设施是漕运这一已消逝的文化传统的最有力见证。此外，与之相关的大量历史文献和出土文物进一步佐证了大运河与漕运的密切关系。由于漕运的需求，深刻影响了都城和沿线工商业城市的形成与发展。

第三，大运河是世界上延续使用时间最久、空间跨度最大的运河，被《国际运河古迹名录》列为世界上"具有重大科技价值的运河"，是世界运河工程史上的里程碑。从7世纪形成第一次大沟通直至19世纪中期不断发展和完善，针对大运河开展的工程难以计数，几乎聚集了人工水道和水工程的规划、设计、建造技术在农业文明时期的全部发展成就。作为农业文明时期的大型工程，大运河展现了随着土木工程技术的发展，人工控制程度得以逐步增强的历史进程。现存的运河遗产类型丰富，全面展现了传统运河工程的技术特征和发展历史。大运河所在区域的自然地理状况异常复杂，开凿和工程建设中产生了众多因地制宜、因势利导的具有代表性的工程实践，并联结为一个技术整体，以其多样性、复杂性和系统性，体现了具有中国文明特点的工程技术体系，是农业文明时期大型工程的最

科技遗产 古代 中国

392

Chinese Heritage of
Pre-modern
Science and
Technology

高成就。作为7—19世纪中国最重要的运输干线，大运河显示了水路运输对于国家和区域发展的强大的影响力。大运河造就了中国东中部的大沟通和大交流，并与陆上丝绸之路和海上丝绸之路的重要节点都会洛阳、明州相联系，成为沟通陆海丝绸之路的内陆航运通道。

第四，大运河是中国自古以来的大一统国家观的印证，并作为庞大农业帝国的生命线，对国家大一统局面的形成和巩固起到了重要作用。大运河通过对沿线风俗传统、生活方式的塑造，与运河沿线广大地区的人民产生了深刻的情感关联，成为沿线人民共同认可的"母亲河"。

世界遗产委员会这样评价大运河：

> 大运河是世界上最长的、最古老的人工水道，也是工业革命前规模最大、范围最广的土木工程项目，它促进了中国南北物资的交流和领土的统一管辖，反映出中国人民高超的智慧、决心和勇气，以及东方文明在水利技术和管理能力方面的杰出成就。历经两千余年的持续发展与演变，大运河至今仍发挥着重要的交通、运输、行洪、灌溉、输水等作用，是大运河沿线地区不可缺少的重要交通运输方式，自古至今在保障中国经济繁荣和社会稳定方面发挥了重要的作用。符合世界遗产标准。

参考文献

［1］邹逸麟.中国运河志：附编［M］.南京：江苏科学技术出版社，2019.

［2］姚汉源.京杭运河史［M］.北京：中国水利水电出版社，1998.

［3］张伟兵，耿庆斋.中国水利水电科普视听读丛书：大运河［M］.北京：中国水利水电出版社，2021.

［4］姜师立.中国大运河遗产［M］.北京：中国建材工业出版社，2019.

［5］李云鹏，吕娟，万金红，等.中国大运河水利遗产现状调查及保护策略探讨［J］.水利学报，2016，47（9）：1177–1187.

（张伟兵）

赵州桥

——世界上年代久远、跨度最大、保存最完整的单孔石拱桥

赵州桥，位于河北省石家庄市赵县城南约2.5千米处，横跨洨河之上，因赵县古称赵州而得名，其本名安济桥，当地人也称其为大石桥。赵州桥由隋代著名工匠李春设计和主持建造，距今已有1400余年，是世界上现存年代久远、跨度最大、保存最完整的单孔敞肩石拱桥。

1961年，赵州桥（安济桥）被国务院公布为第一批全国重点文物保护单位。

图1 横跨洨河之上的赵州桥，古人赞美它如"初月出云，长虹饮涧"（戴吾三 摄）

科古中
技代国
遗
产

394

Chinese Heritage of
Pre-modern
Science and
Technology

一、历史沿革

据考古发现，中国的石拱桥大约出现于东汉时期。1954年在河南新野北安乐寨村发现了一批东汉画像砖，其中一块刻有古代石拱桥及桥上车马行驶的生动图像。北魏郦道元所著《水经注》里提到"旅人桥"，大约建成于282年，学者认为这很可能是有历史记载的最早的石拱桥。正是在早期石拱桥的基础上，后世石拱桥技术又有新的发展。

至隋代，新王朝重视发展经济，大力修建运河、道路和桥梁。当时的赵县是南北交通必经之路，从这里北上可抵重镇涿郡（今河北涿州）、南下可达京都洛阳。以往这一交通要道受洨河所阻，每逢洪水季节难以通行。隋大业元年（605年），地方官府决定在洨河上建桥以改善交通，李春受命负责设计和主持建桥。他率领助手对洨河及两岸地质情况实地考察，同时认真总结前人的建桥经验，提出了独具匠心的设计方案，按照计划精心施工，出色完成了建桥任务。

据唐开元十三年（725年）所撰《赵州大石桥》记载："赵郡洨河石桥，隋匠李春之迹也。"宋代赵州刺史杜德源所写《赵州桥》诗云："隋人选石驾虹桥，天蝎爱闻名岁月遥。"据考，赵州桥建于隋开皇十八年至大业年间（598—618年），造桥时间确定，而遗憾的是有关李春的个人资料，历史记载十分简略。

赵州桥为沟通南北往来发挥了重要作用。千百年来拱桥形状一直稳定不变，只是局部维修。据文献记载，唐贞元八年（792年）、宋治平三年（1066年）、明嘉靖四十一年至四十二年（1562—1563年），赵州桥曾先后三次修缮；明万历二十五年（1597年）、清道光元年（1821年）等年份，也多次对赵州桥有加固或维修。此后，直至1949年中华人民共和国成立，中央政府组织对赵州桥进行全面维修。

二、遗产看点

近十几年来，当地政府对赵州桥高度重视，打造了颇具规模的赵州桥景区。

景区入口是仿唐式大门，踏入即见一个大照壁，上书著名桥梁工程专家茅以升的《中国石拱桥》选文，很多人年少时学过这篇文章，此时诵读"赵州桥横跨在洨河上，是世界著名的古代石拱桥……"一定会心有触动。

　　再前行，大道左边是李春的雕像，蓝天白云下，这位著名工匠显得颇有神采。

　　大道尽头是最重要的景点——赵州桥。游客可从桥上过，也可以下到河边，从不同距离、不同角度来欣赏这座古代名桥。

　　远看赵州桥，就像一幅艺术品。它的弧形大拱和左右的小拱，线条柔和，显得既稳重又轻盈。微风吹拂，石桥倒影波动，平添一份诗情画意。

　　近看赵州桥，桥面铺砌平整的大青石，桥两边装有精美的石雕栏板和望柱，细数知有42块雕花栏板、44根望柱。栏板和望柱上雕刻着各式蛟龙、兽面、花饰、竹节，尤以蛟龙最为精美。蛟龙或盘踞游戏、或登陆入水，变幻多样。

　　在赵州桥拱顶部，雕刻有一个龙头，名为吸水兽，怒目而视，作骇水怪的姿势，寄托了民众祈求大桥不受

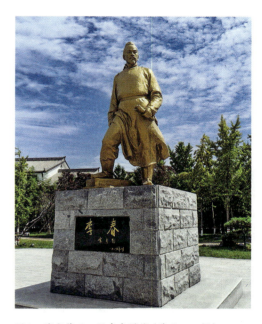

图2　隋代著名工匠李春雕像（戴吾三　摄）

图3　赵州桥东南侧（戴吾三　摄）

科技遗产　古代　中国

396

Chinese Heritage of
Pre-modern
Science and
Technology

水害的愿望。

今天所见赵州桥上的栏板和栏柱，都是20世纪50年代维修时新做的，之所以没用原来的栏板，与当时修补缺损石构件的技术条件有关。桥近旁有一个文物陈列室，里面陈列有隋至清代的桥栏杆，让人可以领略历史上的桥栏杆原貌。

赵州桥有不少传说故事。在桥面东约1/3处有一溜小坑、一道沟痕和稍大一点的坑，桥下券洞上还有5个手指印。相传这是张果老倒骑毛驴过桥时留下的驴蹄印；柴王爷推车、赵匡胤拉车留下车道沟和膝盖印；鲁班手托桥梁留下的手指印。实际上，这些痕迹是建桥者留下的护桥标志：驴蹄印、车道沟是行车的标

图4　赵州桥中部
栏板上的蛟龙首
（1958年修复仿隋
朝刻）（戴吾三　摄）

图5　文物陈列室的
隋至清代的桥栏杆
（戴吾三　摄）

记，提醒人、车马要走桥中间，使桥受力均匀，便于保护；而桥下的手指印，则是维修、加固桥梁时的支撑点。这些护桥标记寓于优美的传说之中，使古桥充满了民间文化气息。

此外，在景区门外有一个古桥展览馆，由中国古桥厅、赵州桥厅和茅以升纪念馆组成，是一座介绍桥梁文化知识的科普场所。在这里有梁思成等人最早对赵州桥所做的调查介绍，有茅以升对赵州桥所做力学分析的书信原件，有按比例缩小的赵州桥模型，可以细看石块连接的结构，了解

图 6　赵州桥桥面的小坑和沟痕，寓于优美的古代传说之中（戴吾三　摄）

相关的力学知识。在中国古桥厅可以看到不同地区的古代桥梁模型，令人对古人因地制宜建造桥梁的技巧感到钦佩。

三、科技特点

著名桥梁专家茅以升著《中国石拱桥》一文，概括了赵州桥的四大特点。

第一，全桥只有一个大拱，长达37.4米，在当时可算是世界上最长的石拱。桥洞不是普通半圆形，而是像一张弓，因而大拱上面的道路没有陡坡，便于车马上下。

第二，大拱的两肩上，各有两个小拱。这个创造性的设计，不但节约了石料，减轻了桥身的重量，而且在河水暴涨的时候，还可以增加桥洞的过水量，减轻洪水对桥身的冲击。同时，拱上加拱，桥身也更美观。

第三，大拱由28道拱圈拼成，就像这么多同样形状的弓合拢在一起，做成一个弧形的桥洞。每道拱圈都能独立支撑上面的重量，一道损坏，其他各道不致受到影响。

第四，全桥结构匀称，和四周景色配合得十分和谐；桥上的石栏石板也雕刻

科技遗产 古代 中国

398

Chinese Heritage of
Pre-modern
Science and
Technology

得古朴美观。

这里综合其他学者的研究，进一步阐释赵州桥的科技特点。

1. 合理选址

李春经过周密勘察、比较，选择了洨河两岸较为平直的地方建桥。此处地层由河水冲击而成，在粗砂层表面之下，是细石、粗石、细沙和黏土层。建桥至今，经检测桥基仅下沉了5厘米，表明这里的地层非常适合建桥。对赵州桥的桥基勘察发现，自重为2800吨的赵州桥，其根基只是由5层石条砌成的高1.57米的桥台，直接建在自然砂石上。这么浅的桥基令人难以置信。根据现代测算，这里的地层每平方厘米能够承受4.5~6.6千克的压力，而赵州桥对地面的压力为每平方厘米5~6千克，能够满足地质的要求，桥基自然稳固。

2. 拱形设计

中国习惯上把弧形的桥洞、门洞之类的建筑叫作"券"。一般石桥的券用半圆形，但赵州桥跨度37.02米，如果把券修成半圆形，桥洞就要高18.52米，这样

图7 贴近赵州桥底部，可以看清28道拱券（戴吾三 摄）

桥高坡陡，车马行人过桥非常不便，同时施工难度也加大，半圆形拱石砌石用的脚手架就会很高，增加施工的危险性。李春创造性地采用了圆弧拱形式，使石拱的高度大大降低。

赵州桥的主孔净跨度为37.02米，而拱高只有7.23米，拱高和跨度的比约为1：5，实现了低桥面和大跨度的双重目的。圆弧形拱的形式，既增加了桥的稳定性和承重能力，减轻桥身的重量和应力，又降低了桥面坡度，方便了人、车马在桥上通行。由于圆弧拱跨度大，其高度足以保证水上船只来往通过。

3. 纵向砌置

赵州桥施工采用纵向（顺桥方向）并列砌置法，即整座大桥由4层28道各自独立的拱券并列组合而成，每道券独立砌置，可灵活地针对每一道拱券进行施工。每砌完一道拱券时，只需移动鹰架（施工时用以撑托结构构件的临时支架）便可继续砌置另一道相邻拱。这种砌置法利于修缮，如果一道拱券的石块损坏，只需要替换成新石，而不必对整个桥进行调整。

为避免28道并排的弧形石砌券相互分离，李春特意设计每道弧形石砌券在

◀图8　赵州桥大拱和小拱外侧的腰铁（戴吾三　摄）

▼图9　从赵州桥模型可见，各道拱券不仅相邻石块的外侧有"腰铁"，在拱券相邻石块的拱背上也有"腰铁"，以此把各块拱石紧密连接起来（戴吾三　摄）

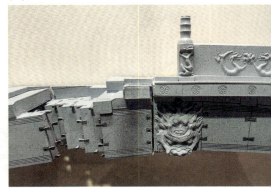

科技遗产 古代 中国

400

Chinese Heritage of
Pre-modern
Science and
Technology

桥的两头略大，逐渐向桥拱中心略微收小。即每一拱券采用了下宽上窄、略"收分"的方法，使每个拱券向里倾斜、相互挤靠，以防止拱石向外倾倒；在桥的宽度上也采用了少量"收分"，即从桥两端到桥顶，逐渐收缩宽度，从最宽9.6米收缩到9米，靠外边的弧形石券在重力之下，有向内倾斜的分力，使弧形石券相互靠拢。此外，各道拱券相邻石块的外侧都穿有"腰铁"，加强连接，各道拱券相邻石块在拱背上也都穿有"腰铁"，把拱石紧密连接起来。再有，每块拱石的侧面都凿有细密斜纹，以增大摩擦力，加强各券的横向联系，使各券连成紧密的整体。

四、研究保护

几百年来，赵州桥的建造一直以神话传说的方式存在，没有严格考证，也没有工程图传世。直到1933年这种情况才得以改变。1930年，北洋政府元老朱启钤在北京创建中国营造学社，组织学者对古建筑展开研究。1931年，留学归来的梁思成先是到东北大学任教，后受邀加入中国营造学社。1933年春，梁思成

图10 1933年11月，梁思成（左）和莫宗江在赵州桥考察

注：图像源自梁思成《梁思成全集》，建筑工业出版社，2001年。

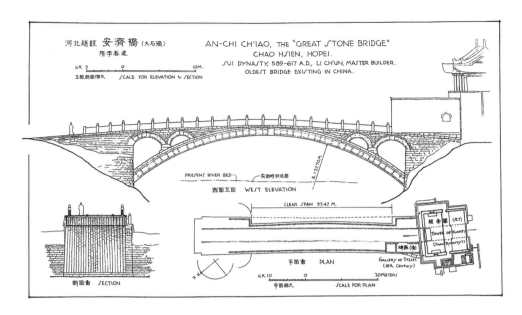

图 11 梁思成绘制的赵州桥（图中称河北赵县安济桥）

注：图像源自梁思成《梁思成全集》，中国建筑工业出版社，2001年。

在搜集资料中，注意到华北广为流传的民谣："沧州狮子定州塔、正定菩萨赵州桥。"同年秋，梁思成和同事按此线索来到赵县洨河，果然看到了赵州桥，兴奋之情难以言表。他后来写道："实在赞叹景仰不能自已。"梁思成和同事详细考察和测量，绘出了细致的桥梁图，后来写成论文《赵县大石桥即安济桥》，发表在《中国营造学社汇刊》1934年第5卷第1期。

1934年，受美国朋友费正清、费慰梅夫妇推荐，梁思成又在美国著名建筑杂志《笔尖》(Pencil Point)上发表论文，向世界介绍赵州桥。

中华人民共和国成立后，桥梁工程专家罗英、茅以升等人也先后到赵县考察，借助现代力学知识对赵州桥结构进行了分析。

1962年，茅以升在《人民日报》发表散文《中国石拱桥》，后来节选取名《赵州桥》编入小学课本，茅以升在文中以白描的手法，对赵州桥作了桥梁科普，概括赵州桥在技术上的成就是"用料省、结构巧、强度高"，这些科学而又诗意的文字，给很多人留下深刻的童年印象。

为保护赵州桥，早在1934年，梁思成积极向民国政府提出修缮计划，并奔走筹集资金。然而"七七事变"爆发，日本发动全面侵华战争，修桥宏愿无法实现。

科技遗产 古代 中国

402

Chinese Heritage of
Pre-modern
Science and
Technology

中华人民共和国成立后不久，中央政府听取梁思成等专家的意见，赵州桥保护被提上议程。文化部于1952年冬、1953年冬、1954年夏和1955年2月，先后4次组织专家、学者对赵州桥进行勘测和研究。

1955—1958年，国家拨专款对赵州桥进行全面修复和加固，这是赵州桥历史上规模最大，也是最为彻底的一次维修。采取的方法是：重立木拱架，拆除拱上建筑，整直和补足拱券。主拱券背实腹部分及小拱券之上，护拱石内，灌注钢筋混凝土板，以加强并列拱券的横向联系。拱上填充则以块石混凝土代替土夹石；在护拱板上及拱上填充物之上铺设防水层；重新铺砌桥面，并仿制从河中挖出的隋代栏板雕琢新栏板。

赵州桥整修后，焕然一新，让梁思成先生为之赞叹，但也带来严肃思考。1963年他发表文章《闲话文物建筑的重修与维护》，相当克制地表达了自己的看法：

> 直至今天，我还是认为把一座古文物建筑修得焕然一新，犹如把一些周鼎汉镜用擦铜油擦得油光晶亮一样，将严重损害到它的历史、艺术价值。……在赵州桥的重修中，这方面没有得到足够的重视，这不能说不是一个遗憾。

从有效保护古建筑考虑，梁思成提出要遵循"整旧如旧"的文物保护原则。

修复赵州桥，是在特定历史条件下的一次特殊工程，不得已留下了一些遗憾，这让后人在继续修复赵州桥时，变得更为审慎。

1979年，经国家文物局批准，北京建筑工程学院和赵县文物保管所共同主持，由北京市勘测处（现北京市勘察院）派工程技术人员配合，对赵州桥基础进行了大规模勘察，取得了丰硕成果——探明了赵州桥桥台长5.8米、宽9.6米，基础厚度为1.57米。可以说，赵州桥桥台是典型的低拱脚、浅基础、短桥台。正是这次严格的勘察，证实桥台基础的持力层为轻亚黏土，而并非此前广为流传的粗砂。这种土层为第四纪冲积层，底层稳定，是良好的天然地基。古人凭经验得出基础尺寸并充分利用基底的承载力，这是非常不容易的。

这些新的发现和研究，进一步说明赵州桥在技术上的伟大成就，绝非仅仅是上部结构。这样的大跨度石拱桥的桥台如此之短，基础置于天然地基上，在古今中外桥梁史上都是罕见的。

1986年，在赵州桥东不远处，按赵州桥原貌修建了一座钢筋混凝土结构的新桥，汽车、行人均从这座桥上通行。如此，从根本上保护赵州桥。

2014年，河北省文物保护中心启动"赵州桥馆藏栏板及构件抢救保护修复工

程"，修复隋二龙交颈栏板、清饕餮栏板等栏板和构件30件，把赵州桥保护提升
到一个新高度。

五、遗产价值

建造赵州桥时，著名工匠李春的设计不但独特，而且科学合理。他采用大圆
弧的形式，桥下可通行船只，桥上方便人和车马通过。通过采用敞肩拱形式，不
但使得桥梁本身更加稳定合理，而且减少了建筑材料的使用。这种敞肩圆弧拱形
式结构，比西方早了600余年。李春还做到了选址科学合理，选取以轻亚黏土为
根基的地方建造桥梁，不仅提升了承重能力，更加强了桥梁自身稳定性。正是李
春这些合理并具有创造性的想法，使赵州桥不仅具有很好的实用价值，更具有极
高的研究价值和艺术价值。可以说，李春是中国甚至世界建筑史上第一位实施敞
肩拱桥的专家，其所建造的赵州桥也是世界现存桥梁中时间最久、跨度最大、保
存最完整的单孔坦弧敞肩石拱桥。

1961年3月，赵州桥（安济桥）被国务院公布为第一批全国重点文物保护单位。
1991年5月，中国土木工程学会为赵州桥竖立纪念碑，其上刻写"世界著名古石

图12　中国土木工程学会竖立的纪念碑石
（戴吾三　摄）

图13　美国土木工程师学会赠送的铜牌
（戴吾三　摄）

科技遗产 古代 中国

404

Chinese Heritage of
Pre-modern
Science and
Technology

桥""世界现存最早跨度最大的空腹式单孔圆弧石拱桥";同年9月,美国土木工程师学会为赵州桥赠送铜牌,其上刻写"国际土木工程历史古迹",世界上同享这一荣誉的建筑包括英国伦敦铁桥、法国巴黎埃菲尔铁塔、巴拿马运河等。

参考文献

[1]梁思成.赵县大石桥即安济桥[M]//梁思成.梁思成全集:第二卷.北京:中国建筑工业出版社,2001.

[2]茅以升.桥梁史话[M].北京:北京出版社,2012.

[3]罗英,唐寰澄.中国石拱桥研究[M].北京:人民交通出版社,1993.

[4]唐寰澄.中国科学技术史·桥梁卷[M].北京:科学出版社,2000.

[5]冯才钧.赵州桥志[M].北京:人民交通出版社,2015.

（戴吾三）

泉州洛阳桥

——中国首座跨海梁式石桥

　　泉州洛阳桥，又名万安桥（最早是万安渡口），位于福建省泉州市区东13千米处，横跨洛阳江入海口的江面。这是我国现存建造时间最早的一处梁式石桥，也是世界桥梁筏形基础的开端。

　　2021年7月，"泉州：宋元中国的世界海洋商贸中心"由第44届世界遗产大会审议通过，被列入《世界遗产名录》，洛阳桥是其中代表性古迹遗址之一。

图1　初春时节的绿树红花，衬托着洛阳桥古朴的身影（戴吾三　摄）

科技遗产
古代
中国

406

Chinese Heritage of
Pre-modern
Science and
Technology

一、历史沿革

　　早在唐宋之前，泉州一带就居住着越族人，那时人烟稀少，经济和文化都相对落后。晋朝末年，大量北方人南迁，来到泉州及闽南一带，同时也带来中原先进的农耕技术和手工业技术。据说，流经泉州的晋江就因"晋室南渡"而得名。唐代"安史之乱"又带来一次人口南迁的高潮，推动泉州地区的经济和文化发展。及至北宋，泉州成为中国最重要的港口之一，也是海上丝绸之路的起点。

　　泉州因发展经济，对建桥有迫切需求，且人力、物力和财力逐渐齐备。当时已能熟练利用火药，开山炸石，加工所需的石材。从现存宋代的诸多石刻看，宋代的石雕工艺已达到较高的水平。正是各种要素的聚合，为建造洛阳桥这座梁式石桥提供了可能。

　　说到洛阳桥跨越的洛阳江，有说是取中原地名，但更多说法"洛阳"系当地"落洋"之谐音，闽人称水面浩渺谓之"洋"，如同今天说南洋或西洋。

　　在洛阳江北岸的洛阳镇南侧，原有渡口叫"万安渡"，取行人过江平安之意。但万安渡"每遇风潮交作，每每停渡数日"，如此状况，难以适应交通和经贸的需要。北宋之初，这里已有民间造桥活动，但屡次尝试都未成功。北宋皇祐五年（1053年），当地王实、卢锡、义波等15人集资兴工造桥。三年后，蔡襄出任泉州知府，他给予全力支持。据传当时洛阳江中流水深处，尚有7个石墩基址难下，蔡襄调集人力物力，使基址累起，至嘉祐四年（1059年），石桥终于建成。

　　洛阳江"天堑变通途"，泉州港口得以更快捷地与福州乃至江浙、中原联结在一起，大大拓展了泉州港口的腹地空间。洛阳桥建成，也带动了周边地区的建桥活动，及至南宋，出现了闽中桥梁勃兴的盛况。

　　洛阳江万安渡自筑成大石桥后，渡口便不再使用，水深且险的洛阳江，变为南北畅通。然而大石桥并非一劳永逸，风暴、大潮、地震，都曾使它遭到损毁；而且当年建桥高度不足，春夏潮汛，往往水漫桥面，给行人造成不便。明宣德六年（1431年），泉州人李俊育捐资修建，将桥增高三尺。此后几百年，洛阳桥又有多次修葺和增建附属建筑。

　　20世纪上半叶，洛阳桥遭遇损害。1932年，国民党十九路军开进福建，军路工程处在泉州设立分处，为通汽车方便，对洛阳桥进行改建，桥墩以混凝土增高2米，铺钢筋混凝土桥面。1949年8月，中国人民解放军南下入闽，国民党军队溃败时，烧毁洛阳桥2段桥面；9月洛阳桥又被敌机炸毁2孔，致使无法通车。
直到中华人民共和国成立，洛阳桥的保护翻开新篇章。

二、遗产看点

洛阳桥位于福建省泉州台商投资区和洛江区交界。该桥北起蔡襄路，上跨洛阳江水道，西至桥南路，桥体为东北—西南走向。

洛阳桥通体由巨大坚硬花岗岩石砌筑，现存桥长约731米，桥宽约4.5米，主体桥段为47孔，有45座石墩，依托桥中部的自然小岛（中洲）而建。桥两侧安装栏杆645档，桥面以300多长条石板铺就。桥身两侧设置各种形制石塔7座，护桥石将军4尊，中洲岛上有中亭和西川甘雨碑亭，桥南有蔡襄祠。

1. 中亭岛

从桥南街走洛阳桥，先到中亭岛（如今已与桥连成一片），古代的万安渡口

图2 "海内第一桥"展馆、西川甘雨亭（戴吾三 摄）

中国古代科技遗产

408

Chinese Heritage of
Pre-modern
Science and
Technology

就设在这里，宋代建洛阳桥时借助这个天然小岛，极大方便了桥的建造。历代在这里也建造了一些人工设施，如今这里有"海内第一桥"（古祠改建）、西川甘雨亭（重建）、镇风塔、历代碑刻等。

图3 "海内第一桥"石匾（戴吾三 摄）

图4 洛阳桥镇风塔（戴吾三 摄）

图 5　洛阳桥历代碑刻（戴吾三　摄）

注：洛阳桥所在地原为万安渡，故又别名"万安桥"。"万安桥"三字为宋代刘泽书。

"海内第一桥"展馆不大，但这里是了解千年古桥的最佳场所。展厅正中位置安放"海内第一桥"石匾，为清道光年间（1843年）泉州府郡守沈汝瀚所书。墙上展板是介绍洛阳桥历史的内容。

西川甘雨亭，始建于明万历三年（1575年），是为了纪念明代为民祷雨的泉州知府方克而建的。现存建筑为1982年修复。

镇风塔，取镇风护塔之意，始建于明万历三十五年（1607年）。泉州大地震后，现存建筑为1935年修复。

中亭岛北侧和西侧，竖立着一列碑刻，分别记载了洛阳桥在宋代始建后，在宋、明、清、民国历代进行修缮的历史，这些碑刻的记载是古桥真实性的重要佐证。

2. 月光菩萨

在洛阳桥的中段往北一点是"月光菩萨"造像。造像朝向洛阳桥上游，高3.5米，双层须弥座，塔身四方形，最上有宝葫芦形刹顶。在塔身北面刻佛语"诸行无常，是生灭法，生灭灭已，寂灭为乐，常住三宝"；南面刻佛语"诸佛出世，

科古中
技代国
遗
产

410

Chinese Heritage of
Pre-modern
Science and
Technology

欲令众生，开示悟入，佛之知见，使
得清净"；东面刻梵文，考证知是"南
无阿弥陀佛"；西面雕月光菩萨头像，
并刻有"月光菩萨，己亥岁造"。这
几个字，实为珍贵。据此可确知桥与
两侧之塔的建成时间为1059年。除
石碑之外，这是全桥唯一的纪年文
物，准确记载了这座近千年的石桥建
造年代。

图6　洛阳桥上月光菩萨（戴吾三　摄）

3. 蔡襄石像

在洛阳桥北端，东边不远是蔡襄
的石像，1996年8月落成，高12米，
人像颇有神采，如今是洛阳桥的标
志物之一。有碑文介绍蔡襄的生平事
迹，赞美他任职泉州的贡献。

蔡襄是福建省霞浦仙游人，当过
京官，在地方上做过太守。蔡襄在宋
至和、嘉祐年间，两次主政泉州，兴
文教，劝农桑，促工商，政绩卓著。
宋嘉祐四年（1059年）力推洛阳桥建
成，并撰写《万安桥记》，刻成碑文。
蔡襄的事迹永远为后人铭记。

图7　蔡襄石像（戴吾三　摄）

4. 蔡襄祠

蔡襄祠，坐落于洛阳桥南端300米处，是蔡襄的纪念性建筑。始建于北宋宣
和年间（1119—1125年），历代有修缮。最近一次整修是1985年，重塑蔡襄坐像，
并新辟蔡襄纪念馆，大门匾额书有"忠惠蔡公祠"（蔡襄谥赠"忠惠"）。祠内文
物颇多，镇馆之宝是置于正殿内由蔡襄亲笔书写的《万安桥记》，分别刻在两块
石碑上，碑各高2.98米、宽1.64米，分立于蔡襄坐像两侧。《万安桥记》全文153字，

简记兴筑洛阳桥事，以碑文洗练、书法遒劲、刻工精致而负盛名。蔡襄与苏轼、黄庭坚、米芾并称"宋四家"，《万安桥记》碑也是我国的文化珍宝。

图 8　蔡襄祠
（戴吾三　摄）

（a）

（b）

图 9　《万安桥记》碑文（戴吾三　摄）

注：该碑文上半文字（b）为北宋原刻，下半文字（a）为 1965 年模拟原作重刻。

科 古 中
技 代 国
遗
产   412   Chinese Heritage of
                                                          Pre-modern
                                                          Science and
                                                          Technology

三、科技特点

洛阳桥作为简支梁式跨海石桥的工程杰作，是泉州运输体系发展的重大技术探索。建造时用的"筏形基础""浮运架梁""养蛎固基"方法，代表了中国当时最先进的造桥技艺。

1. 浮运架梁

洛阳桥由桥墩、桥梁板、栏杆等部分构成。桥梁板呈纵向排布，为整块条石，架设在下方桥基上。条石最长可达11米，宽0.98米，厚0.8米，重10多吨。这么大的条石是如何运送和建造的呢？这就需要"浮运架梁"，即利用潮汐带来的潮位落差，在退潮时，用木浮排将石材运送至两个桥墩之间的恰当位置；涨潮时，水面将浮排和石材整体托起，在桥墩上率先架设好木杆滑轮一类简单机械，用绳索套上石梁加以牵引，调整安放至桥墩；待退潮时，石梁降落架在桥墩上，安放完成，再将浮排移走。

2. 筏型基础

洛阳桥的位置潮流急且遍布滩涂淤泥，建桥时无坚实基础可依托。建桥前先往水下抛掷大量石块，以形成相互连结的整体桥基，然后在桥基上立桥墩，

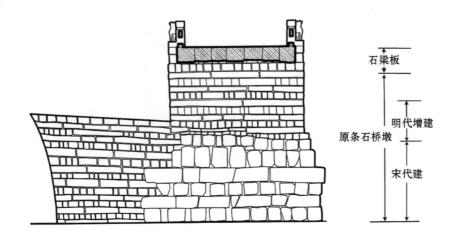

图10　桥墩结构图（戴晓宁　重绘）

这一构造类似于现代建筑构造中的"筏型基础"，大大提高了桥基的稳定性。桥墩部分被建造为船尖造型，有利于缓解水流对桥身的冲击。观察可见，只在桥的西侧面对涨潮冲击做成尖形"筏型桥墩"，而在桥的东侧则不需要这种造型。

3. 养蛎固基

牡蛎，南方沿海也称蚝，是一种生长在浅海、长有贝壳的软体动物。其繁殖力很强，成片成丛的牡蛎在海边岩礁密集生长，可以把分散的石块胶结成很牢固的整体，形成一堆堆的"蚝山"。"养蛎固基"就是利用牡蛎的大量快速繁殖，把原来比较松散的石堤胶结成牢固的整体。种植牡蛎固基的过程，大约只需两三年时间，这期间，牡蛎在石堤上大量繁殖，同时石堤经受浪潮的往复冲击撼动，乱石空隙调整密实，使整条石堤达到相当稳定坚固的程度。

图11　退潮时，洛阳桥裸露出筏型基础（戴吾三　摄）

科 古 中
技 代 国
遗 产

414

Chinese Heritage of
Pre-modern
Science and
Technology

四、研究保护

中华人民共和国成立后，先是对洛阳桥进行整修，尽快恢复了通车。此后又不断有拨款维修。

20世纪50年代左右，著名桥梁专家茅以升等人都到洛阳桥考察，茅以升在他撰著的《中国古桥技术史》《桥梁史话》中专门介绍了洛阳桥，他称"闽中多名桥，洛阳是状元"。中国科学院组织编撰的《中国科学技术史》，其桥梁卷也专文介绍洛阳桥。

1962年10月，洛阳桥第三孔大梁和桥面断裂，下游桥墩倾斜；11月对洛阳桥进行维修，堵塞14孔，约长146米；第二年春洛阳桥维修完成，重新通车。

1971年，为了减轻福建滨海南北增加的交通车辆对千年古桥的压力，泉州地区政府在洛阳桥的上游修建水泥公路桥兼蓄水桥闸两用，引金鸡桥北渠的水汇入洛阳江，以大型抽水机吸水灌溉西南万亩稻田。如此保护了千年古桥，但洛阳江"深不可址"已再也不可能了。

图12　洛阳桥：全国重点文物
保护单位（戴吾三　摄）

1988年，洛阳桥被国务院列为第三批全国重点文物保护单位。

1992年4月，洛阳桥维修工程方案论证会在泉州召开，根据古桥的保存现状，决定拆除民国时期覆盖石桥板上的钢筋混凝土桥面。1993—1997年，由中国文物研究所主持，洛阳桥进行全面修复，严格按照原形制、原工艺，采用本地花岗岩对桥墩、桥梁板、栏杆等残损部分进行修复。这一修缮措施确保了古桥整体结构的稳定性，使千年古桥得以延年益寿。2004—2005年，重修中亭，整治环境。

除研究洛阳桥建造技术，围绕洛阳桥也有桥志和相关诗文研究。1993年，泉州文化人士刘浩然在多年研究的基础上，出版《洛阳万安桥志》一书，其搜集资料丰富，受到广泛好评。1998年，泉州退休干部陈德杉，整理出版《洛阳桥古今诗词选》，被国家图书馆收藏；此外他还编著《洛阳桥撷趣》和《洛阳桥传说》等多本小书，积极宣传洛阳桥。

也有其他相关研究，如2015年冯玉杰发表论文《依托洛阳桥的洛阳古街保护性开放研究》等。

五、遗产价值

洛阳桥是被列为世界遗产的"泉州：宋元中国的世界海洋商贸中心"运输网络的代表性遗产要素，在泉州水陆复合运输网络的发展中具有开拓性的里程碑意义。作为中国首座跨海梁式石桥，洛阳桥的兴建堪称宋元时期的世界级工程，建成后使得泉州港口得以更快捷地与福州乃至江浙、中原联结在一起，极大地拓展了泉州港口的腹地空间。其官民协力的建造模式，巨大的建筑体量、开创性的建造技艺，体现了官方、僧侣、民众等社会各界对商贸活动的推动和贡献，是宋元时期泉州海洋交通设施发达、海洋贸易活动繁盛的历史见证。

在建成洛阳桥跨海大桥之时，欧洲尚无跨海石桥，甚至整个中世纪，欧洲都没有出现过跨海石桥。如今欧洲现存最古老的跨河长石桥是意大利佛罗伦萨的维琪奥桥（又称老桥），建成于1345年，比洛阳桥晚了286年。

洛阳桥的月光菩萨塔，体现了古代泉州地区高超的石构建筑技术水平，是泉州文化遗产的重要组成部分。现存的石塔、石将军乃北宋原物，虽略风化，但基本完好，为研究北宋石雕的珍贵艺术资料，具有珍贵的文物、艺术价值。

历代修桥碑记有很高的史料价值，有的记载当时修建桥梁的先进技术，如明

科技遗产 古代 中国

416

Chinese Heritage of
Pre-modern
Science and
Technology

王慎中的《泉州府修万安桥记》云："凿石伐木，激浪以涨舟，悬机以弦牵。""址石所累，蛎辄封之。"有的记载泉州历史上的重大事件，如明万历三十五年（1607年）泉州大地震，姜志礼的《重修万安桥记》载："今上御极之三十五年丁未，地大震，城垣坊刹，胥就颓，桥坭尤甚。"这些都是研究桥梁史和泉州地方史的珍贵资料。

参考文献

［1］茅以升.中国古桥技术史［M］.北京：北京出版社，1986.

［2］唐寰澄.中国科学技术史·桥梁卷［M］.北京：科学出版社，2000.

［3］中国科学院自然科学史研究所.中国古代建筑技术史［M］.北京：科学出版社，1985.

［4］刘浩然.洛阳万安桥稿志［M］.香港：香港华星出版社，1993.

［5］罗哲文，柴福善.中华名桥大观［M］.北京：机械工业出版社，2009.

（戴吾三）

永济蒲津渡
——中国古代著名的铁索浮桥

　　永济蒲津渡遗址，位于山西省永济市区西18千米的蒲州故城西门外，黄河东岸侧，东与《西厢记》故事发生地普救寺相近，西与全国四大名楼之首的鹳雀楼相望。蒲津渡是历史上著名的古渡口，其浮桥始建于春秋时期鲁昭公元年（公元前541年），唐开元十二年（724年）改建为铁牛牵拉铁索连舟固定式浮桥。金元以后，随着战争和森林破坏，洪水泛滥，河道变迁无常，蒲津桥几次被淹没到大水中，导致浮桥最终消失。直到20世纪90年代初，考古发掘使铁牛、铁人重见天日，成为世人瞩目的科技遗产。

图1　永济蒲津渡出土的铁牛和铁人（戴吾三　摄）

一、历史沿革

浮桥最早出现于周朝，是一种简易桥梁，先用绳子（竹索或麻绳）将多只小船排列绑定，再铺上木板，便于两岸通行。

据史书记载，公元前541年，春秋时期秦公子针携带资财、车辆，前往黄河西岸晋国，在蒲津渡用船连接建桥。战国时期，秦昭襄王为进攻韩、赵、魏，先后两次在蒲津渡造桥。此后汉高祖刘邦定关中、汉武帝刘彻东征、隋文帝杨坚过黄河东进，均在蒲津渡连舟造桥。不过，这些桥都是临时性的，没有桥墩，用竹索连接，寿命不长。

唐初，黄河东为京畿，蒲州是长安与河东联系的重要枢纽。唐开元六年（718年），蒲州被置为中都，与西京长安、东都洛阳齐名。唐开元十三年（725年），为了加强对唐王朝的河东地区及整个北方地区的统治，唐玄宗任命兵部尚书张说主其事，改浮桥木桩为铁牛，易筜索为铁链，举国家之力对蒲津桥进行大规模的改建。《通典》《唐会要》《蒲州府志》均记载此事。至宋代，蒲津渡仍是黄河的重要渡口之一。金元之际，浮桥毁于战火，只剩下两岸的铁牛。

明朝，蒲津关成为进出中原的重要关口，明代皇帝又先后4次利用铁牛建桥，历经百余年，直至清代，因黄河逐渐向西改道，蒲津渡彻底废弃。

20世纪40年代，黄河水沿蒲州西城墙外流过。据当地老人回忆，枯水季节，

图2　1991年蒲津渡发掘现场。蒲津渡遗址博物馆存

下水还可摸到铁牛牛角，行船还有被牛角划伤船底的情况。

20世纪50年代，黄河三门峡大坝兴建，库区蓄洪，河床淤积，再加河水西移，至20世纪60—70年代，铁牛已被埋于黄河水面下2米多的淤泥里。

古老的蒲津渡没有被遗忘。1988年3月，永济县博物馆在县委、县政府的大力支持下，经一年多察访和勘探，于1989年8月在蒲州古城西门外的黄河故道找到了蒲津渡遗址，摸清了唐开元时期铁牛和铁人的位置。

1991年3月，山西省文物局报请国家文物局批准，组建了省、地、市联合考古队，连续3个月对遗址进行科学挖掘，初步揭示了蒲津渡遗址的基本面貌、明清时期遗址地层和出土的铁质文物群与蒲津桥的关系。

1998年8月，在蒲津渡遗址发掘出土了铁牛4尊、铁人4个、铁山2座、七星铁柱1组和土石夯堆3个。这是中华人民共和国成立以来我国首次发现黄河古渡口遗址，4尊铁牛也是我国目前发现的重量最重、历史最久、工艺水平最高的珍贵文物。

1999年9月—2000年4月，山西省文物局再次组成省、地、市联合考古队，对遗址进行第二次考古发掘，基本上理清了发掘范围的地层和文物埋藏情况，特

图3　2000年发掘出铁牛支撑铁柱。蒲津渡遗址博物馆存

科技遗产 古代 中国

420

Chinese Heritage of
Pre-modern
Science and
Technology

别发掘至铁牛底板下3米多长的支撑铁柱，掌握了铁牛作为浮桥地锚的基础和冶炼铸造的珍贵资料。

二、遗产看点

如今，蒲津渡遗址已建成文化景区，在景区内古渡遗址处建有一个大平台，平台上面是铁牛、铁人和铁柱等，平台下是展览厅。

1. 铁牛

走上大平台，见铁牛铁人分为南北两组，在西南、东南、西北和东北4个方位。在南边的2尊铁牛，下面有长方形铁板，长约3.3米、宽2.1米、厚0.45米。铁板下并排有铁柱6根（在平台下的展厅可见），直径0.4米，斜插入地下3.6米，起地锚的作用。在北边的2尊铁牛，下面没有铁板。

4尊铁牛身长3.3米、高约1.5米。据测算，铁牛重约40吨，南边的铁牛下有底盘和铁柱，加起来达70吨。

4尊铁牛都头朝西尾向东，两眼圆睁，前腿作蹬状，后腿蹲伏状，肩部肌肉

图4　西北方位的铁牛（戴吾三　摄）

图5　西南方位的铁牛（戴吾三　摄）

隆起，造型生动逼真，仿佛是在对铁链的牵拉做出反应。牛尾后均有一根横铁轴，长2.33米，用于拴连浮桥的铁链。

在4尊铁牛的上下部位均可见铸范缝痕迹，可观察浇铸、范块痕迹，分析铸造的工艺技术。

2. 铁人

每尊铁牛旁都有一个铁人，身高约1.9米，其脚下有铁柱一根，垂直插入地下1.3米。铁人重约3吨，其造型生动传神。据学者考证，他们分别代表维、蒙、藏、汉4个民族。

西北方位的铁人，鼻头硕大，鼻梁隆起，鼻翼上部尖细，头上戴圆形缀顶小帽，身着轻盈长袍，应为维吾尔族人。

东北方位的铁人，脸方眉粗，神态彪悍，头戴束帽，手提于胸前，似牵缰勒马状，其神情、衣着都接近蒙古族人。

西南方位的铁人，目光深邃，皮质浑厚，头戴一顶"缀耳"帽，身着一件藏袍，右臂套衣袒露于袖外，应属于藏族人。

东南方位的铁人，面容圆润，神态文静，头戴前低后高的"相公"帽，身着短袖翻领的唐装，曲肘双手握拳状，看服饰、观形貌，应属于汉族人。

图6　东南方位的铁人（戴吾三摄）　　　　图7　西北方位的铁人（戴吾三　摄）

科技遗产 古代 中国

422

Chinese Heritage of
Pre-modern
Science and
Technology

3. 七星铁柱

在铁牛后相隔一段距离，竖立有7根铁柱，仿天上北斗星布局，称为七星柱，按原初设计代表天，铁牛为土，亦即地，这样，天、地齐备体现了古人的宇宙观。其实，七星铁柱就是拴浮桥铁链的桩子。

4. 展览厅

在大平台下是展览厅，分序厅、铁牛沉浮、千年蒲州、浮桥飞渡和文化保护5个部分。展馆设计风格取"浮桥"作为设计主思路，运用声、光、电等科技手段，展现了当年永济蒲津渡的繁荣。

在展厅偏中间往上有个天窗，可以看见铁牛伸到地下的支撑柱。在展厅也可以看到浮桥模型，看浮桥的铁链是怎么拴到铁牛臀部的横轴上。

图8 七星铁柱（戴吾三 摄）

三、科技特点

铁牛是怎么铸造的？铁链怎么拴到铁牛和铁柱上？铁链在枯水和洪水季节如何调节？

1. 铁牛铸造

蒲津渡铁牛应有8尊（对岸4尊铁牛尚未出土），如此大的体量，冶金史专家认为只能是在现场铸造，聚集上千的工匠和民夫，建起多个高炉，一起冶炼。铁牛与底部的支撑柱连为一体，从支撑柱末端到牛角有5米多高。据分析，可能要先挖一个大坑。接下来有几个步骤：首先，在坑里用泥塑成铁牛加底部支撑柱的模型（也可能分开，先做底部支撑柱，再做铁牛），阴干修整；其次，在模型表面均匀涂上油脂，外敷厚泥，阴干后按需要把敷泥分割成几大片，各片之间留下子母口，如此做外范；再次，除却先前的泥模，外范按子母口拼合，内部成空腔

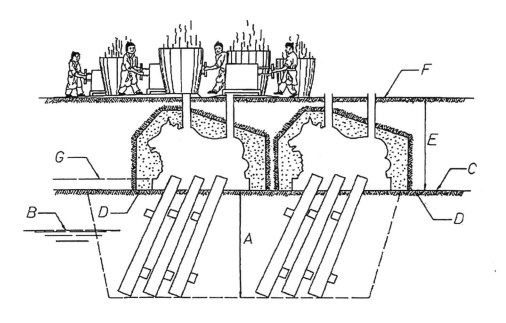

图9 铁牛浇注示意图（唐寰澄 绘）

注：A 放置铁牛支撑柱所挖的坑，B 黄河水位线，C 临时铸造场地，D 铁牛模具，E 夯实土壤模具支撑，F 铸造现场，G 最终铺装地面。

状态，敷上加固泥层，留出浇口，只待号令，几个高炉同时打开泥门，铁水按顺序沿着槽道进入范内；最后，冷却后破除外范，即见铸成的铁牛。

2. 铁链与铁牛、铁柱连接

考古发掘尚未发现铁链。按照整个桥跨度、黄河流速、风力、浮桥不同曲度来计算，8根铁链，链环节每股直径需为25~32毫米。

每头铁牛的臀部都有一根大横轴，横轴两端伸出牛旁，可以系铁链。铁牛前还有带交叉孔的前柱（现只存3个）。北边2只牛后有7根高大的铁柱，即七星柱，现前后的高柱加短柱是10根，与府志记载中18根的数目不符，分析现有柱的位置和锚定的需要，似乎缺少了南边2只铁牛后的七星柱和1根前柱。

8根铁链是如何与铁牛、铁柱相连的呢？

按桥梁史专家唐寰澄先生的推想，铁链先穿过铁牛旁边短柱的交叉孔，再盘绕于铁牛后横轴的两端。铁链所受的拉力非常大，只绕在横轴上不行，容易松动和滑脱。为此，铁链末端还要向后延伸，分别盘于七星柱中4根柱的横楎上，可

图10　有交叉孔的前柱
（戴吾三　摄）

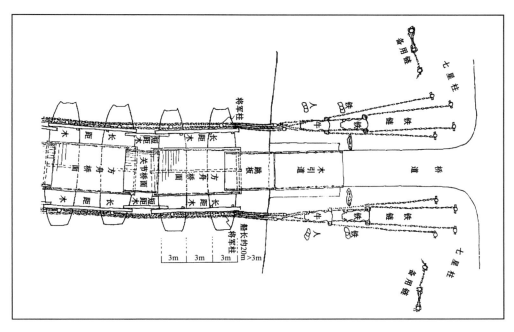

图11　蒲津桥复原图（唐寰澄　绘）

使最末端的链不受力，近代称之为"带梢"，或许只有这样的布局，才能稳住铁链，并比较容易在枯水季节调整铁索长度，因为枯水季节浮船降低，铁索会相应伸长一些；再是春汛融冰，浮桥要拆开，这种情况铁索要解开。

四、研究保护

铁牛铁人重见天日时，保护工作才刚刚起步。几经讨论，最后确定了"铁牛顶升保护方案"，即把铁牛、铁人、铁柱等从原地提升12.2米，在地表上建成5米高、2000多平方米的展示平台，恢复原貌，露天陈列；其他遗迹如唐代、明代建造的部分石堤、台阶及在铁人周围用石块铺设的地面也将在地面上复原，而原址将被回填埋没。

实际施工遇到的困难远远超出预计：如何做铁牛底架，用什么样的工具提升，采取何种办法使其在不受任何损伤的情况下安全着陆，如何防锈除锈等，可以说问题多多。

2001年6月，铁牛被顶升出地表。因保护工程实施方案不完备和配套资金问

科技遗产 古代 中国

426

Chinese Heritage of
Pre-modern
Science and
Technology

题，工期受到影响。同年11月28日，在永济召开现场工作会议，山西省文物局组织专家对保护方案进行修订。

2002年5月9日，国家文物局委托中国工程院在京召开对山西省文物局上报的蒲津渡遗址保护工程方案进行的咨询会。周干峙、陈肇元、叶可明、傅熹年、黄熙龄、周镜、杨嗣信、张在明等院士专家参加了咨询会，提出了十分宝贵的建议。随后，陈肇元、叶可明两位院士专程到现场考察，对保护工程提出明确指导意见。

有9位院士专家参加论证一项文物保护工程方案，足见国家对这项保护工程的重视。

在蒲津渡遗址保护工程中，按照抢救铁质文物保护方案，中国国家博物馆和山西省考古研究所完成铁质文物地面以上部分的保护，北京科技大学完成地下部分的电化学保护。铁人、铁山、铁柱、铁墩等在保护过程中经过5次移动，做到了文物完整无缺。

鉴于各地铁质文物保护中出现的问题和教训，对铁牛等大型铁质文物的移动，工程实施中采取了多重保险的方法手段。

首先是稳定，保持铁牛地锚固定在几百年已形成的预应力姿态。其次，完成顶升支架，控制行程，随时监测铁质文物的变化，保证支架在顶升过程中不发生变异。最后是顶升到位后，从顶升支架向固定梁架的置换，锚柱下部采取了砂石填基础，木板支垫，在铁牛底板下部与固定梁架之间采取沥青煮硬杂木支垫作"骨"，外部仍用混凝土封护固定。

在完成以上程序后，于混凝土尚未凝固时撤出顶升梁架，形成有硬杂木一定弹性的"软着陆"，又有混凝土较大面积托护的硬支撑，保证了铁牛底板大面积平稳接触，消除不平衡支撑，避免了局部顶撑破坏整体的隐患。

在钢梁置换的"软着陆"实施前，再次进京向专家咨询，确定了切实可行的技术方案，现场派出有丰富实践经验的技术人员操作，达到了预期目标。

蒲津渡遗址保护工程于2005年1月竣工，有较高观赏价值的蒲津渡明代遗迹正式向社会开放。

2001年，蒲津渡与蒲州故城遗址被国务院公布为第五批全国重点文物保护单位；2021年10月12日，入选国家文物局《大遗址保护利用"十四五"专项规划》"大遗址"名单。

五、遗产价值

永济蒲津渡是一处具有丰富遗存的大型遗址，也是我国第一次发掘的大型渡口遗址，它展现了我国古代桥梁交通、黄河治理、冶铸技术等各个方面的科技成就，也直观地揭示黄河泥沙淤积、河水升高、河岸后退的变迁过程，为历史地理、水文地质、环境考古及黄河治理提供了珍贵资料。

蒲津渡铁牛及铁人具有重要的文物价值，铁人、铁牛是唐代泥范、铁范、熔模三大铸造技术融合的集中体现，为研究唐代的冶金铸造提供了丰富的实物资料；同时，这些铁牛、铁人造型生动逼真，也具有很高的艺术价值。

四尊铁人服饰各异，分别代表了维吾尔族、蒙古族、藏族和汉族，他们具有不同的艺术表现力和外观形态。铁人不同的造型，对研究唐代的服饰及民族政策等具有重要意义。某种程度也可以说，多民族合作，共同完成单独一个民族无法完成的事业。

值得关注的是，黄河故道西岸还有四组铁人、铁牛埋没于泥沙中，那些铁牛、铁人是否跟现在出土的一样或相似？如果不一样，他们是什么民族，穿什么服饰？这些问题都有待于新的考古发掘来回答。

参考文献

［1］唐寰澄.中国科学技术史·桥梁卷［M］.北京：科学出版社，2000.

［2］Martin P.，Burke Jr.，Huan-Cheng Tang.The Remarkable Pu Jin Bridge of Yongji，China［C］// 7th Historic Bridges Conference.2001.

［3］刘永生.保护蒲津渡铁牛十六年磨一剑［J］.中国文化遗产，2007（6）：88-95.

［4］白燕培.黄河蒲津渡唐开元铁牛及铁人雕塑考［J］.农业考古，2018（1）：228-231.

（戴吾三）

中国古代
科技遗产

Chinese Heritage of
Pre-modern
Science and
Technology

航海技术

科技遗产
古代
中国

430

Chinese Heritage of
Pre-modern
Science and
Technology

泉州湾古船

——宋元时期造船技术发展的见证

　　泉州湾古船，位于福建泉州城内开元寺双塔的东塔北边不远处，静静地躺在专门为它修建的陈列馆里，是迄今中国所发现年代最早、保护最好且船型较大的古代木帆船。展陈的古船是早期海上丝绸之路的见证，同时也是中国宋元时期造船技术的真实体现，是富有特色的古代科技遗产。

（a）　　　　　　　　　　　　　　　　（b）

图1　图为泉州开元寺东（a）、西（b）双塔，泉州湾古船陈列馆位于东塔北边（戴吾三　摄）

一、历史沿革

古代泉州为闽越人居住之地。闽越人依海为生，善造舟船，习于航海。据文献记载，汉代就有印度洋诸地商客、使节在泉州登陆或靠岸。唐代时泉州形成建制，筑城墙；南唐时扩建泉州城，环城种刺桐树，故别称刺桐城。刺桐港（泉州湾有多个港口，其中最大的后渚港被外商称为刺桐港），逐步成为我国海外交通的重要港口之一。

北宋时期，泉州地区经济活跃，对外贸易发展，规模已接近广州。经地方官努力，宋元祐二年（1087年），朝廷同意在泉州设市舶司，以管理海外交通贸易。南宋时期，市舶之利颇助国用，泉州的海外贸易为南宋朝廷提供了大量税收。宋代的经济发展和海上贸易也极大推动了造船业的发展，将中国古代的造船技术推向高峰。

不过，泉州的贸易繁荣和造船技术都没能持续下去。元末战乱，泉州的工商业遭到破坏；明初封关禁海，对外贸易受到严重影响。

诸多不利因素汇聚导致了泉州港海外贸易的衰落，那些体现先进技术的高帆大船，也被冷落，被沉沙埋没。

图2　1973年泉州湾后渚港宋代古船出土现场。泉州海外交通史博物馆存

科技遗产 古代 中国

432

Chinese Heritage of
Pre-modern
Science and
Technology

1973年8月，福建省晋江地区文物管理委员会协同福建省博物馆、厦门大学历史系等机构的十多位考古和历史学者，在泉州湾后渚港调查海外交通史迹。厦门大学历史系的庄为玑教授听闻当地渔民在海滩上捡到潮湿的木头，干了点火却不燃。其后在现场调查中，庄为玑在一条水沟旁找到多块裸露的木板，参照附近用石条砌成的古码头，以及周边发掘出的宋代瓷器，他判断此处应有一艘规模不小的古代木船。经多次复查，局部试掘，庄为玑的判断进一步被证实。

经报请国家文物局批准，1974年6月9日开始试发掘古船。历时两个半月，考古工作者发掘出残长为24.2米、残宽为9.15米的船体，船身中部底板、舷侧板和水密舱壁、舱底座和船底板保存较完好。龙骨两端结合处还保留有"保寿孔"，契合福建地区建造木船的传统。第一舱和第六舱分别保存有头桅、中桅底座，船尾有近似椭圆形舵杆孔。据此推断，该船为尖底造型、多根桅杆、三重木板、隔舱数多，容载量大、结构坚固、稳定性好、抗风力强，是易于远洋的海上货船。该船未见任何修补痕迹，推测当时使用时间不长。除海船外，还出土了宋代的青釉瓷器、黑釉瓷器、铜钱、香料、药物、残船板、竹编、竹竿残段等多种文物。根据海船造型结构，船舱出土的宋代瓷器和"咸淳元宝"，结合海泥堆积情况综合判断，初步认为它是我国南宋末至元初（13世纪末）的一艘远洋货船。

二、遗产看点

泉州开元寺始建于初唐，南宋毁而复建，元代罹逢战火，明初时重修，历经千年兴衰，见证了泉州城海洋贸易的蓬勃发展。在开元寺内东塔北边不远的一个小院内，有座闽南式二层仿古建筑，近前可见匾额"泉州湾古船陈列馆"，系著名历史学家郭沫若手书。

进陈列馆上二楼，一艘古船复原模型醒目可见，古船扬起三张大帆，从古老刺桐港起锚，远涉重洋，架起与异域交流和贸易的桥梁。

往前移步，出土的宋代海船映入眼帘。只见船首微微昂起，船身扁阔，头尖尾方。从船头一侧望过去，两舷在龙骨处交接，形成一个 V 形。

从古船一侧看，船长相当于两辆普通公交车首尾相连，船高则接近一层半楼。船体中间用12块厚木板隔成13个水密舱，古铜色铁钉板将厚实的木板牢牢钉接在一起。观察可见，古船第一舱和第六舱中保留的大樟木块的桅座。船肋清

图3　泉州湾古船陈列馆，闽南式仿古建筑（戴吾三　摄）

图4　古船陈列馆中宋代古船复原品（戴吾三　摄）

科技遗产 古代 中国

434

Chinese Heritage of
Pre-modern
Science and
Technology

图5 泉州船水密隔舱结构及桅杆底座。泉州海外交通史博物馆存

晰，拼合紧实，使人不难理解它如何能够抗风搏浪，远航大洋。

在另一侧的海船文物陈列厅，陈列有珍贵的香料药物、铜铁钱、陶瓷器，还有800多年前船员们吃剩的果核、贝壳、动物骨骼。看到这些物品，仿佛看到古代水手的身影。

三、科技特点

据船史专家研究，泉州湾宋船的船型和尺度比例合乎现代船舶阻力与稳定理论，当时远航木帆船的设计已经达到很高的技术水平，具体表现见下。

1. 选材及造船工艺

泉州古船选材十分讲究。基于对木材性能的认识及对船体各部位受力和受腐蚀情况的把握，船匠就地取材，使用不同种类的木料制作相应的船体构件。据南宋初吕颐浩所撰《忠穆集》记载："南方木性与水相宜，故海舟以福建为上，广东西船次之，温明州船又次之，北方之木与水不相宜，海水碱苦，能害木性，故舟船入海，不能耐久，又不能御风涛，往往有覆溺之患。"由此可见，南方木料适合造船，这也是推动宋元时期福建、两浙一带海船建造技艺发展的重要因素。

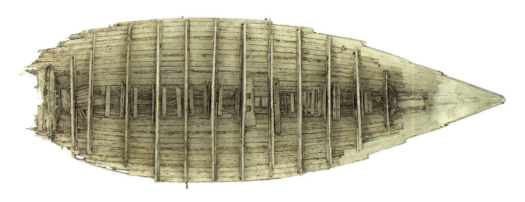

图6　泉州宋船的数字化轮廓图。泉州海外交通史博物馆存

　　龙骨是在船体的基底中央连接船首柱和船尾柱的纵向构件，它可以承受船体的纵向弯曲力矩，增强船体承受波浪的冲击和水压，对船体的稳固起到至为重要的作用。古船的主龙骨与尾龙骨用2段直径42厘米的马尾松制成，松木的抗冲击性能好、耐腐蚀性强。

　　古船的肋骨部分及与活动构件接口的桅杆座、舵座是用致密坚实的樟木为材质，樟木还能起到防腐、防虫蛀的作用。船底板、舷侧板及舱壁板则使用疤结少、纹路直、质量轻的杉木。这3种材料都是福建地区常见的木材，同时也是南方造船最为常用的木材。

　　古船的船壳、底部外板均采用2层或3层杉板叠合。内层板厚度8.2～8.5厘米，上下以子母榫相结合，以铁钉固定，并在缝隙间塞有艌料，3层板的总厚度超过18厘米。

图7　泉州宋船的
多层木板结构图。
泉州海外交通史
博物馆存

使用2层或3层板，主要是考虑到船壳表面弯曲度大，薄板加工较为容易。若使用单层板，会因板材具有残留应力而使强度受损。多层船板比单层船板更有韧性，在抗撞击方面具有优势。此外，多层板的船壳也利于船体修补。

使用2层或3层板，意味着对加工工艺的精细程度有更高的要求，为避免在板材间产生空隙，铺贴时捻灰伴随施工，每铺贴完一层，须采用桐油灰、麻布对该层外板进行填缝水密。铺贴新一层的水底板时，需先涂抹桐油灰，然后将新一层的外板压住上一层2块水底板拼合处，保证上层板和下层板之间的水密性能处于最佳状态。泉州宋代古船的发现，也印证了马可·波罗在游记中所记载"刺桐港建造三层到六层重板结构的远洋海船"的真实性。

2. 船体水密技艺

木船下水，首要解决的问题是船板及各部分构件之间的水密。尤其对于远洋航行，水密技术是制约船舶运载能力、航行距离的关键要素。以泉州宋代古船为例，船体水密技术的成就，主要体现在钉连技术、榫合技术和舱缝技术方面。

榫卯结构是中国古代建筑、造船中应用的一种传统工艺。对造船来说，木制板材通过榫卯固定，自然吸水、膨胀，可达到紧密连接的效果。分析宋代古船，可知船板的纵向拼接有"斜面同口""直角同口""滑肩同口""钩子同口"几种方式。

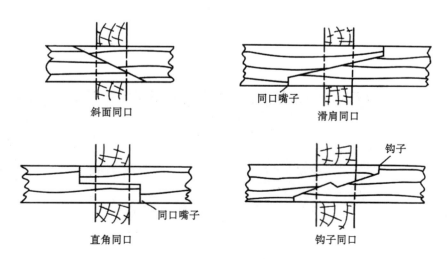

斜面同口　　同口嘴子　滑肩同口

同口嘴子　直角同口　钩子　钩子同口

图8　板列纵向连接的几种方式

注：图像源自席龙飞《中国古代造船史》，武汉大学出版社，2015年。

中国古代船板钉连技术中最为重要、最具有技术先进性的是使用挂锔工艺，或称"锔钉"。据《宋会要辑稿》记载，宋仁宗天圣元年（1023年）诏书中曾提到"钉锔称计斤重"，可见北宋木船修造中已经在使用挂锔法。挂锔法用于隔舱板和壳板的连接处，使用铁钉和扁形铁钩板进行挂锔。泉州湾古船出土的扁形铁锔板长30~50厘米，宽5厘米，厚0.5~0.6厘米，板身平直，一端弯曲折成直角，铁锔板上开有5个钉孔。打钉时，先在贴近龙骨处的隔舱板上开凿出板槽，然后在相连接的里层壳板挖一个小方孔，将锔板穿过方孔，再嵌套进板槽，钩住壳板，最后在钉孔内钉入铁钉，从而使隔舱壁和船壳互相紧连，形成整体强度。

中国在唐代就已经使用钉接榫合法，而同一时期的欧洲造船，仍然在使用皮条绳索绑扎，可见唐朝的造船技术曾经在世界上领先。

泉州宋船在各种构件间广泛采用了子母榫榫合、铁钉钉连和挂锔技术，此外采用以麻丝、桐油灰艌缝，以保证水密性并使铁钉减缓锈蚀的技术。

在泉州发现的艌料有两类：一类艌料的构成是麻丝、桐油和贝壳灰；另一类艌料的构成为桐油和石灰。前者适用于填塞板缝及较大的缺损部位，后者适用于表面填补。桐油是中国特产，其化学成分是桐油酸甘油酯，形成的漆膜坚韧耐水。石灰本身具有很强的黏接性，将石灰和桐油调和，能促进桐油的聚合而干结，有很好的隔水填充作用。贝壳灰的碳酸钙含量可达90%以上，经高温焙烧的俗称"蛎灰"，最适于调和桐油灰艌料。麻丝或麻制旧品（如旧渔网等）经人工复捣，在艌料中有充填、增加附着性、防止开裂和提高团块的机械强度等重要作用。

3. 水密隔舱的发明与应用

水密隔舱是指在船舶建造中利用隔舱板将船舱分隔为独立舱区的设计，这是中国古代造船技术的一项创造性发明，最早在江苏扬州施桥镇出土的唐代内河木船中可见。

水密隔舱的发明起初可能是出于对货物进行分区放置的考虑，比如把瓷器等易碎品分舱放置，在航行颠簸时可防止大宗商品的倾斜覆压。对不同种类和不同货主的大宗商品分舱管理，也有利于查验和出货。另外，渔船也可以利用水密隔舱将捕获的鲜鱼带回港口出售。后者在20世纪广东诸河口地区仍普遍可见。

在远洋航行中，水密隔舱的发明设计逐渐体现出一些其他船舶所不具备的优势。在结构上，因为隔舱板的设置，在船舷侧翼受到局部撞击力时，横向隔舱板

科技遗产 古代 中国

438

Chinese Heritage of
Pre-modern
Science and
Technology

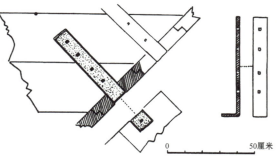

▲图10　锔钉及其钉合方法

　　注：图10源自福建省泉州海外交通史博物馆《泉州湾宋代海船发掘与研究（修订版）》，海洋出版社，2017年。

◀图9　泉州古船水密隔舱结构模型。泉州海外交通史博物馆存

提供了支撑力，可将震荡分散到整个船体，使船舶的横向强度大大提高。在抗沉性方面，一旦船舱出现破损进水，其余水密舱在密闭良好的情况下仍然可以提供浮力。

　　在《马可·波罗游记》中，曾提到中国宋元时期货船的水密隔舱设计："（中国）比较大的一些船，在船身里面有十三个舱房，是用坚固的木板，很紧密地钉在一起。如果船舶发生意外，或者因为触礁，或因为鲸鱼的撞击出现漏洞，水就由漏洞流到舱底。水手们可以探知漏洞在哪里，并把泛滥的舱房搬空，将所有东西移到邻近的舱里。因为有很坚固的隔板将其隔开，水也就不会从一间舱流到另一间。东西搬完后，他们就将漏洞进行封闭，然后再将货物搬回去。"

　　到18世纪下半叶，水密隔舱技术在欧洲传播并广泛使用，英国海军总工程师塞缪尔·边沁对此颇有功绩。边沁曾游历中国，他直言了解水密隔舱技术，于1795年在英国采用水密隔舱技术建造新型军舰。此后，水密隔舱技术逐渐被西方国家造船界采用，这对人类航海史的发展产生了重要影响。

　　英国著名科技史家李约瑟对水密隔舱技术评价很高，他认为："19世纪早期，欧洲造船业采用这种水密舱壁技术是充分意识到中国这种先行实践的。"

四、研究保护

自泉州湾宋船发掘出土，即开启了研究与保护工作。当时对古船的保护研究在中国乃至亚洲都尚属先例，缺乏成熟的经验和技术指导。古船出土后未及时做脱盐处理，只将各块船板进行拆解、编号，在位于泉州开元寺旁的博物馆场地上临时搭建了一个工棚，古船船板清洗去泥后在这里被重新拼装，并进行四年左右的自然阴干脱水。因受限于当时的保护条件，船木出现了一定程度的变形与开裂。

1975年，《文物》第10期刊载了泉州湾宋代海船发掘报告编写组编写的《泉州湾宋代海船发掘简报》，对沉船所处地理环境位置、海船出土现状及其结构、船舱出土遗物、沉船年代作了详细介绍。此外，泉州湾宋船复原小组、泉州造船厂也在《文物》上发表《泉州湾宋代海船复原初探》，根据残船尺寸数据和遗迹，绘出船体的复原图，阐明了古船的特点。

1977—1979年，泉州海外交通史博物馆古船馆修建并落成，古船船体也基本完成脱水，古船开始向公众展示。通过控制温度和湿度，并定期除尘和防止霉变，工作人员对古船开展了一系列日常养护工作。对已有裂缝的区域进行渗透加固和封闭处理，并对木结构和铁钉进行更换。庄为玑等人在这一时期结合文献进行研究，判定泉州宋代海船是一艘中等远洋艚船。

1979年3月，"泉州湾宋代海船科学讨论会"在泉州召开，来自国内的多家科研单位、高等院校和博物馆的上百人参加。会议研讨认为，根据出土瓷器、钱币和海滩沉积环境，基本确定了古船的沉没年代应在南宋晚期至元初。根据出土香料、药物、贝壳和船底附着生物种类分析，这是一艘由南洋返航的远洋货船。根据造船工艺、舱料和保寿孔习俗，判断古船的建造地点在泉州当地。由船体的破损情况，判定该船应在张世杰攻打泉州前后，因风浪冲击或战乱沉没。值得一提的是，这次研讨会促成了"中国海外交通史研究会"的成立和学术期刊《海交史研究》的出版。

20世纪80年代，有关泉州出土宋代海船的研究蔚为大观。陈泗东、林更生、林和杰等人借助沉船中的文字、果品种类、海滩沉积物等线索，对古船沉没时间作了探讨。刘惠孙、李复雪则根据船上的附着生物、出土贝类讨论了古船的航线。

在技术史方面，陈振端对宋代海船各结构使用的木材进行了鉴定分析。在古船复原研究领域，席龙飞、何国卫等人参考历代船舶统计资料，结合古船的残存尺度，从稳定性、强度、载货容积等方面对古船各项尺度进行了推算。杨槱院士则对船体结构、上层建筑等细节提出了重要设想。李国清探讨了海船的水密技术，尤其分析了舱料的成分、作用以及与铁钉钉合法的联系。日本学者松木哲则对同一时期的韩国海船进行了比较研究。

近十几年来，随着科技手段的提升和中国在大型海洋出水木质文物保护方面的经验积累，古船的修复和保护工作呈现新的局面。自古船发掘和展示以来，因船体木材含盐率高、复原安装时钉入铁钉锈蚀、船木 pH 值呈现酸性等问题，加之多年的开放式陈列，船体逐渐出现了变形、断裂、糟朽、变色等多种类型的病害。对此，泉州海外交通史博物馆、北京林业大学等单位借助新型科技手段，对船体木材开展了含水率、木材位移和应变的测量研究，为文物保护提供重要数据支持，同时探索低氧控湿等一系列方法。

五、遗产价值

泉州古船所采用的水密隔舱技术一度领先于世界，所运载的各色货物反映了泉州繁荣的海外贸易，这些都为研究宋代福建地区，乃至中国的造船技术、航海技术和海外交通史提供了珍贵的实物资料。

泉州古船为远洋贸易后返回的商船，有完整的航行轨迹，有大量随船实物及完整的船型，因而具有极高的研究价值。

图 11　泉州古船龙骨连接处的保寿孔。泉州海外交通史博物馆存

泉州古船的发掘是中国首次进行的大型海湾考古发掘工程，被列为当年中国十大考古重大发现。古船的发掘和保护，直接推动了中国首次水下考古研究和大型海洋出水木质文物保护工作的开展。

泉州古船的发现，为后人提供了考察宋代造船技术的实物，弥补了历史文献记载的不足，印证了史料记载中的水密隔舱技术、多重板材和鱼鳞式搭接工艺。其中，水密隔舱技术是我国首创的集分舱储物、加固船体、阻漏防沉、调节压舱水等多重功能于一体的造船技术，对世界造船业具有重要影响。

以蕉城区漳湾镇的福船制造传统工艺为代表，水密隔舱这一福船制造传统手工技艺，在此地传承沿袭已有600余年历史。2010年11月，"水密隔舱"海船制造技艺被联合国教科文组织列入急需保护的非物质文化遗产名录。

参考文献

［1］泉州湾宋代海船发掘报告编写组.泉州湾宋代海船发掘简报［J］.文物，1975（10）：1–18.

［2］福建省泉州海外交通史博物馆.泉州湾宋代海船发掘与研究：修订版［M］.北京：海洋出版社，2017.

［3］席龙飞.中国古代造船史［M］.武汉：武汉大学出版社，2015.

［4］李约瑟.中国科学技术史：第4卷：物理学及相关技术：第3分册：土木工程与航海技术［M］.北京：科学出版社，2008.

［5］马可波罗.马可波罗游记［M］.鲁思梯谦，笔录，陈开俊，等，译.福州：福建科学技术出版社，1981.

（王吉辰）

中国古代科技遗产

442

Chinese Heritage of
Pre-modern
Science and
Technology

阳江"南海 I 号"

——被打捞出水体量巨大的宋代远洋贸易商船

阳江"南海 I 号",指1987年在广东阳江附近海域发现的一艘满载各类货物的南宋沉船,2007年底被国家文物部门组织打捞出水,移入为其专门修建的广东海上丝绸之路博物馆(也称南海 I 号博物馆)"水晶宫"内,其位置在广东省阳江市海陵岛南海 I 号大道。"南海 I 号"是迄今中国所发现的沉船年代较早、体量巨大、保存较为完整的宋代远洋贸易商船,蕴含着极为丰富的历史信息,为古代海上丝绸之路提供了坚实的物证。

图1 广东海上丝绸之路博物馆,其建筑立面由5个不规则的大小椭圆体连环组成,外形犹如古船的龙骨,整体似起伏的海浪,又像展翅的海鸥(戴吾三 摄)

一、历史沿革

中国历史进入宋代，对外交流格局发生重大变化，海洋贸易呈现前所未有的繁荣，对外贸易重心由汉唐通行的西北陆路转向了东南海路。贸易对象除了高丽、日本等东亚国家，也包括东南亚、南亚和西亚阿拉伯地区。就贸易品种看，不仅有丝绸、瓷器等传统手工业产品，也包括金属器、生活日用品、文化用品、工艺品等，进口物品则从香料、珍珠、象牙等高档物品，扩展到药材、矿产、手工制品、加工的食品等。

远洋贸易，有一帆风顺，也有惊涛骇浪。古往今来，不知有多少商船沉没海底。

两宋时期，官方的远洋贸易大都采取近岸航行的方式，不仅有利于航行安全，也便于随时登陆补充淡水和蔬菜，或与沿岸国和地区进行贸易。与此相反，民间远洋贸易出于缩短航程、节省时间和降低成本的需要，常选择风险较大但更为便捷的跨洋航线，从广东外海经西沙群岛、南沙群岛一带直接航向目的地。"南海Ⅰ号"是一艘民间贸易商船，据专家推测，其航线很可能选择了后者。

由综合考察推断，南宋淳熙十年（1183年）风和日丽的一天，"南海Ⅰ号"满载着货物从福建泉州港启程，航行到广东阳江附近的海域不幸沉没，究竟是遇上了风浪，还是遭到海盗破坏，或是战争原因？至今仍是谜团。这艘宋代的木质货船藏身海底，直到800多年后重见天日。

1987年8月，中国交通部广州救捞局与英国海上探险和救捞公司（Maritime Exploration & Recoveries PLC）合作在阳江附近海域寻找荷属东印度公司沉船，意外发现了"南海Ⅰ号"。最初称"中国南海沉船"，后由考古学家俞伟超先生提议，最终由国家文物局正式命名为"南海Ⅰ号"。

1989年11月，中国历史博物馆（今国家博物馆前身）与日本水中考古学研究所合作，正式开始对"南海Ⅰ号"进行水下考古调查，这次调查被誉为中国水下考古的起点。

其后多有波折。2002年3月至5月，水下考古队再度下水，对"南海Ⅰ号"进行了细致发掘，打捞出文物4000多件。

2003年10月，广东省文化厅召开《"南海Ⅰ号"整体打捞方案》专家论证会。同年11月，广东省政府召开会议，同意立项在阳江海陵岛建设"广东海上丝绸之路博物馆"。

中国古代科技遗产

444

Chinese Heritage of
Pre-modern
Science and
Technology

2007 年4月8日，"南海Ⅰ号"整体打捞工程启动。同年12月28日，"南海Ⅰ号"完成整体打捞，运抵广东海上丝绸之路博物馆的"水晶宫"。

2009 年12月24日，在阳江海陵岛十里银滩隆重举行广东海上丝绸之路博物馆开馆典礼。自此，人们可以走进这个中国乃至亚洲唯一的大型水下考古博物馆，近距离观摩"南海Ⅰ号"考古现场，并欣赏发掘出的系列珍贵文物。

二、遗产看点

乘车进入海陵岛，沿着专门修建的大道抵达广东海上丝绸之路博物馆。蔚蓝的天空下，奇特的建筑造型映入眼帘，博物馆的建筑立面，是由五个大小不一的椭圆体连环相扣而成，整体似起伏的海浪，又如展翅的海鸥；建筑风格上，将古代南方干栏式结构融入古船的龙骨结构，表现出浓郁的海洋文化色彩。

博物馆设立七大展区，分别是：扬帆、沉没、探秘、出水、价值、遗珍、成果。各个展区紧密相关，看点纷呈又互为补充，形成一个融合的整体。

最吸引人的是"探秘"展区，这里特别建造了两条长60米、宽40米的观光

图2　为保护"南海Ⅰ号"的船体，工作人员按时用过滤了的海水给古船喷淋（戴吾三　摄）

走廊，游客透过大玻璃窗可近距离观看"南海Ⅰ号"现场。只见古船安放于深坑中（初期曾注满海水而被称为"水晶宫"，今已排空水），大坑之上有多道横竖交叉的木梁，分成一个个的格子区，梁上布满卡子，梁下挂有白色的塑料水管，为喷淋保护用。

从木格的空间可见古船的局部，长条厚木板拼接，呈棕褐色。在坑沿两侧顺着南北方向安装有钢轨，其内侧设有标尺，轨上可行走吊车。坑沿四周都留有较宽的工作区，放有仪器设备，还有分拣文物的塑料筐等。

800多年的古船被打捞出水，重现天日，供专业人员研究，也让四方游客观赏，让人感慨不已。

在"价值""遗珍"展区，集中展示了从沉船里清理出的若干精美陶瓷器，珍贵的金器、银器、铁器、铜器和漆器等。瓷器图案美观，簇新发亮；金器做工精细，灿灿闪光。

1. 陶瓷器

中国陶瓷发展到宋代进入繁荣时期，陶瓷生产盛况空前。南宋瓷窑遍布东南地区，不乏名窑。这些窑场的瓷器品类繁多，制作精细，驰名中外。"南海Ⅰ号"出水了数千件完整的陶瓷器，尤以瓷器居多。瓷器主要是当时南方名窑的产品，大部分源自江西、福建和浙江三省。其中，以江西景德镇窑青白瓷，福建德化窑青白瓷，磁灶窑酱釉、绿釉瓷，闽清义窑青白釉和龙泉窑青瓷为主。器型包括壶、瓶、罐、碗、盘、碟、粉盒等。

"南海Ⅰ号"还有许多"洋味"十足的瓷器，从棱角分明的酒壶到有着喇叭口的大瓷碗，都表现出浓郁的阿拉伯风情。

图3-1 "南海Ⅰ号"出水的宋景德镇窑青白印花芒口盘（戴吾三 摄）

图3-2 "南海Ⅰ号"出水的宋磁灶窑酱釉扁腹小口罐（戴吾三 摄）

科技遗产 古代 中国

446

Chinese Heritage of
Pre-modern
Science and
Technology

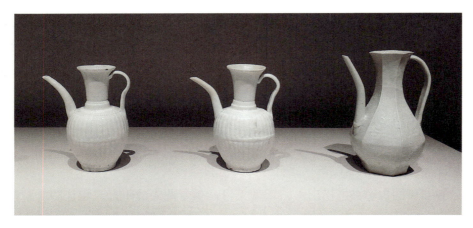

图4 "南海Ⅰ号"出水的宋福建德化窑青白釉菊瓣纹喇叭口执壶，造型富有浓郁的阿拉伯风情，这是海外来样定烧的陶瓷器型之一（戴吾三 摄）

2. 金器

截至2016年1月，"南海Ⅰ号"共出水金器有180件/套，总重量达2449.8克。展示的金器有手镯、项链、戒指、耳环等，灿灿闪光，就像是刚打制成似的。这些金器造型精美，做工细致，其中有中国宋代风格，也有阿拉伯风格，具有很高的历史、艺术价值。

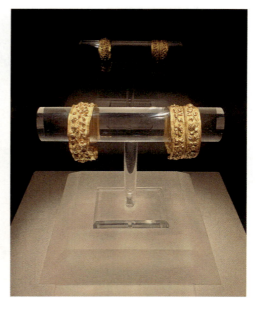

图5-1 "南海Ⅰ号"出水的金虬龙纹环（戴吾三 摄）　图5-2 "南海Ⅰ号"出水的钳镯（戴吾三 摄）

3. 银器

"南海Ⅰ号"出水的银器主要是银铤。自唐以来，银铤作为古代的流通货币，为国家储备、民间窖藏，甚至作为上贡、进奉的礼品，上面大多錾有铭文、标记。到宋代，银铤又多了一项功能：渐次演变为国家和地方税收特征货币，民间持为税收的一种交纳"凭据"。

4. 铁器

"南海Ⅰ号"船舱里有两样属于较大宗的物品是铁锅和铁钉。铁锅跟海水发生作用后，一摞一摞地变成了铁疙瘩；铁钉个体较大，长约20厘米，都是用竹篾包扎的，数量非常多。在宋朝，广东正是铁器盛产地。

图6 "南海Ⅰ号"出水的银铤，弧形束腰形（戴吾三 摄）

图7 "南海Ⅰ号"出水的铁锅多是成摞摆放，以竹篾和藤条打结做垫圈，5件或10件，成组捆扎（戴吾三 摄）

中国古代科技遗产

448

Chinese Heritage of
Pre-modern
Science and
Technology

5.漆木器

"南海Ⅰ号"清理出数十件漆木器。从外观效果看，可能不太吸引人，但在宋代考古发掘领域却是绝无仅有的。

三、科技特点

对"南海Ⅰ号"存留的植物、人骨做碳14年代测定，显示沉船年代为983—1270年；再加对出水铜钱所铸年号的分析，初步认定沉船年代应接近1183年。

沉船船体是"南海Ⅰ号"最大和最重要的文物。目前发现14道隔舱板将全船分成15个舱，其中艏部舱室已断裂尚未发现，其他所有的舱壁都联结严密，水密程度很高。这种设置提高了船体的安全性，使其具有优秀的航海性能，且结构性强，制造时方便。从已发掘的船体结构和船型判断，中国古船最有名的有三大类型，即福船、沙船和广船。"南海Ⅰ号"属于"福船"类型。福船，又称福建船，

图8 "南海Ⅰ号"仿古船（位于广东海上丝绸之路博物馆外沙滩）（戴吾三 摄）

是按福建造船工艺建造的木帆船的统称，上平如衡，下侧如刀，底尖上阔，首尖尾宽两头翘，适合远洋航行。"南海Ⅰ号"船体保存较好，存有一定的立体结构，这在以往的我国沉船考古中鲜见，对于研究中国造船史、海外贸易史具有重要意义。

"南海Ⅰ号"水线以上甲板部分（上层建筑）已不存，甲板下的隔舱、船体支撑结构保存尚可。整艘船没有翻、没有侧倒，而是端坐在海底，船体的木质比较坚硬。在"南海Ⅰ号"的前期探摸中，还发现了少量船身上的碎木块。这些木块的材质有一部分是马尾松木。马尾松多见于中国南方地区，如福建、广东、广西等地。因此，可推断"南海Ⅰ号"极可能是在福建制造。

为何"南海Ⅰ号"能够长存水下800多年而不腐朽？专家分析，"南海Ⅰ号"保存完好主要有两方面原因：一是"南海Ⅰ号"所沉没的水下环境氧浓度低，可以推测，船在沉没后的短时间内周围很快附着了大量淤泥，从而使船体与外界隔绝，避免了氧化破坏。对沉船周围淤泥的研究发现，淤泥内有很多生物，但没有存活的，这说明船体周围是一个厌氧状况非常好的环境；二是"南海Ⅰ号"所使用的材质是松木，据广东民间说法"水泡千年松，风吹万年杉"，表明松木是抗浸泡比较好的造船材料。

"南海Ⅰ号"的整体面貌究竟是什么样子？为使有兴趣的游客全面了解"南海Ⅰ号"，有关文化公司专门打造了一艘仿古木船，严格按照南宋年代的福船模型建造，船身长30.8米、宽10米、高3.4米，排水量达600吨、载重近800吨，中间宽、两头窄，其中主桅杆的更是高达22米，由一整根完整原木制成。如今这艘仿古船就安放在博物馆外不远的沙滩上。

图9 "南海Ⅰ号"宋船用的碇石（戴吾三　摄）

科古中
技代国
遗
产

450

Chinese Heritage of
Pre-modern
Science and
Technology

还有一些出水文物也反映"南海Ⅰ号"的科技特点。2007年，在"南海Ⅰ号"前期清理凝结物时打捞出一个"碇石"。其为花岗岩质，菱形，长3.1米，中间部位凿有凹槽，重约420千克，为迄今发现的形体最大、最重的宋代船用碇石。其木质部分腐烂不存，称为"木爪石碇"。

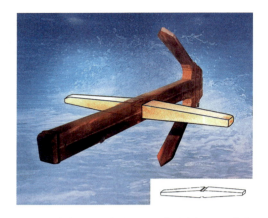

图10 "南海Ⅰ号"木爪石碇示意图（戴吾三 摄）

木爪石碇是中国宋元时期航海木船停泊固定船体的代表性船具。由雕凿条状形"碇石"与木结构"爪"箍扎合成。碇石起重力和平衡的作用。

"南海Ⅰ号"的装载也有科技特点。船舱的货物完全可以用装得密密麻麻来形容，货物的装载不仅由横向水密舱壁分成各载货区域，还采用了纵向隔板和水平隔板分隔货物，这是第一次在古沉船上发现。有的舱室又用薄隔板沿平行于船体轴线的方向分割成为左、中、右三个小隔舱。

从"南海Ⅰ号"清理的器物所见，包装方式有以下几种：

捆扎包装。瓷碟、瓷碗和瓷盘等，一般以数件成摞为单位包装。器物之间隔垫草叶或秸秆，外表用薄木板条和竹条、竹篾结合捆扎包装。

篮箱包装。用竹篾编织的竹篮或竹网兜套装瓷罐。

套装。大小相套——大容量器物内套装多件小型器物。陶瓷货物常采用这种"大套小"的包装方式。

搭接。同型器物成组搭接，防止货物碰撞和移位。沉船上的青白釉瓷瓶多采

图11 "南海Ⅰ号"的同类瓷瓶成组搭接，尽可能利用空间（戴吾三 摄）

用这种方式。

垫隔。在船舱内外搭接宽厚垫板，或是铺垫成排细木垫层分层隔垫，保持货物的稳固。

四、研究保护

"南海Ⅰ号"的发现直接促成中国水下考古学专业建立，而水下考古学的发展也推动了"南海Ⅰ号"的研究与保护，形成一系列的技术创新。

2002年3月，"南海Ⅰ号"水下考古试掘正式开始。水下考古试掘与陆地考古有些方法相同，比如要将发掘的区域按一定的长、宽尺寸划分成方格进行测量，同时摄影、摄像，做好记录；但也有不同，挖掘泥土不是用铲子和镐头，而是用大功率的抽泥机，将淤泥抽开并搬运到其他地方，对出水文物则要放置在专门的篮筐里吊到工作船上。

2002年3月—2004年6月，共进行了四次水下探摸和局部试掘，形成了对"南海Ⅰ号"沉船的最初数据。

主尺度：长约24米，宽约10米，船艏宽度3.8米。

船体材料：鉴定为杉木和硬松木。

保存状况：船体结构受到比较严重的破坏及腐蚀，水线以上甲板部分（上层建筑）已不复存在，甲板下的隔舱、船体支撑结构保存尚可；而船的艏艉部分破坏最为严重。

根据船内瓷器成摞摆放，以及数量众多的钱币和瓷器，可推知比较准确的沉没年代——南宋。

接下来面临的问题：如果船体和文物可以打捞，那之后怎么进行保护？专家学者经过不断讨论，形成了基本构想：建一个大型水池——"水晶宫"，将"南海Ⅰ号"整体放进去，模拟其沉没环境，永久性地保护船体和文物，利用这个大水池进行实验室式的水下考古发掘，同时展示给观众看。此后又经多次论证，并请广州救捞局协助，确定了整体打捞方案。

2006年6月，国家文物局正式批准"南海Ⅰ号"整体打捞及保护方案，并明确指示制定和完善进一步的水下考古发掘方案。

2007年4月8日—5月4日，对"南海Ⅰ号"外围散落文物和首层甲板以上的

科技遗产 古代 中国

452

Chinese Heritage of
Pre-modern
Science and
Technology

凝结物进行清理。为了清晰地记录散落文物和凝结物的坐标点，在首层甲板的凝结物上架设了"工"字形钢梁游尺，形成绘图时测量的坐标系统。这种做法在国内外水下考古工作中尚属首创。

2007年5月10日，为整体打捞专门制造的沉箱运抵打捞现场，广州救捞局的"华天龙"也赶赴现场。"华天龙"是亚洲最大的海上浮吊，2007年初在上海振华港机公司研制成功，并正式移交给广州打捞局。这个可以吊起4000吨重物的海上"大力士"，承担的首项任务就是整体打捞"南海Ⅰ号"。

2007年5月13日—7月24日，沉箱下沉到位；12月23日沉箱中的"南海Ⅰ号"从沉没地点开始向博物馆的"水晶宫"移动；12月28日，利用气囊方法将"南海Ⅰ号"移入了"水晶宫"。

"南海Ⅰ号"成功上岸，又拉开新考古征程的序幕。针对"水晶宫"的保存环境和发掘条件，科研人员创造性运用饱水发掘法、正射影像、三维扫描等资料信息提取技术，重视现场保护性发掘与实验室考古的紧密结合，利用超声波清洗、化学药剂浸泡、显微镜观察等各种手段，对出水文物进行及时有效的保护。

图12 "华天龙"模型（戴吾三 摄）

对不同文物有不同的保护方法，以陶瓷器脱盐为例：出水的陶瓷器文物，由于海水长期浸泡和沉积物及海洋生物等侵蚀、附着等作用，会在器物上形成致密坚硬的凝结物，器物内部也会沁入海洋盐类。

为应对陶瓷器的大量出水（土），科研人员特地设计了陶瓷器批量脱盐的循环水池及可移动的脱盐水槽，对出水陶瓷器进行批量脱盐保护处理。

再看瓷器的墨书封护。"南海Ⅰ号"出水有墨书瓷器。墨书具有区分货主、货物标记的功能，其用途在于加强运程管理，便于货物搬运、摆放和辨认的需要。

为避免脱盐过程中瓷器上的墨迹褪色，先对瓷器有墨书的部分进行色度检测，再作封护处理，进行脱盐保护处理后对比墨书色度变化情况。从展示的器物看，墨书瓷器字迹清晰。

"南海Ⅰ号"古沉船为全木质结构，年代久远，病害情况复杂，如遇天气干燥，湿度降低，会导致船体开裂等现象发生。为此，科研人员设计了一套自动喷淋保护系统，并且不断进行技术升级，包括自动行走喷雾设备、水源处理站、动力机组站、药液回收和电气控制系统；此外还设计有紫外线杀菌系统、木材温湿度监控系统等。

图13　"南海Ⅰ号"
出水的墨书瓷器
（戴吾三　摄）

正是科研人员的精心和努力，保证了"南海Ⅰ号"研究和保护的稳步进行，同时又开放给广大游客观看。

五、遗产价值

至2019年8月，"南海Ⅰ号"清理沉船所装载的文物总数约为18万件，其数量的庞大、种类的丰富、保存状况的完整，在世界上发现的海上沉船中都属罕见。

2020年5月，"南海Ⅰ号"考古发掘项目入选"2019年度全国十大考古新发现"；2021年，"南海Ⅰ号"入选全国"百年百大考古发现"。

迄今，"南海Ⅰ号"是中国开展水下考古工作以来所发现的保存好、出水文物精美、品种丰富的沉船，在世界范围内也是迄今为止保存较为完好的一艘公元12世纪时期的沉船。"南海Ⅰ号"沉没于南海海上丝绸之路的航线，是一个信息十分丰富的文化载体，折射出古代中国在世界航海和海外贸易中曾拥有的辉煌与骄傲，对于研究宋代航海贸易、造船技术、社会经济、文化交流等方面的历史具有无可替代的价值。

"南海Ⅰ号"沉船中出水了大量的宋代文物，如瓷器、金银器、铜器、铁器、漆器、玻璃器、犀牛角制品、海产等，也有些器物是阿拉伯国家定制的样式，展示了宋代的中国文化和技术水平，反映了与海外的文化交流，这些都具有特殊的文化价值。

"南海Ⅰ号"沉船的遗物品种丰富、数量庞大，其中尤以瓷器为突出，几乎囊括了南宋时期南方主要的外销瓷窑口和瓷器品种，有些遗物的器形甚至是以往陆地考古发掘中从未发现过的，具有重要的学术价值和极高的艺术价值。

"南海Ⅰ号"沉船的发现和考古发掘过程中应用了一系列先进的科学技术和方法，如海洋环境研究、深海潜水技术、3D扫描技术、古文物保护技术等，对于推动科学技术在水下考古的发展和应用具有重要意义。

可以说，"南海Ⅰ号"的发掘工作比绝大部分的陆地考古都做得精细，是在水下30米内能做到精确整体打捞、精确发掘的沉船。到目前为止，"南海Ⅰ号"堪称世界第一。

"南海Ⅰ号"整体打捞的成功案例，见证了中国水下考古从无到有、走向世界领先的发展历程。目前，"南海Ⅰ号"已作为联合国教科文组织推荐的经典案例向全球推广，成为中国水下考古界的骄傲。

如果说"南海Ⅰ号"和它承载的文物是人类共同的珍贵遗产，那么，它所承载的精神，对于现代人来说更是弥足珍贵的无形遗产。

参考文献

［1］陈国雄.打捞"南海一号"的两百多个日日夜夜［J］.珠江水运，2008（1）：7-9.

［2］李岩，陈以琴.南海Ⅰ号沉浮记［M］.北京：文物出版社，2009.

［3］国家文物局水下文化遗产保护中心，中国国家博物馆.南海Ⅰ号沉船考古报告之一：1989—2004年调查［M］.北京：文物出版社，2017.

［4］孙键.宋代沉船"南海Ⅰ号"考古述要［J］.国家航海，2020（1）：55-76.

（吴伟宁　戴吾三）

中国古代科技遗产

Chinese Heritage of
Pre-modern
Science and
Technology

古城要塞

合川钓鱼城

——山城军事防御体系的典范

合川钓鱼城，坐落在嘉陵江南岸的钓鱼山上，距重庆市合川区东城区东北5千米、距重庆市主城区68千米。镇守西南，控扼长江，战略位置十分险要。这里曾是著名的古战场，是中华民族历史上游牧文化与农耕文化碰撞和交融的直接见证。历经千年风云变幻，如今成为国家重点风景名胜区，2012年10月被列入中国世界文化遗产预备名单。

图1　被誉为"全蜀关键"的钓鱼城护国门临渊而立，高逾百丈，镇守巴蜀，气势雄壮。图像源自视觉中国

一、历史沿革

北宋时期，钓鱼山已是佛教场所。南宋绍兴年间，由思南宣慰田少卿在此修建护国寺。古寺香火景方盛，很快成为远近闻名的释教名刹，引得文人雅士纷纷前往游历。

南宋嘉熙四年（1240年），为加强川蜀地区的防御，四川制置副使彭大雅奉命入蜀修建城池，派甘闰到合州（今重庆市合川区）考察，选取钓鱼山筑城。

淳祐三年（1243年），余阶任四川安抚制置使兼知重庆府。他听取属下建议，将合州治所徙于钓鱼山，下令围绕合州在联通嘉陵江、渠江、涪江等水路沿线修筑苦竹、大获、运山、青居等20余座山城，形成了以钓鱼城为中心的山城战略防御网。

宝祐二年（1254年），蒙古都元帅帖哥火鲁赤率军入蜀攻打合州，被守将王坚击退。同年，王坚任兴元都统制兼合州知州，征召17万民众修钓鱼城，加固城墙，开池凿井，在钓鱼城南北两侧各修筑一字城墙，形成了内外两道防线。

宝祐四年（1256年），兀良合台自云南入蜀，与驻扎在利州的帖哥火鲁赤、

图2　钓鱼城防御体系示意图。重庆文化遗产研究院存

科古中
技代国
遗
产

460

Chinese Heritage of
Pre-modern
Science and
Technology

驻扎在兴元的带答儿会合，三路大军齐聚合州，攻打钓鱼城。宋军民凭借严密的防守协力抗敌，最终蒙军败绩，次年退回成都。

宝祐五年（1257年）九月，蒙哥汗亲率四万铁骑南下攻宋，沿六盘山一路进入秦岭，由陈仓道、金牛道入蜀中，沿嘉陵江和涪江南下，先后夺取大获城、运山城、青居城等城池，兵锋直逼钓鱼城。

开庆元年（1259年），蒙哥汗派出使者招降，被守将王坚斩杀，蒙哥汗决意攻打钓鱼城。二月，10万蒙军对钓鱼城形成合围之势。随后，蒙哥汗下令攻城，南一字城西墙攻破，南码头失守，宋军损失惨重。镇西门则凭借其陡峭地形，使蒙军造成巨大伤亡。三月，蒙军对新东门、齐胜门、镇西门小堡发起三面围攻，均失利。四月，蒙哥汗督军围攻护国门，大败。五月，蒙军借助地道对外城发起偷袭，攻占马鞍山，杀伤军民甚多，王坚负重伤，但蒙军仍未攻破内城。六月，赶来驰援的四川制置副使吕文德在嘉陵江与蒙军激战，宋军不敌，撤回重庆。蒙军总将汪德臣到钓鱼城内城城墙下劝降，被守军礌石击中，不久后身亡。在近半年的围城战中，钓鱼城凭借城内建造的天池、水井和千亩良田等后勤保障设施，抵挡住了敌军围困。七月，蒙哥汗在督战时被飞矢击中，不久后身亡。[①] 蒙军士气败落，无心再战，主力北撤，只留下3000人以作战略牵制，钓鱼城保卫战宣告胜利。当年九月，宋廷宣布"合州解围"，升王坚为宁远军节度使。

德祐二年（1276年），临安城失陷，钓鱼城仍坚守抵抗。钓鱼城军民在四川制置副使张珏带领下，支援重庆守军，并收复泸州。当得知益王赵昰、卫王赵昺逃至广东、福建时，任安抚使兼合州知州王立在城内修建皇城，准备迎接流亡的皇帝入川。

1278年3月，张珏兵败，重庆失守，钓鱼城沦为孤城。1279年正月，元军对钓鱼城进行合围，突破其外城。守将王立为保全城内10万百姓的性命，开城降元。至此，坚持了36年的钓鱼城保卫战不得已结束。

钓鱼城未遭屠城之祸，但城内的护国寺、飞翚楼、王坚纪功碑等大量建筑被烧或被拆除。元军将城内官民全部迁往合州旧城，钓鱼城由此荒废。

明代，战火中隳堕的钓鱼城逐渐恢复生气。又因其作为抗元战争中标志性的历史遗迹，城寨被复建。官府还新修了忠义祠，以旌表忠孝义士。明朝末年，为躲避张献忠等起义军的劫掠，当地民众又在钓鱼城原址上进行修复，利用钓鱼城

---

① 对于蒙哥汗的死因，史学界至今尚无定论。此处采纳翦伯赞《中国史纲要》中的说法。

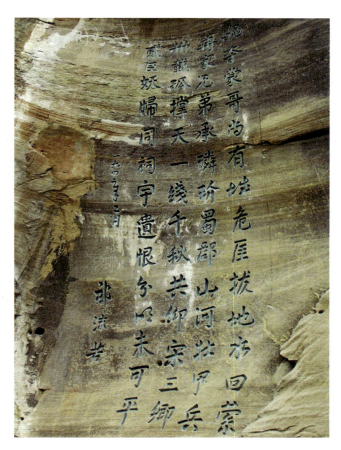

图3 抗战时期，著名学者郭沫若游览钓鱼城，题写了《钓鱼台访古·华国英撰重建忠义祠碑文》一诗（戴吾三 摄）

的天然地理优势躲避战祸。

清咸丰年间，白莲教作乱，合州城民又迁往钓鱼城，今钓鱼城包括护国门在内的众多城门和城墙均为这一时期所重建。

民国时期，钓鱼城因其顽强坚守，铸就了在世界历史中屹立不倒的神话，成为中华民族抵御外侮、不屈不挠、坚持抗战的精神堡垒。

二、遗产看点

钓鱼城如今被打造成钓鱼城景区。沿登山道而行，穿过上书"护国名山"的石牌坊，一路绿树浓荫，不时可见摩崖石刻和岩壁上的古栈道壁孔，尽显沧桑。来到钓鱼城外城的第一道关隘——始门关，关口由巨大的条石垒成。城墙之上，

图 4 护国门岩壁上的古栈道壁孔（戴吾三 摄）

远眺嘉陵江，触动心潮。

再至护国门，这里曾是钓鱼城八座城门中最大的一道关。重檐歇山顶式城楼，檐牙飞挑，正面刻写"护国门"三个大字。700多年前春季的一天，合州连降暴雨，敌军乘夜雨偷袭护国门，守城官兵从城墙上抛落大石，箭矢如雨，此时宋军一队人马经护国门东的飞檐洞暗道而出，绕至蒙军身后，前后夹击，蒙军溃散而逃。

穿过护国门，寻访内城。护国寺外，金桂飘香；忠义祠内，香火缭绕。

寻访守将王坚纪功碑，从"九口锅"旁走下，经过一段阶梯与"忠勇坚贞"石刻。该石刻于抗日战争时期，王坚和钓鱼城的故事，已化作中华民族的精神动力，激励着不愿做亡国奴的英雄儿女浴血抗战。

王坚纪功碑已非原貌，只能看到一块高4米、宽6米，暗灰发黄的巨大残石。其间凿成一个巨大佛龛，依稀可辨残存的千手观音造像。仔细辨识，可在左侧佛龛间的空隙处读出"逆丑元主""王公坚以鱼台一柱支半壁"等字样。元军占领钓鱼城后将石刻凿毁。睹遗留痕迹，让人感慨不已。

图 5　钓鱼城守将王坚纪功碑，后人在碑石上雕刻了"千手观音"（戴吾三　摄）

三、科技特点

钓鱼城是南宋巴蜀地区山城军事防御体系中的代表，是中国军事战争史上的伟大创举，城内的多重构筑、彼此呼应、内外相连的城防设施，体现了中国古代杰出的军事智慧。而近年在这里发掘出土的南宋铁壳火雷，更引起中外科技史学者的关注。

1. 城防体系的战略构建

对南宋朝廷而言，要确保长江天险无虞，防止蒙（元）军队从西路顺江而下，首要任务是保证巴蜀地区的安全；而巴蜀防务之要，重在控制陕甘入川的要道。故南宋曾在从大散关入蜀的东西要道上设立五休关、仙人关和七方关，并以阶州、成州、西和、凤州、天水军五州为屏障，形成犄角之势御敌。当时播州土司杨文曾提出"保蜀三策"，其中策就是在蜀中各险要节点依山结寨，临水筑城，利用蜀中易守难攻的地理优势，布成防御网。1243—1258 年，任四川安抚制置使的余玠，总结历史经验，吸纳各方建议，建起了山城防御网架。

图6　钓鱼城砲台遗址（戴吾三　摄）

注：古人的"砲"，指以机械装置发射石弹的抛石机。此为当年钓鱼台军民安置抛石机的砲台遗址。

余玠充分利用巴蜀地区特有的"方山平顶"地貌，利用山体峭壁作为城墙，就势垒石砌墙，或利用天然大石空隙修筑通往城外的暗道。城墙上设瞭望口，利用山石开凿、制成石弹，用抛石机作为守城武器；利用山顶的宽阔平地蓄水、耕种并进行军事训练，山下则建筑外城防御。

由这些山城统合而成的新型防御格局，以山为点、以江为线，点线结合，网状分布，布防严密，有效遏制了蒙古骑兵长驱直入。

2. 钓鱼城选址及其配套设施

在古代山城防御体系中，钓鱼城是唯一一座位于三江交汇口的防御山城。嘉陵江在这里曲折环绕，形成了天然壕堑，山城四周陡崖的平均高度27米。钓鱼城充分利用陡峭的山崖，用条石修筑环顶城墙，延伸至江中的南北一字城，打造出一墙之隔步步为营进攻退守处处为城的山地防御城池的创举。尽管是在特殊的地形地貌上叠加特定的防御建筑形成的结果，但钓鱼城相较于欧洲、西亚、南亚的山城，更加强调"因势利导"，即强调以作为"势"的自然地理条件为主体利用，而人工修筑的目的在于完善并使"势"发挥最大的作用。

图 7　钓鱼城南侧城墙。图像源自视觉中国

钓鱼城城墙由夯土甃石结构筑成，内层为夯土，对夯土内外两侧用条石进行砌筑，条石采用全丁式砌法或一顺一丁式砌法。条石间无泥灰，而是层层叠压，依靠錾刻的扣榫和重力相互穿插。

条石取材自当地出产的方山砂岩，是常用的建筑材料。砖石砌墙，同时又增加了城墙的抗打击性能，能够抵御当时的火炮等攻城武器。

考察城墙，可见基本是按宋《营造法式》记载的规范。钓鱼城的宋代城墙外倾角度为62度至68度，与《营造法式》中"壕寨制度"规定的城高40尺、下厚60尺、上厚收进20尺，所形成的倾斜角63度基本相合。

护国门是钓鱼城南侧正对嘉陵江的一座城门，建在高36米的悬崖峭壁之上，地势险要。城门采用双层条石拱券结构，抗击打能力强。城门外侧，今仍可见在峭壁上凿的石孔，用以架设木栈道。在钓鱼城尚无步道阶梯时，军民完全依靠栈道出入，而战时撤掉栈道，护国门就成了悬于绝壁之上的城门。

此外，城内有数千亩良田，14口大小不等的天池，可供耕种和养鱼。城内还挖有92眼水井，城池受围时无水源之虑。

在钓鱼城西部的巨岩顶部有一片开阔地，是著名的"九口锅"遗址，已发掘总面积约5000平方米，其间分布着9个表面磨制光滑、圆心犹如柱础的"锅"状凹坑。经专家认定，这里是当年碾制火药，制造铁壳火雷等大杀伤力武器的兵工作坊遗址。

科技遗产 古代 中国

466

Chinese Heritage of
Pre-modern
Science and
Technology

（a） （b）

图8　钓鱼城"九口锅"遗址（戴吾三　摄）

3. 一字城墙

一字城墙又称横城墙，是延伸至江边的"一"字形单层墙。2011年，考古工作者经勘查，基本廓清了南一字城的布局结构。一字城墙为夯土包石结构，依山势而建，在地势较陡的山脊部分，城墙直接砌于山脊外侧，仅存外墙而无内

图9　南一字城东段航拍。重庆文化遗产研究院存

墙；山势较缓的部分内外均用石墙砌筑。外墙以大型条石砌筑，墙面修凿平整，斜直墙壁，靠近嘉陵江的下段外墙存在收分情况，坡度57度~68度。内墙多以不规整的小型石块垒筑。内外墙间以夹杂石块的黏土层层夯筑。现存城墙基宽4.8~14.3米，顶宽1.23~7.2米，高3.6~10米。

2011年5月，重庆市文化遗产研究院在进行南一字城西城门遗址发掘时，发现了一段城墙遗存，将其命名为"南一字城西城墙上段遗址"。

作为目前仅存的为数不多的宋元一字城遗址，该遗址的发现对于今人了解宋元一字城的形制与功能提供了重要实物参考。根据这些发现，可以推测一字城的基本结构及其战略意义。

南一字城墙，分东西两侧，由钓鱼城山顶一直延伸至嘉陵江畔，东城墙从钓鱼山南飞檐洞左侧峭壁沿山脊向下至嘉陵江，西城墙自薄刀岭襟带阁向下至水军码头。全长约400米，东西相距约400米，围成了面积约16万平方米的南一字城。

一字城的设立，在战略和战术上都有重要意义。蒙军围困合州之前，钓鱼城承担控制嘉陵江要道、保卫重庆和封锁长江上游的重要战略意义。而通过设置一字城，事实上就将钓鱼城这座山城，变成了一座水城。

在战术上，一字城墙的设置，相当于将码头和钓鱼城外城之间的区域变为缓冲地带，增加了防御纵深。在应对装备有远距离攻城武器的蒙军时，这段纵深能够保护护国门不受敌军炮火的威胁。

图10　南一字城复原效果图。重庆文化遗产院研究存

科技遗产 古代 中国

468

Chinese Heritage of
Pre-modern
Science and
Technology

四、研究保护

1942年，著名学者郭沫若在抗战后方巡视，得空游览钓鱼城并撰写《钓鱼台访古》一文，对钓鱼城的历史作简要介绍；1943年，马以愚先生游览钓鱼城并撰写《游钓鱼城补记》，利用地方志等资料对南宋山城防御体系做了初步的梳理；1944年，方豪先生对钓鱼城实地考察后撰写《钓鱼城抚今追昔录》，详细谈到当年钓鱼城的守城情况。

中华人民共和国成立后，合川的文史工作者对钓鱼城逐步展开研究，对钓鱼城的地理环境、历史、攻守设施、名人事迹等全面考察。吕小园、艾小惠发表《钓鱼城卫国战争的民族英雄——余玠、王坚、张珏》，张靖海发表《钓鱼城抗元事迹简述》，详细介绍了钓鱼城的战争史以及城防系统。1957—1959年，西南师范学院历史系师生多次到钓鱼城实地考察，搜集了许多一手资料，结合历史文献记载，于1962年出版《钓鱼城史实考察》一书。同时期，台湾大学姚从吾先生也对钓鱼城的历史进行考述，先后发表《宋余玠设防山城对蒙古入侵的打击》等多篇文章。

随着国家的改革开放，对钓鱼城的研究进入新阶段。1979年，唐唯目先后编写了《合川钓鱼城文史资料汇编》和《钓鱼城志》，对钓鱼城遗迹作了详细的考察和研究，四川大学胡昭曦实地考察了川渝两地的历史遗存，撰写了《四川古史考察札记》，其中在合川重点调研了钓鱼城的建筑、碑文及地名演变，很大程度上弥补了宋元战争缺乏历史资料的不足。

1981年，西南师范学院历史系和合川县历史学会联合召开"钓鱼城历史学术讨论会"；1989年，重庆社会科学院等多家机构共同举办"中国钓鱼城暨南宋后期历史国际学术讨论会"，并出版学术研讨论文集。同年，钓鱼城的保护和恢复工作有序展开，钓鱼城管理处对皇宫遗址、皇洞、皇井、飞檐洞、天池、古井、城垣基础等做了发掘和清理。

1994年，由国家文物局拨款，对钓鱼城皇洞进行考古发掘，洞内清理出箭镞、瓷片等遗物。1998年3月，在大天池西北马鞍山土地岩面发现题刻，残文29行，可辨识的文字有74个。该题刻与《王坚纪功碑》属同一时期作品，是钓鱼城军民为记录开庆元年战役、铭记战役军功而开凿的一幅题刻。

2007年，王兆春在所著《中国古代军事工程技术史（宋元明清）》书中探讨了两宋时期的山地防御工程；同年，谢璇在《钓鱼城山地城池构筑特征》文中从建筑学的角度研究钓鱼城的城池结构，指出钓鱼城反映宋代较高的建筑水平。

2009年因草街航电枢纽蓄水在即，由重庆市文物考古所与北京大学文化遗产保护中心合作，对钓鱼城水军码头遗址和南一字城进行了抢救性的考古发掘，揭露面积达5000多平方米，清理出古城墙3段。

2013年以来，在对重庆地区两个南宋时期的古城遗址——钓鱼城和白帝城进行的考古发掘中，出土了一批南宋时期的球形铁壳火雷，有完整和较完整的，也有碎片。2018年7月，在合川举办的第三届钓鱼城国际学术会议上，重庆文化遗产研究院袁东山研究员报告了所发现的铁壳火雷，引起中外学者的关注。袁乐山认为，这批丰富、可靠的实物资料，使今人第一次见到中国古代发明创造的这类重要火器的真面目。

合川钓鱼城1996年11月被国务院列为第四批全国重点文物保护单位；2012年10月列入《中国世界文化遗产预备名单》；2013年被国家文物局列入第二批国家考古遗址公园。

五、遗产价值

宋元时期北方游牧民族南下，与中原农耕民族发生激烈的碰撞，某种程度上也促进了异质文化和科技的交流与融合。钓鱼城兴建，反映了特定历史时期农耕民族和游牧民族之间复杂的关系，见证了历史上蒙汉民族间的交流与融合。

钓鱼城作为山城防御体系的典型代表，被誉为"全蜀关键""独钓中原"，在历史上发挥了重要作用。其所代表的南宋四川山城防御体系"以空间换时间""山地游击"等战略思想对后世的战争都有一定的影响。

钓鱼城先后历经四次大规模筑城，形成了军事防御体系完备、城塞结合、耕战结合、军政一体、军民一体、既能独立作战也能长期作战的军事堡垒。钓鱼城从选址到建设，很大程度上体现了代表当时建筑、军事防御领先水平的《营造法式》《德安守城录》等一批科技典籍的精髓，在世界山城建筑中体现了东方智慧。

钓鱼城作为蒙宋战争的重要转折点的历史见证，在相当长时间内成功遏制了来自北方游牧民族的进攻，彰显了宋代将领坚韧顽强、忠贞不渝的精神气节；抗战时期，钓鱼城凭借其顽强的军事防御表现，彰显了古老中华民族对于城防体系营建的智慧与技艺，更体现出中华民族不屈的战斗意志与对和平的追求。

参考文献

［1］西南师范学院历史系.钓鱼城史实考察［M］.成都：四川人民出版社，1962.

［2］王兆春.中国古代军事工程技术史·宋元明清［M］.太原：山西教育出版社，2007.

［3］刘道平.钓鱼城的历史与文化［M］.北京：中央文献出版社，2006.

［4］谢璇.初探南宋后期以重庆为中心的山地城池防御体系［J］.重庆建筑大学学报，2007，29（2）：31-33.

［5］李震，张兴国，姜利勇.南宋钓鱼城城墙营建的地域自然环境适应性探析［J］.建筑史，2017（1）：80-90.

（王吉辰）

虎门炮台群

——中国保存最完整、最具规模的古炮台群之一

　　虎门炮台群，也称虎门要塞，指分布在广东省东莞虎门珠江入海口东西两岸及中间岛屿的炮台组合，紧扼珠江咽喉，乃中国南大门的重要海防。明代时这里已设有军事设施，至鸦片战争前，东西两岸已建有南山、横档、沙角、大角、威远、镇远、靖远、巩固、永安、大虎等十几座炮台。虎门炮台群曾有"南海长城"之誉。

图1　虎门炮台群的威远炮台，彰显了中华民族不屈的意志（唐汉成　摄）

一、历史沿革

虎门炮台群代表了中国古代海防要塞的最高水平，从明朝起不断完善的虎门防务体系，经历了一个曲折的过程。

明洪武年间，虎头山（即大虎、小虎）设防，应对倭寇。清初迁至三门口，即九门寨，名为"虎头门山后寨城"。

康熙五十六年（1717年）在珠江入海口横档岛修建炮台。横档炮台台周91丈，台面、炮洞、垛墙以三合土筑成，安放大小铁炮40门。同年，在武山修建南山炮台。南山炮台台周52丈5尺，安放大小生铁炮12门。

康熙帝收复台湾后，因海盗问题，开始有海防观念。到嘉庆时期，海防观念涉及海疆、海防、海战等，初步形成了在海岸和海上设防的纵深部署的思想。

嘉庆五年（1800年），在珠江口外端东岸的沙角山修建炮台。沙角炮台台面朝西，台周长42丈，台上炮洞11个，配大小生炮11门。

嘉庆十五年（1810年），广东水师提督衙署设置于虎门寨，成为广东海防的最高指挥部。道光年间，因中英贸易摩擦，沿海地区的小规模冲突时有发生，清

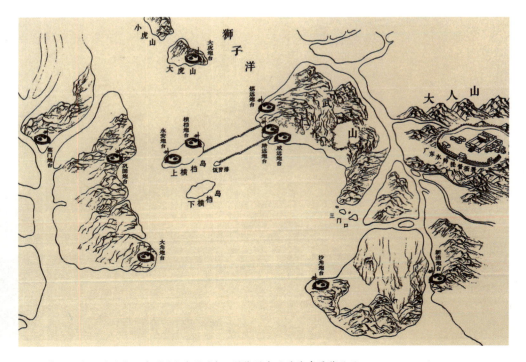

图2　虎门炮台三道防御示意图（由南往北）。图像源自鸦片战争展览绘画

廷决定进一步加强广东海防。

从康熙五十六年至道光十九年（1717—1839年），清朝廷先后建成横档、南山（后改名威远）、沙角、新涌、蕉门、镇远、大虎山、大角山（二座）、永安、巩固、靖远（又称定远）11座炮台，构成了虎门炮台群的三重防御体系。

1840年鸦片战争爆发，英军先后于1841年1月7日和2月26日两次进犯虎门炮台群，三重防御相继失陷，广东水师提督关天培、副将陈连升、游击麦廷章及大部分将士壮烈殉国。

道光二十三年（1843年），清朝廷修复了遭到严重破坏的虎门炮台防御设施；同年又添建巩固（南）、水军寮、九宰、竹州山、蛇头湾、下横档6座炮台，加上新涌、蕉门炮台，虎门海口共计16座炮台，形成互为依存的炮台群。

第二次鸦片战争爆发，咸丰六年十月十五日（1856年11月12日），英国舰队沿珠江东南水道攻打虎门。守台清兵先是与敌船展开炮战，继而与登陆的英军近距离战斗。最后英军攻陷炮台，200门大炮落入敌手，或劫走或损毁，虎门炮台群被彻底破坏。

此后20余年，虎门炮台群设施长久处于破败状态。

光绪元年（1875年）由于日本侵台，清朝廷进行了关于海防的大讨论，结果是将海防提升到国家战略高度，实施南北洋海军筹建计划。

此后，清朝廷下令恢复并改造沙角、上、下横档岛和大角炮台，并购置后膛火炮，使之成为以后膛火炮为主的炮台。光绪七年（1881年）新修筑鹅夷炮台。光绪十年（1884年），总督张之洞奏陈广东海防情形，将全省分为五路炮台，分别是威远、沙角、大角、上横档和下横档。这五路炮台的改建时间是：1882年先修成威远和下横档炮台；1883年扩建沙角的捕鱼台、修复蛇头湾炮台；1884年新建沙角仑山炮台和沙角门楼、改建上横档炮台；1885年新建沙角的濒海台和临高台，修建大角山的振威、安平等九座炮台；1889年修建沙角炮台的白草山、捕鱼山、仑山、凤凰山等10座炮台，如此大规模工程，完成了虎门新炮台体系的布防。

中华民国时期，虎门炮台群经历风雨。1937年9月14日，侵华日军五艘军舰进攻虎门，企图由此入侵广州。日舰遭到虎门炮台群的痛击，狼狈逃离。此后日舰又多次进犯，都被虎门炮台群击退。1938年10月，日军绕开虎门，从南部大亚湾登陆攻占广州，中国守军被迫放弃了虎门炮台群。

中华人民共和国成立，中国人民解放军海军南海舰队接管海防，使虎门炮台群得到保护，炮台群基本保持了清光绪年间的结构和样貌。

科技遗产 古代 中国

474

Chinese Heritage of
Pre-modern
Science and
Technology

二、遗产看点

虎门炮台群景点分布多，这里选择几处介绍。

1. 威远炮台

威远炮台是鸦片战争古战场遗址之一，也是中国目前保留得最完整、最有规模的古炮台之一。

整个炮台背山面海，险要壮观。现存的遗址结构是清光绪年间重建，平面呈月牙形，全长360米、高6.2米、宽7.6米，底层用花岗岩垒砌，顶层是三合土夯筑，非常坚固。炮台设暗

图3 威远炮台巷道（戴吾三 摄）

图4 威远炮台8000司马斤（4800千克）前膛铁炮（戴吾三 摄）

图5　威远炮台清兵营房，系清光绪年间建造，由东、西两排组成（吴伟宁　摄）

炮位40个，南端台面上还有4个露天炮位。炮台石墙斑驳，炮火之迹，尽显沧桑。游客走在长长的巷道，就像走进历史中。

2. 镇远炮台

威远炮台位于南山脚下，而镇远炮台在南山半山腰，始建于嘉庆二十年

图6　镇远炮台1号露天炮位（吴伟宁　摄）

图7　镇远炮台6号露天炮位（吴伟宁　摄）

（1815年），曾设炮位40个，安放大小生铁炮40门，另有官房、药局、兵房等。该台与威远炮台、靖远炮台被称为"三远炮台"。如今所见是当年的炮位遗迹。

3. 南山炮台

虎门附近的南山高约170米，在此山顶上设有炮台，始建于康熙五十六年（1717年）。炮台位于威远岛的制高点，可以俯视整个虎门海口，具有重要的战略意义。

炮台全长123米、中宽30米。炮台围墙布有枪眼，现遗存的大炮系清政府从德国克虏伯公司购买的后膛装线膛钢质海岸炮，1891年制造。炮管长845厘米、膛径24厘米，有56条膛线，重20吨。很难想象，100多年前没有起重设备，如何把这么重的炮弄到山顶。

所见克虏伯大炮，仅存炮管与中砧柱，主箱体、装弹机构、转向机构、旋转部件等已缺失。

4. 沙角炮台

沙角炮台始建于清嘉庆六年（1801年），是鸦片战争的古战场，当时的沙角炮台与大角炮台是虎门海口的第一道防线。1841年1月7日，英军出动20多艘战船、2000多人袭击沙角和大角，大角失守，部分将士突围到沙角炮台抵抗，最

图8　南山顶的克虏伯大炮（吴伟宁　摄）

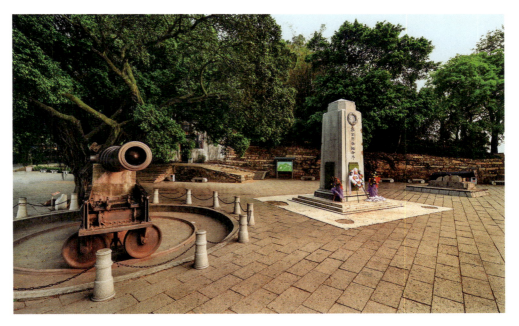

图9　沙角缴烟码头广场（唐汉成　摄）

后弹尽无援，三江协副将陈连升父子与绝大部分将士壮烈牺牲，沙角炮台也遭英军破坏。光绪年间对炮台进行重修和扩建。

　　主要景点：沙角缴烟码头广场、濒海台、功劳炮、节兵义坟、陈连升塑像等。

5. 海战博物馆

　　海战博物馆由陈列大楼、宣誓广场、观海长堤等组成纪念群体，是全面展示鸦片战争历史的专题性博物馆，基本陈列是"鸦片战争"。展览将鸦片战争放入世界历史进程中考察，介绍了鸦片战争前的中西方世界、第一次鸦片战争和第二次鸦片战争的全过程以及鸦片战争给中国社会带来的影响。展览弘扬林则徐、关天培等清朝爱国官兵同仇敌忾、抗击外敌的民族精神，深刻揭示了"落后就会挨打"的历史教训。

图 10　虎门海战博物馆外景（吴伟宁　摄）

三、科技特点

虎门炮台群从明至清末几百年的建设，从珠江入海口到虎门水道，向内依次铸造了大角炮台、沙角炮台、上下横档岛炮台、威远炮台、大虎山炮台等十多座炮台，形成了一个比较完整的防御体系，体现出鲜明的特点。

1. 点、线、面结合的炮台体系

一个防御能力强大的炮台要塞必由多个不同的炮台紧密配置组成，能充分体现点、线、面结合的炮台体系。

（1）点的布局

虎门炮台群的每座炮台包括战斗区域（置炮台、炮手掩蔽工事、堑壕、障碍物等）、指挥、居住、训练区域（官厅、营房、演武厅等）、后勤保障区域（火药局、弹药库、枪械库、粮秣库等）和交通运输部分（交通壕、暗道等），以满足独立作战要求。

（2）线的布局

建在山脚下的炮台为月台，月形炮台的炮座对敌船炮击时没有死角，能够有效地控制水面。建在山腰和山顶的炮台为露天炮台，由于炮台所在位置较高，通常配备射程较远、威力较大的大炮，可对山脚下的月台实施超越炮击，这样可与山脚的火炮进攻形成互补的作用。虎门炮台群中按照这种配置方式建造的典型炮台当属威远炮台群，由山脚下的威远月台，山腰的镇远炮台、靖远炮台和山顶的南山炮台组成。南山炮台建在山高约170米处，可俯瞰江面和各岛屿，并能控制江心的上下横档岛。位于山腰位置的镇远炮台和靖远炮台在山脚威远月台的后方，起支援作用。

（3）面的布局

在险要之地修筑11处能充分发挥火力的炮台，在虎门水道（由南向北）形成了中国海防中唯一拥有三道防线的防御体系。

第一道防线，由西岸的大角炮台和东岸的沙角炮台组成。

第二道防线，由东岸的威远炮台、镇远炮台、靖远炮台、江中心的上横档岛横挡炮台、横挡月台、永安炮台、和西岸的巩固炮台以及主航道江中的两道木排铁链障碍物组成。

第三道防线，由大虎山炮台、新涌炮台和蕉门炮台及木桩寨障碍物组成。

2. 石砖砌筑技术

中国古代传统的筑城建筑材料一般为青砖麻石，主要用在砌筑城墙、敌台、兵房、军械库等军事设施当中。虎门炮台最初是用青石砌成，中用土石填实，面铺石块，另用砖石砌成垛墙。在冷兵器时代，以这种材料构筑的防御设施坚固耐用，能够有效阻挡敌军进攻，降低城池受破坏的程度。

3. 砖石砌筑和三合土夯实相结合

道光二十三年（1843），清朝廷全面重修虎门炮台群时，对炮台建筑采用了砖石砌和三合土夯实相结合的砌筑方式，如威远炮台的围墙、垛墙均是三合土筑成。炮台台面底层以厚、宽0.3米，长约1.5米的花岗石，横顺砌叠至3.4米，顶层用三合土夯筑。营房外墙基础均为花岗岩条石，墙体由灰沙黄土夯筑。敌台、月台包角石墙下以青麻石密砌，上用三合土夯筑垛墙。炮位防护墙（炮眼前墙）厚 1.2 米，也用三合土夯筑。每个暗炮室断面皆采用方形券顶形状，拱顶用花岗岩条石垒砌而成，在上打筑 1 米厚的三合土，又覆以厚土，这样可以减少被弹命中后炸塌的危险。

4. 引进西方材料技术——红毛泥技术

光绪时期炮台建筑材料有所改进，使用新式的建筑材料——红毛泥（即进口水泥，俗称"洋灰"），在炮台建筑的重要部位都使用了红毛泥。这种以红毛泥作为建筑用料的炮台要比传统的砌砖、砌石和三合土夯筑更加坚固，能够有效增强炮台要塞的防御能力。虎门炮台凿山而建，部分用水泥、红砖、花岗石建造，结构坚固。火药库、暗道建筑顶部采取拱形券顶结构。神堂和官厅以青砖砌筑，营房等级较低，以砖泥结构为主。

四、研究保护

1987 年和 1988 年，海军部队先后将沙角诸炮台和威远诸炮台交东莞市虎门鸦片战争博物馆管理，为此专门成立了沙角炮台管理所和威远炮台管理所。1997年，番禺市虎门炮台管理所成立，对珠江西岸的虎门炮台进行管理。

1987 年炮台移交地方后，东莞市政府和广东省文化和旅游厅曾先后拨款，对威远、镇远、靖远等炮台进行较大规模的维修。

2007 年，虎门镇政府组织修复镇远炮台通往蛇头湾炮台，镇远炮台通往山顶营炮台，靖远炮台通往山顶营炮台三条通道，长 1300 余米。

2014 年，鸦片战争博物馆展开对威远炮台边坡地质勘测、镇远炮台边坡加固设计、定洋炮台护坡加固、南山炮台围墙更换、靖远炮台炮巷道维护等工程。

根据《国务院办公厅关于审定虎门炮台爱国主义教育基地规划方案的复函》中"一次规划，分两期建设"的要求，近十几年来，在国家、省、市大力支持下，虎门炮台旧址已先后完成第一期、第二期第一阶段和第二阶段修缮工程。

第一期修缮工程于 1996 年动工，2001 年完工，主要对威远炮台、靖远炮台、镇远炮台维修。2015 年 7 月—2016 年 11 月，实施第二期第一阶段修缮工程。施工内容包括沙角炮台（沙角门楼，濒海台门楼，濒海台指挥所围墙，临高台门楼，前、后、左、右捕鱼台及清兵营房，捕鱼台门楼）、南山营（南山营炮台，南山营练兵场，南山营掩体墙，清兵营房遗址）、威远炮台（两个炮位，两段围墙）、靖远炮台（一段暗道）、镇远炮台（一段围墙）等。

2022年4月，鸦片战争博物馆组织召开虎门炮台旧址第二期第二阶段修缮工程签约仪式。与会专家就项目部设置、三合土实验、索道设置、毛石供应、寨墙加固强度、雨季施工、材料运输等问题展开讨论。4月30日，虎门炮台旧址第二期第二阶段修缮工程正式实施，现已完成，并验收。

2020年，有全国政协委员正式提议，将珠江两岸虎门炮台群、鸦片战争博物馆等共同申报、打造成大湾区国家海防遗址公园。

2022年年初，广东省文物部门牵头，联合穗深莞三地启动鸦片战争海防遗址公园建设项目前期预研。

近十几年来，对鸦片战争、虎门炮台的研究从中国近代史拓展到海防史、军事技术史、火炮火药和炮台史。黄利平、张建雄、刘鸿亮等发表论文和专著，深入探讨虎门炮台建设形式、火炮配置和军力配备，鸦片战争的中英火炮技术对比等问题。

2011年，刘鸿亮出版《中英火炮与鸦片战争》一书，结合对中英火炮的材质、设计、制造及火药质量的具体分析。他认为清军火炮的劣质和作战方式的陈旧，是其防守失败的原因；而英军火炮的优势和新作战方式的采用，是其侵略得逞的关键。

2015年，黄利平出版《虎门炮台简史》一书，叙述历史上各个时期虎门炮台的情况，介绍炮台格局和形制及与其对应时期的历史事件，并讨论了炮台的军事价值和现今的保护开发利用。

2021年，刘鸿亮和张建雄等人合作发表论文，从工程史的视野探讨中英虎门炮台大战，认为此战的实质是清廷以"制贼与防夷"为主要职能的绿营水师、使用着与世界上最强的陆海军有"代差"的武器和战术，担负御侮任务，无异于驱羊入虎口；再有，虎门炮台最初是为海防与抵御海盗而设，但在清朝"一口通商"时期，竟沦为黄埔港和粤海关管理海口的关卡，御侮功能自然大打折扣。

五、遗产价值

虎门炮台群是我国保存最为完整、防御纵深最大的近代海防要塞，也是19世纪中后期我国炮台设施建造技术水平的典型代表。

虎门炮台群建设跨度300余年，反映了明朝以来特别是清朝的政治、经济、军事等多方面的情况，既保留有道光、咸丰以前的以三合土和花岗岩建成的古炮台、弹药库，也有光绪时以红毛泥、青砖建成的西洋近现代炮台及附属设施。这些虎门炮台历经第一次鸦片战争、第二次鸦片战争、中法战争，乃至抗日战争而保存至今，见证了我国炮台技术的演进过程，再现了我国炮台体系的发展历程，具有重要的历史价值和科技史价值。

虎门炮台群是近代中国海防体系的重要组成部分，对于研究中国近代海防史，研究鸦片战争历史，乃至世界军事技术发展史都具有重要的意义，具有特殊的军事史价值。

虎门炮台群旧址布局因山就势，充分利用珠江口地理环境特征，利用涨退潮、山体排水、山下排水、与自然环境完美融合，造就了具有艺术魅力的特色景观，因而也具有独特的审美价值。

虎门炮台群是中国人民反抗外来侵略的重要见证，是具有世界意义的禁毒斗争的纪念地；同时也是宣传林则徐、关天培、陈连升等历史人物的光辉史迹，进行爱国主义教育、激发中华民族凝聚力的重要物质载体。

虎门炮台群经历了鸦片战争的硝烟，见证了虎门大桥的建设和繁忙交通，目睹粤港澳大湾区欣欣向荣的发展，是珍贵的历史文化资源，具有特殊的旅游价值。

参考文献

[1] 张建雄. 让"海上长城"永矗南天：关于虎门地区清代海防遗存保护对策的探讨 [J]. 中国文物科学研究，2008，(4)：25-32.

[2] 刘鸿亮. 中英火炮与鸦片战争 [M]. 北京：科学出版社，2011.

[3] 张建雄. 清代前期广东海防体制研究 [M]. 广州：广东人民出版社，2012.

[4] 黄利平. 虎门炮台简史 [M]. 广州：广东人民出版社，2015.

[5] 刘鸿亮，张建雄，曲庆玲. 工程史视野中的中英虎门炮台大战 [J]. 工程研究－跨学科视野中的工程，2021，13 (4)：392-407.

（吴伟宁）

后记

2020年初，广西科学技术出版社副总编辑黄敏娴女士与我联系洽谈出版选题，到这年底，她与时任中国科学院自然科学史研究所所长张柏春一起来访，明确希望我挑头组织编撰"中国科技遗产"丛书。尽管此前我做过一些科技遗产的研究，但这套丛书涉及时段长至史前到近代，专业宽至冶金到水利，自知力有不逮。一番长谈后我表示可以尝试，我视之为对科技遗产理论和实践的全面学习，也有心从新视角讲述中国科技史故事。事实上，科技遗产具有科技史属性，也有考古遗产、文物遗产、文化遗产属性，科技史与考古、文物、博物馆等学科交叉，需要多方合作，是一个富有挑战的新领域。感谢张柏春帮助从自然科学史研究所推荐作者，我自己也在高校找了多位有科技史专业背景的中青年教师，再是通过友人介绍，找到在博物馆和文物局工作的研究人员，就这样，组建起20余人的写作团队。

到2022年夏，全书初稿已有模样。然而在审读中发现两个问题：一是很多科技遗产点近些年已建成新馆或打造成文化景区，而有些作者所用的资料和考察还停留在前些年，没有充分体现学术创新；二是缺少遗产保护新貌或呈现细节的照片，这无形中会使解读和分析打些折扣。为此，编写团队从2022年下半年启动实地考察。我自己身体力行，或与别的作者同行，更多是与我夫人（她负责后勤和拍视频）一起，就这样到了2024年10月，我们先后考察了近40处遗址博物馆或文化景区（景点），基本涵盖了本书所涉的各项内容。

考察最大的感受是，今天到国内任何一个地方，乘飞机或高铁当天即可到达，就近找到条件不错的住宿，电脑联网也甚方便。然而在80多年以前，老一辈学者梁思成、林徽因、刘敦桢、莫宗江等人外出考察，因为不清楚古迹现状，却是要做好充分的心理准备，要乘慢速火车，再借骡车或步行，才能到达目的地。更想不到，因信息不畅，正当他们全身心沉浸于古建筑测量和绘图之时，却不知来路战火已起，归途危险难料。

再有的感受是，近十几年来国家对文化遗产高度重视，各地对文化遗产保护表现出极大热情，许多博物馆建设的新貌让人吃惊，世界文化遗产申报频传佳音。从本书2021年春动笔到2025年出版，这期间先后有：2021年5月，秦始皇帝陵铜车马博物馆新馆开馆；2021年7月，"泉州：宋元中国的世界海洋商贸中心"成功列入《世界遗产名录》；2023年6月，铜绿山古铜矿遗址博物馆新馆开馆；2024年7月，"北京中轴线——中国理想都城秩序的杰作"正式列入《世界遗产名录》；2024年9月，新疆吐鲁番坎儿井等4项工程入选（第十一批）世界灌溉工程遗产名录……如此节奏，足见中国作为文化大国的软实力。

最后，感谢团队中的每位作者，尤其是张学渝、王吉辰、黄兴、史晓雷，他们对本书的结构、条目确定和修改，都提出了程度不同的意见和建议。同时，我也感谢哈尔滨工业大学（深圳）。2019年我从清华大学退休，正式受聘为哈尔滨工业大学深圳校区马克思主义学院的教授，贵校区提供必要的科研经费，使我有条件完成相关的科技遗产考察。

戴吾三

2024年10月于北京